中文版 Photoshop CS6

图像处理与平面设计

慕课版

◎ 老虎工作室 郭万军 李辉 编著

人民邮电出版社

北京

图书在版编目（ＣＩＰ）数据

中文版Photoshop CS6图像处理与平面设计：慕课版/
老虎工作室，郭万军，李辉编著. -- 北京：人民邮电出
版社，2018.1
ISBN 978-7-115-45682-3

Ⅰ. ①中… Ⅱ. ①老… ②郭… ③李… Ⅲ. ①平面设
计－图象处理软件 Ⅳ. ①TP391.413

中国版本图书馆CIP数据核字(2017)第099666号

内 容 提 要

本书是人邮学院慕课"Photoshop 图像处理与平面设计"的配套教材。全书主要内容包括
Photoshop 用户界面及基本操作、颜色设置与填充方法、选区的应用与移动图像、编辑图像操作、图
层的运用、修复与编辑图像工具应用、绘画工具应用、路径与矢量图形工具应用、文字工具应用、
蒙版与通道、菜单命令及综合案例等。全书按照"边学边练"的理念设计框架结构，将理论知识与
实际操作交叉融合，讲授 Photoshop 软件应用技能，注重实用性，以提高读者解决实际问题的能力。

本书可作为普通高等院校数字媒体、动画、游戏、艺术设计、工业设计等专业相关课程的教材，
也可供广大 Photoshop 软件爱好者学习参考。

◆ 编　　著　老虎工作室　郭万军　李　辉
　　责任编辑　税梦玲
　　责任印制　陈　犇
◆ 人民邮电出版社出版发行　　北京市丰台区成寿寺路 11 号
　　邮编　100164　电子邮件　315@ptpress.com.cn
　　网址　http://www.ptpress.com.cn
　　北京九州迅驰传媒文化有限公司印刷
◆ 开本：787×1092　1/16
　　印张：21.5　　　　　　　　2018 年 1 月第 1 版
　　字数：624 千字　　　　　　2024 年 8 月北京第 10 次印刷

定价：49.80 元

读者服务热线：(010)81055256　印装质量热线：(010)81055316
反盗版热线：(010)81055315
广告经营许可证：京东市监广登字 20170147 号

前言 / Preface

Photoshop 是 Adobe 公司推出的计算机图像处理软件，也是目前平面设计人员以及与图像有关的设计人员使用最多的软件。它凭借强大的图像处理功能，使设计者可以对位图图像进行自由创作。目前，我国很多高等院校都将 Photoshop 作为一门重要的专业课程。为了让读者能够快速且牢固地掌握 Photoshop 软件的使用方法，人民邮电出版社充分发挥在线教育方面的技术优势、内容优势、人才优势，通过潜心研究，为读者提供一种"纸质图书 + 在线课程"相配套、全方位学习 Photoshop 图像处理的解决方案，读者可根据个人需求，利用图书和人邮学院平台上的在线课程进行系统化、移动化的学习。

一、本书使用方法

本书可单独使用，也可与人邮学院中对应的慕课课程配合使用，为了读者更好地完成对 Photoshop 的学习，建议结合人邮学院的慕课课程进行学习。

人邮学院（见图 1）是人民邮电出版社自主开发的在线教育慕课平台，它拥有优质、海量的课程，具有完备的在线"学习、笔记、讨论、测验"功能，提供完善的一站式学习服务，用户可以根据自身的学习程度，自主安排学习进度。

图 1 人邮学院首页

现将本书与人邮学院的配套使用方法介绍如下。

1. 读者购买本书后，刮开粘贴在图书封底的刮刮卡，获取激活码（见图 2）。

2. 登录人邮学院网站（www.rymooc.com），或扫描封面上的二维码，使用手机号码完成网站注册（见图 3）。

图 2 激活码

图 3 注册

3. 注册完成后，返回网站首页，单击页面右上角的"学习卡"选项（见图 4）进入"学习卡"页面（见图 5），输入激活码，即可获得慕课课程的学习权限。

图4 单击"学习卡"选项

图5 在"学习卡"页面输入激活码

4. 获取权限后，读者可随时随地使用计算机、平板电脑及手机进行学习，还能根据自身情况自主安排学习进度（见图6）。

5. 读者在学习中遇到困难，可到讨论区提问，导师会及时答疑解惑，其他读者也可帮忙解答，互相交流学习心得（见图7）。

6. 本书有配套的PPT、源文件等资源，读者可在"Photoshop 图像处理与平面设计"页面底部找到相应的下载链接（见图8），也可在人邮教育社区（www.ryjiaoyu.com）下载。

图6 课时列表

图7 讨论区

图8 配套资源

人邮学院平台的使用问题，可咨询在线客服，或致电010-81055236。

二、本书特点

本书是基于目前高等院校开设相关课程的教学需求和社会上对 Photoshop 图像处理与平面设计人才的需求而编写的。本书特点如下。

内容实用。按照"边学边练"的理念设计本书框架结构，精心选取 Photoshop 图像处理与平面设计的一些常用功能，将知识点分成小的学习模块，各模块结构形式为"理论知识 + 上机练习"，同时还专门安排了一章纯案例教学，适于"边讲、边练、边学"的教学模式。

名师授课。人邮学院的配套课程由老虎工作室的金牌作者、资深 Photoshop 培训专家郭万军主讲，视频内容包含了郭万军老师多年讲授和使用 Photoshop 的经验及技巧。

互动学习。读者可在慕课平台上进行提问，通过交流互动，轻松学习。

编 者

2017 年 11 月

目录 / Contents

Contents

Contents

Contents

1

第1章
初识Photoshop CS6软件

　　Photoshop CS6作为专业的图像处理软件，是Adobe公司历史上最大规模的一次产品升级，集图像扫描、编辑修改、图像制作、广告创意、图像输入与输出于一体的图形图像处理软件，深受广大平面设计人员和计算机美术爱好者的喜爱。

学习目标

- 掌握平面设计基础知识。

- 掌握像素、分辨率、图像尺寸、位图和矢量图的概念基础知识。

- 掌握光源色与印刷色、颜色模式和文件格式等概念基础知识。

1.1 平面设计基础知识

学习并掌握平面设计中的基本概念是应用好 Photoshop CS6 软件的关键，也是深刻理解该软件功能的重要前提。

1.1.1 Photoshop CS6 应用领域

Photoshop CS6 的应用领域主要有平面广告设计、网页设计、产品包装设计、CIS 企业形象设计、装潢设计、印刷制版、游戏、动漫形象以及影视制作等。

（1）平面广告设计：包括标志设计、图案设计、文字设计、色彩设计、招贴设计（即海报设计）、POP 广告设计、户外广告设计、DM 广告设计和各类企业宣传品设计等。

（2）网页设计：包括界面设计及动画素材的处理等。

（3）包装设计：包括各类工业产品、食品、化妆品、日用品及书籍装帧等。

（4）CIS 企业形象设计：包括标志设计、服装设计及各种标牌设计等。

（5）装潢设计：包括各种室内外效果图的后期处理等。

（6）印刷制版：主要是对设计好的版面进行排版或打印输出。

Photoshop 应用领域

（7）游戏设计：主要包括游戏界面设计、游戏角色贴图、场景素材的绘制和整理等。

（8）动漫形象以及影视设计：包括贴图绘制、卡通造型效果表现、影视片头及片尾特效制作等。

1.1.2 案例赏析

在学习 Photoshop CS6 之前，我们先来欣赏一些利用该软件制作出的作品，以激发读者对该软件的学习兴趣。

（1）图 1-1 所示为对普通的老照片进行翻新处理后的效果。

图 1-1 对普通老照片翻新处理后的效果

（2）图 1-2 所示为按照需要调整图像颜色的效果。

图 1-2 调整图像颜色后的效果

（3）图 1-3 所示为合成的数码照片及制作的相册版面。

图 1-3 合成的数码照片及制作的相册版面

（4）图 1-4 所示为绘制的几何体、国画、实物图及卡通画。

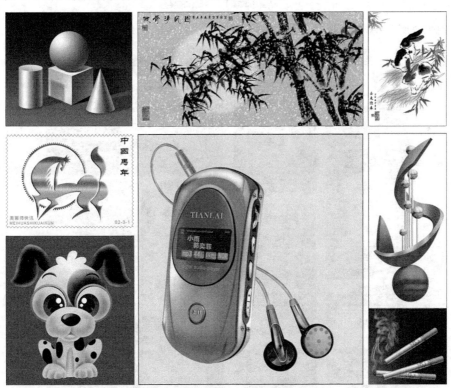

图 1-4 绘制的几何体、国画、实物图及卡通画

（5）图 1-5 所示为结合【滤镜】命令制作的各种特效。

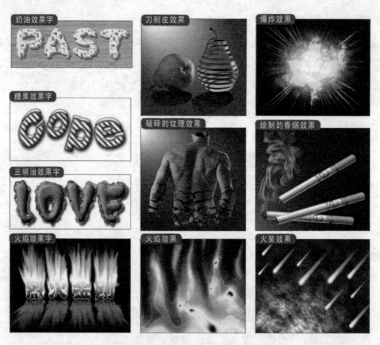

图 1-5　结合【滤镜】命令制作的特殊效果

（6）图 1-6 所示为设计的 POP 挂旗、户外广告、包装效果等。

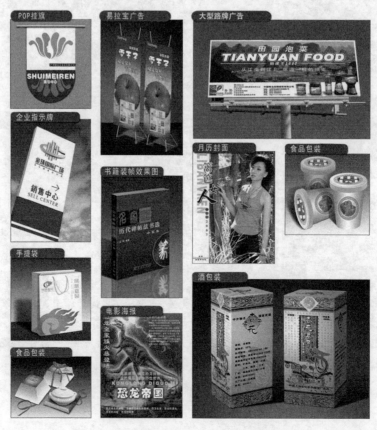

图 1-6　设计的 POP 广告、户外广告及包装效果

（7）图 1-7 所示为网页、网页广告及进行后期处理的效果图。

图 1-7　网页、网页广告及效果图

1.1.3　像素、分辨率与图像尺寸

像素和分辨率是 Photoshop CS6 中最常用的两个概念，它们的设置决定了文件的大小及图像的质量。

1. 像素

像素（Pixels）是构成图像的最小单位。

 提 示

位图图像是由很多个色块组成的，而位图中的每一个色块就是一个像素，且每一个像素只显示一种颜色。

2. 分辨率

分辨率（Resolution）用于描述图像文件的信息量，表述为单位长度内点、像素或墨点的数量，通常用"像素／英寸"和"像素／厘米"表示。

分辨率的高低直接影响图像的效果。使用太低的分辨率会导致图像粗糙，在排版打印时图片会变得非常模糊。而使用较高的分辨率则会增加文件的大小，并降低图像的打印速度。

 提 示

修改图像的分辨率可以改变图像的精细程度。对以较低分辨率扫描或创建的图像，在 Photoshop CS6 中提高图像的分辨率只能提高每单位图像中的像素数量，却不能提高图像的品质。

3. 图像尺寸

图像文件的大小以千字节（KB）和兆字节（MB）为单位，它们之间的大小换算为 1024KB=1MB。

图像文件的大小是由文件的尺寸（宽度、高度）和分辨率决定的。图像文件的宽度、高度和分辨率数值越大，图像文件也就越大。图像文件大小的设定如图 1-8 所示。

像素、分辨率与
图像尺寸

图 1-8　图像文件的大小设定

在 Photoshop CS6 中新建文件时，默认的【分辨率】值是 "72 像素 / 英寸"。如要印刷彩色图像，分辨率一般设置为 "300 像素 / 英寸"；设计报纸广告，分辨率一般设置为 "120 像素 / 英寸"；发布于网络上的图像，分辨率一般设置为 "72 像素 / 英寸" 或 "96 像素 / 英寸"；大型广告喷绘图像，分辨率一般不低于 "30 像素 / 英寸"。

　　当图像的宽度、高度及分辨率无法符合设计要求时，可以通过改变宽度、高度及分辨率的分配来重新设置图像的大小。当图像文件大小是定值时，其宽度、高度与分辨率成反比设置，如图 1-9 所示。

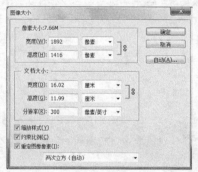

图 1-9　修改图像的尺寸及分辨率

　　印刷输出的图像分辨率一般为 "300 像素 / 英寸"。在实际工作中，设计人员经常会遇到文件尺寸较大，但分辨率太低的情况，此时我们可以根据图像文件大小是定值时，其宽度、高度与分辨率成反比设置的性质，来重新设置图像的分辨率，将宽度、高度变小，分辨率增大就不会影响图像的印刷质量。

在改变位图图像的大小时应该注意：当图像由大变小，其印刷质量不会降低；当图像由小变大时，其印刷品质将会下降。

1.1.4　位图和矢量图

　　位图和矢量图是根据软件运用以及最终存储方式的不同而生成的两种不同的文件类型。在图像处理过程中，分清位图和矢量图的不同性质是非常有必要的。

1. 位图

　　位图，也叫光栅图，是由很多个像小方块一样的颜色网格（即像素）组成的图像。位图

位图和矢量图

中的像素由其位置值与颜色值表示，也就是将不同位置上的像素设置成不同的颜色，即组成了一幅图像。位图图像放大到一定的倍数后，看到的便是一个一个方形的色块，整体图像也会变得模糊、粗糙，如图 1-10 所示。

图 1-10　位图图像与放大后的显示效果对比

位图具有以下特点。

- 文件所占的空间大。用位图存储高分辨率的彩色图像需要较大储存空间，因为像素之间相互独立，所以占的硬盘空间、内存和显存比矢量图都大。
- 会产生锯齿。位图是由最小的色彩单位"像素"组成的，所以位图的清晰度与像素的多少有关。位图放大到一定的倍数后，看到的便是一个一个的像素，即一个一个方形的色块，整体图像便会变得模糊且会产生锯齿。
- 位图图像在表现色彩、色调方面的效果比矢量图更加优越，尤其是在表现图像的阴影和色彩的细微变化方面效果更佳。

在平面设计方面，制作位图的软件主要是 Adobe 公司推出的 Photoshop 软件，该软件可以说是目前平面设计中图形图像处理的首选软件。

2. 矢量图

矢量图又称向量图，是由线条和图块组成的图像。将矢量图放大后，图形仍能保持原来的清晰度，且色彩不失真，如图 1-11 所示。

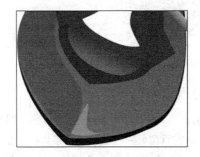

图 1-11　矢量图和放大后的显示效果对比

矢量图的特点如下。

- 文件小。由于图像中保存的是线条和图块的信息，所以矢量图形与分辨率和图像大小无关，只与图像的复杂程度有关，简单的图像所占的存储空间小。
- 图像大小可以无级缩放。在对图形进行缩放、旋转或变形操作时，图形仍具有很高的显示和印刷质量，且不会产生锯齿模糊效果。
- 可采取高分辨率印刷。矢量图形文件可以在任何输出设备上以其最高分辨率打印输出。

在平面设计方面，制作矢量图的软件主要有 CorelDraw、Illustrator、InDesign、FreeHand、PageMaker 等，用户可以用它们对图形或文字等进行处理。

1.1.5 光源色与印刷色

在现实生活中，色彩主要分光源色和印刷色，下面来具体介绍一下它们的特点。

1. 光源色

光源色与印刷色

自然界的白色光（如阳光）是由红（Red）、绿（Green）、蓝（Blue）三种波长不同颜色的光组成的，即 RGB 三原色。人们所看到的红花，是因为绿色和蓝色波长的光线被物体吸收，而把红色的光线反射到人们眼睛里的结果。同样的道理，绿色和红色波长的光线被物体吸收而反射为蓝色，蓝色和红色波长的光线被物体吸收而反射为绿色。

三种原色中的任意两种颜色相互重叠，就会产生中间色，即红和绿混合成黄色、红和蓝混合成洋红色、蓝和绿混合成青色，三种原色相互混合形成为白色，所以又称为"加色法三原色"。如图 1-12 所示的色环说明了光源色组合成其他颜色的原理。

2. 印刷色

印刷品上的颜色是通过油墨显现的，不同颜色的油墨混合产生不同的颜色效果。油墨本身并不发光，它是通过吸收（减去）一些色光，而把其他色光反射到人们的眼睛里产生的颜色效果。洋红、青色、黄色又称为"减色法三原色"。

印刷制版是通过四种颜色进行的，即洋红（Magenta）、青色（Cyan）、黄色（Yellow）和黑色（Black）。其中黑色并不是由 100% 的洋红、青色和黄色混合产生的，这 3 种颜色相互混合只能产生一种深褐色。在印刷制版时，它们是通过 UCR/GCR 方式产生黑色的。如图 1-13 所示的色环说明了印刷色组合成其他颜色的原理。

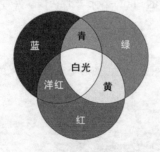

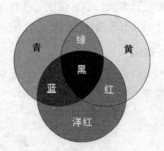

图 1-12　光源色加色法颜色混合色环　　　　　　图 1-13　印刷色减色法颜色混合色环

1.1.6 颜色模式

颜色模式是指同一属性下不同颜色的集合，它使用户在使用各种颜色进行显示、印刷及打印时，不必重新调配颜色就可以直接进行转换和应用。计算机软件系统为用户提供的颜色模式主要有 RGB 颜色模式、CMYK 颜色模式、Lab 颜色模式、位图模式、灰度（Grayscale）模式和索引（Index）颜色模式等。每一种颜色模式都有它的使用范围和特点，并且各颜色模式之间可以根据处理图像的需要进行转换。

颜色模式

- RGB（光色）模式：该模式的图像由红（R）、绿（G）、蓝（B）三种颜色构成，大多数显示器均采用此种色彩模式。
- CMYK（4 色印刷）模式：该模式的图像由青（C）、洋红（M）、黄（Y）、黑（K）四种颜色构成，主要用于彩色印刷。在制作印刷用文件时，最好将其保存成 TIFF 格式或 EPS 格式，它们都是印刷厂支持的文件格式。
- Lab（标准色）模式：该模式是 Photoshop 的标准色彩模式，也是由 RGB 模式转换为 CMYK 模式的中间模式。它的特点是在使用不同的显示器或打印设备时，所显示的颜色都是相同的。

- Grayscale（灰度）模式：该模式的图像由具有 256 级灰度的黑白颜色构成。一幅灰度图像在转变成 CMYK 模式后可以增加色彩。如果将 CMYK 模式的彩色图像转变为灰度模式，则颜色不能再恢复。
- Bitmap（位图）模式：该模式的图像由黑白两色构成，图像不能使用编辑工具，只有灰度模式才能转变成 Bitmap 模式。
- Index（索引）模式：该模式又叫图像映射色彩模式，这种模式的像素只有 8 位，即图像只有 256 种颜色。

1.1.7 文件格式

Photoshop CS6 支持的文件格式非常多，了解各种文件格式有助于进行图像编辑、保存以及转换等操作。

下面来介绍平面设计软件中常用的几种图像文件格式。

文件格式

- PSD 格式：PSD 格式是 Photoshop 软件的专用格式，它能保存图像数据的每一个细节，包括图像的层和通道等信息，确保各层之间相互独立，便于以后进行修改。PSD 格式还可以保存为 RGB 或 CMYK 等色彩模式的文件，但唯一的缺点是保存的文件比较大。
- BMP 格式：BMP 格式是微软公司软件的专用格式，也是 Photoshop 软件最常用的位图格式之一，它支持 RGB、索引颜色、灰度和位图颜色模式的图像，但不支持 Alpha 通道。
- EPS 格式：EPS 格式是一种跨平台的通用格式，可以说几乎所有的图形图像和页面排版软件都支持该文件格式。它可以保存路径信息，并在各软件之间进行相互转换。另外，这种格式在保存时可选用 JPEG 编码方式进行压缩，不过这种压缩会破坏图像的外观质量。
- JPEG 格式：JPEG 格式是较常用的图像格式，支持真彩色、CMYK、RGB 和灰度颜色模式，但不支持 Alpha 通道。JPEG 格式可用于 Windows 和 MAC 平台，是所有压缩格式中最卓越的。虽然它是一种有损失的压缩格式，但在文件压缩前，可以在弹出的对话框中设置压缩的大小，这样就可以有效地控制压缩时损失的数据量。JPEG 格式也是目前网络可以支持的图像文件格式之一。
- TIFF 格式：TIFF 格式是为 Macintosh 麦金塔电脑开发的最常用的图像文件格式。它既能用于 MAC，又能用于 PC，是一种灵活的位图图像格式。TIFF 在 Photoshop 中可支持 24 个通道，是除了 PSD 格式外唯一能存储多个通道的文件格式。
- AI 格式：AI 格式是一种矢量图格式，在 Illustrator 中经常用到。在 Photoshop 中可以将保存了路径的图像文件输出为"*.AI"格式，然后在 Illustrator 和 CorelDRAW 中直接打开并进行修改处理。
- GIF 格式：GIF 格式是由 CompuServe 公司制定的，能存储背景透明化的图像格式，但只能处理 256 种色彩。常用于网络传输，其传输速度要比传输其他格式的文件快很多，并且可以将多张图像存成一个文件而形成动画效果。
- PNG 格式：PNG 是 Adobe 公司针对网络图像开发的文件格式。这种格式可以使用无损压缩方式压缩图像文件，并利用 Alpha 通道制作透明背景，是功能非常强大的网络文件格式，但较早版本的 Web 浏览器可能不支持。

1.2 熟悉 Photoshop CS6 窗口

Photoshop CS6 作为专业图像处理软件，应用领域非常广泛，从修复照片到制作精美的图片，从工作中的简单图案设计到专业的平面设计或网页设计，该软件几乎无所不能。本节就来认识一下这个强大的软件。

1.2.1 安装、启动和退出 Photoshop CS6 软件

学习某个软件，首先要掌握软件的安装、启动和退出方法，下面来具体讲解。

1. 安装 Photoshop CS6

熟悉 Photoshop CS6
窗口

在网上下载需要的 Photoshop CS6 中文版软件并将其解压，或将 Photoshop CS6 安装光盘放入光驱中。在解压文件或光盘的根目录 Adobe CS6 文件夹中双击 Set-up.exe 文件，运行安装程序，此时如系统弹出让重新启动计算机的提示窗口，可直接单击 忽略(I) 按钮，之后会弹出开始初始化窗口。

初始化完成后，将弹出欢迎使用的【Adobe Photoshop CS6】安装窗口。如果读者的 Photoshop CS6 软件有序列号，可单击"安装"选项；如无序列号，则选择"试用"选项，下面我们以第二种方式来继续讲解。

启动和退出
Photoshop CS6 软件

（1）单击"试用"选项，显示【Adobe 软件许可协议】窗口。观察一下 "Adobe 软件许可协议"文字下方的语言选项，此处设置为【简体中文】。

（2）单击 接受 按钮。如此时计算机连接网络，将会出现需要登录窗口。如在安装之前断开网络，此步可跳过，直接进入安装选项设置窗口。单击 登录 按钮，在接下来弹出的登录窗口中，如已注册有 Adobe ID，可直接输入，如没有，请单击 创建 Adobe ID 按钮。

（3）弹出创建 Adobe ID 窗口，用户可用邮箱直接在线注册一个，并单击 创建 按钮。

（4）创建后，接下来又会弹出需要登录窗口，单击 登录 按钮，将弹出如图 1-14 所示的安装选项设置窗口。

提示

如为 64 位系统，将出现两个安装选项；如为 32 位系统，将只有"Adobe Photoshop CS6"一个选项，选择合适的安装选项、【语言】选项及安装【位置】选项。

（5）单击 安装 按钮即可开始安装，同时显示安装进度条。

（6）当安装进度显示到 100% 时表示安装成功，弹出的提示窗口如图 1-15 所示。

图 1-14　安装选项设置窗口

图 1-15　提示安装完成窗口

（7）单击 关闭 按钮即可完成 Photoshop CS6 的安装操作。

2. 启动 Photoshop CS6

下面介绍该软件的启动方法。

（1）启动计算机，进入 Windows 界面。

（2）在 Windows 界面左下角的【开始】按钮 上单击，在弹出的【开始】菜单中，依次选择【所有程序】/【Adobe Photoshop CS6（64 Bit）】命令。

（3）稍等片刻，即可启动 Photoshop CS6，进入工作界面。

3. 退出 Photoshop CS6

退出 Photoshop CS6 主要有以下几种方法。

（1）在 Photoshop CS6 工作界面窗口标题栏的右上角有一组控制按钮，单击【关闭】按钮 ×　即可退出 Photoshop CS6。

（2）执行【文件】/【退出】命令。

（3）利用快捷键，即按 Ctrl + Q 组合键或 Alt + F4 组合键退出。注意，按 Alt + F4 组合键不但可以退出 Photoshop CS6，再次按还可以关闭计算机。

 提 示

> 退出软件时，系统会关闭所有文件，如果打开的文件编辑后或新建的文件没有保存，系统会给出提示，让用户决定是否保存。

1.2.2　改变工作界面外观

启动 Photoshop CS6 软件后，默认的界面窗口颜色显示为黑色，这对习惯了以前版本的用户来说，无疑有些不太适应，但 Photoshop CS6 软件还是非常人性化的，利用菜单命令，即可对界面的颜色进行修改。具体操作如下。

范例操作 —— **改变工作界面外观**

STEP 1 执行【编辑】/【首选项】/【界面】命令，弹出如图 1-16 所示的【首选项】对话框。

图 1-16　【首选项】对话框

STEP 2 单击对话框上方【颜色方案】选项右侧的颜色色块，此时可改变界面颜色。

STEP 3 确认后单击 确定 按钮，退出【首选项】对话框。

提示

另外，还可利用按快捷键的方式来修改工作界面外观，依次按 Ctrl + F2 组合键和 Ctrl + F1 组合键，即可在各颜色方案之间进行切换。

1.2.3 熟悉 Photoshop CS6 窗口

在工作区中打开一幅图像，界面窗口布局如图 1–17 所示。

图 1-17　界面布局

Photoshop CS6 的界面按其功能可分为菜单栏、属性栏、工具箱、控制面板、文档窗口（工作区）、文档名称选项卡和状态栏等几部分。

1. 菜单栏

菜单栏中包括【文件】、【编辑】、【图像】、【图层】、【文字】、【选择】、【滤镜】、【3D】、【视图】、【窗口】和【帮助】等 11 个菜单。单击任意一个菜单，将弹出相应的下拉菜单，其中又包含若干个子命令，选择任意一个子命令即可执行相应的操作。

菜单栏右侧的 3 个按钮可以控制界面的显示状态或关闭界面。

- 单击【最小化】按钮 ，工作界面将变为最小化显示状态，显示在桌面的任务栏中。单击任务栏中的图标，可使 Photoshop CS6 的界面还原为最大化状态。
- 单击【还原】按钮 可使工作界面变为还原状态，此时【还原】按钮 将变为【最大化】按钮 ，单击【最大化】按钮 ，可以将还原后的工作界面最大化显示。

提示

无论工作界面以最大化还是还原显示，只要将光标放置在标题栏上双击鼠标，同样可以完成最大化和还原状态的切换。当工作界面为还原状态时，将光标放置在工作界面的任一边缘处，光标将变为双向箭头形状，此时拖曳鼠标，可调整窗口的大小；将光标放置在标题栏内拖曳鼠标，可以移动工作界面在 Windows 窗口中的位置。

- 单击【关闭】按钮 ×，可以将当前工作界面关闭，退出 Photoshop CS6。

在菜单栏中单击最左侧的 Photoshop CS6 图标 Ps，可以在弹出的下拉菜单中执行移动、最大化、最小化及关闭该软件等操作。

2. 属性栏

属性栏显示工具箱中当前选择工具按钮的参数和选项设置。在工具箱中选择不同的工具按钮，属性栏中显示的选项和参数也各不相同。在以后各章节的讲解过程中，会随讲解不同的按钮而进行详细地介绍。

3. 工具箱

工具箱的默认位置为界面窗口的左侧，包含 Photoshop CS6 的各种图形绘制和图像处理工具。注意，将鼠标指针放置在工具箱上方的灰色区域 内，按下鼠标左键并拖曳即可移动工具箱的位置。单击【展开】按钮，可以将工具箱转换为双列显示。

将光标移动到工具箱中的任一按钮上时，该按钮将突起显示，如果光标在工具按钮上停留一段时间，光标的右下角会显示该工具的名称，如图 1-18 所示。

单击工具箱中的任一工具按钮可将其选择。另外，绝大多数工具按钮的右下角带有黑色的小三角形，表示该工具是个工具组，还有其他同类隐藏的工具，将光标放置在这样的按钮上按住鼠标左键不放或单击鼠标右键，即可将隐藏的工具显示出来，如图 1-19 所示。移动光标至展开工具组中的任意一个工具上单击，即可将其选中，如图 1-20 所示。

图 1-18　显示的按钮名称

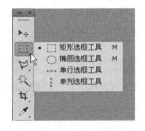
图 1-19　显示出的隐藏工具

图 1-20　选择工具

工具箱及其所有展开的工具按钮如图 1-21 所示。

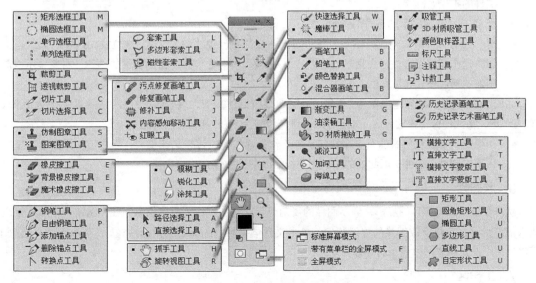
图 1-21　工具箱及所有隐藏的工具按钮

4．控制面板

Photoshop CS6 共提供了 26 种控制面板，利用这些控制面板可以对当前图像的色彩、大小显示、
样式以及相关的操作等进行设置和控制。

5．图像窗口

Photoshop CS6 允许同时打开多个图像窗口，每创建或打开一个图像文件，工作区中就会增加一个
图像窗口，如图 1-22 所示。

图 1-22　打开的图像文件

单击其中一个文档的名称，即可将此文件设置为当前操作文件，另外，按Ctrl + Tab组合键，可按
顺序切换文档窗口；按Shift + Ctrl + Tab组合键，可按相反的顺序切换文档窗口。

将光标放置到图像窗口的名称处按下并拖曳，可将图像窗口从选项卡中拖出，使其以独立的形式显
示，如图 1-23 所示。此时，拖动窗口的边线可调整图像窗口的大小；在标题栏中按下鼠标并拖动，可
调整图像窗口在工作界面中的位置。

图 1-23　以独立形式显示的图像窗口

将光标放置到浮动窗口的标题栏中按下并向选项卡位置拖动，当出现蓝色的边框时释放鼠标，即可将浮
动窗口停放到选项卡中。

图像窗口最上方的标题栏用于显示当前文件的名称和文件类型。

- 在 @ 符号左侧显示的是文件名称。其中"．"左侧是当前图像的文件名称，"．"右侧是当前图像
  文件的扩展名。
- 在 @ 符号右侧显示的是当前图像的显示百分比。
- 对于只有背景层的图像，括号内显示当前图像的颜色模式和位深度（8 位或 16 位）。如果当前
  图像是个多图层文件，在括号内将以"，"分隔。"，"左侧显示当前图层的名称，右侧显示当前
  图像的颜色模式和位深度。

如图 1-23 所示，标题栏中显示"水果.jpg@100%（RGB/8#）"，表示当前打开的文件是一个名为"水
果"的 JPG 格式图像，该图像以 100% 显示，颜色模式为 RGB 模式，位深度为 8 位。

- 图像窗口标题栏的右侧有 3 个按钮，与工作界面右侧的按钮功能相同，只是工作界面中的按钮
  用于控制整个软件；而此处的按钮用于控制当前的图像文件。

6．状态栏

状态栏位于图像窗口的底部，显示图像的当前显示比例和文件大小等信息。在比例窗口中输入相应
的数值，就可以直接修改图像的显示比例。单击文件信息右侧的向右三角形按钮▶，弹出【文件信息】
菜单，用于设置状态栏中显示的具体信息。

7．工作区

当将图像窗口都以独立的形式显示时，后面显示出的大片灰色区域即为工作区。工具箱、各控制面

板和图像窗口等都处在工作区内。在实际工作过程中，为了有较大的空间显示图像，经常将不用的控制面板隐藏，以使将其所占的工作区用于图像窗口的显示。

 提示

按Tab键，即可将属性栏、工具箱和控制面板同时隐藏；再次按Tab键，可以使它们重新显示出来。

1.2.4　界面模式的显示设置

利用 Photoshop CS6 进行编辑和处理图像时，其工作界面有两种模式，分别为编辑模式和显示模式，下面分别对它们进行详细介绍。

界面模式的显示设置

1. 编辑模式

在 Photoshop CS6 工具箱的下方有以下两种模式按钮。

- 【以标准模式编辑】按钮◎：单击该按钮，可切换到 Photoshop CS6 默认的编辑模式。
- 【以快速蒙版模式编辑】按钮◎：快速蒙版模式用于创建各种特殊选区。在默认的编辑模式下单击该按钮，可切换到快速蒙版编辑模式，此时所进行的各种编辑操作不是对图像进行的，而是对快速蒙版进行的。这时，【通道】面板中会增加一个临时的快速蒙版通道。

2. 显示模式

Photoshop CS6 给设计者提供了 3 种屏幕显示模式，在工具箱中最下方的【标准屏幕模式】按钮◎上按住鼠标不放，将弹出如图 1-24 所示的工具按钮。也可执行【视图】/【屏幕模式】命令，将弹出如图 1-25 所示的命令。

图 1-24　显示的工具按钮

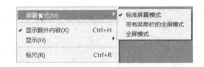

图 1-25　显示的菜单命令

- 【标准屏幕模式】：可进入默认的显示模式。
- 【带有菜单栏的全屏模式】：系统会将软件的标题栏及下方 Windows 界面的工具栏隐藏。
- 【全屏模式】：选择该选项，系统会弹出【信息】询问面板，此时单击 全屏 按钮，系统会将界面中的所有工具箱和控制面等隐藏，只保留当前图像文件的显示；单击 取消 按钮，可取消执行全屏操作。

 提示

连续按F键，可以在这几种模式之间相互切换。

1.2.5　控制面板操作

熟练掌握对控制面板的操作，可以有效地提高工作效率。

1. 控制面板的显示与隐藏

在图像处理工作中，为了操作方便，经常需要调出某个控制面板、调整工作区中部分控制面板的位置或将其隐藏等。

控制面板操作

—— **控制面板的显示与隐藏**

STEP 1 选择【窗口】菜单，将弹出下拉菜单，该菜单中包含 Photoshop CS6 的所有控制面板。

提示

在【窗口】菜单中，左侧带有 ✔ 符号的命令表示该控制面板已在工作区中显示，如【图层】和【颜色】；左侧不带 ✔ 符号的命令表示该控制面板未在工作区中显示。

STEP 2 选择不带 ✔ 符号的命令即可使该面板在工作区中显示，同时该命令左侧将显示 ✔ 符号；选择带有 ✔ 符号的命令则可以将显示的控制面板隐藏。

提示

反复按 Shift + Tab 组合键，可以将工作界面中的所有控制面板在隐藏和显示之间切换。

STEP 3 控制面板显示后，每一组控制面板都有两个以上的选项卡。例如，【颜色】面板上包含【颜色】和【色板】两个选项卡，单击【色板】选项卡，即可以显示【色板】控制面板，这样可以快速地选择和应用需要的控制面板。

2. 控制面板的拆分与组合

为了使用方便，以组的形式堆叠的控制面板可以重新排列，包括向组中添加面板或从组中移出指定的面板。

 —— **控制面板的拆分与组合**

STEP 1 将光标移动到需要分离出来的面板选项卡上，按下鼠标左键并向工作区中拖曳，状态如图 1-26 所示。

图 1-26　拆分控制面板的操作过程示意图

STEP 2 释放鼠标左键，即可将要分离的面板从面板组中分离出来，如图 1-27 所示。

图 1-27　拆分控制面板状态

提示

将控制面板分离为单独的控制面板后，控制面板的右上角将显示【折叠为图标】按钮 ◄◄ 和【关闭】按钮 ✕。单击【折叠为图标】按钮 ◄◄，可以将控制面板折叠，以图标的形式显示；单击【关闭】按钮 ✕，可以将控制面板关闭。其他控制面板的操作也都如此。

将控制面板分离出来后，还可以将它们重新组合成组。

STEP　将光标移动到分离出的【颜色】面板选项卡上，按下鼠标左键并向【调整】面板组名称右侧的灰色区域拖曳，如图 1-28 所示。

STEP　当出现如图 1-29 所示的蓝色边框时释放鼠标左键，即可将【颜色】面板和【调整】面板组组合，如图 1-30 所示。

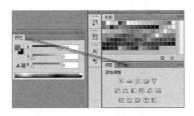

图 1-28　拖曳鼠标状态

图 1-29　出现的蓝色边框

图 1-30　合并后的效果

　提示

在默认的控制面板左侧有一些按钮，单击相应的按钮可以打开相应的控制面板；单击默认控制面板右上角的双向箭头 ▶▶，可以将控制面板隐藏，只显示按钮图标，这样可以节省绘图区域以显示更大的绘制文件窗口。

1.3　Photoshop CS6 基本操作

在实际工作过程中，读者可以自定义个性化的工作区。Photoshop CS6 为菜单命令和工具按钮提供了默认的键盘快捷键，读者也可以自定义键盘快捷键，还可以设置菜单命令的显示状态。

设置快捷键

1.3.1　设置快捷键

执行【编辑】\【键盘快捷键】命令，可以打开如图 1-31 所示的【键盘快捷键和菜单】对话框，在对话框中可以对系统的快捷键进行设置。

图 1-31　【键盘快捷键和菜单】对话框

- 【组】：该选项中可以选择进行设置快捷键的组。
- 【快捷键用于】：在该选项中可以设置快捷键的使用范围。
- 【应用程序菜单命令】：在该选项中可以选择菜单命令进行设置快捷键。
- 接受 ：单击该按钮，可以保存更改的快捷键。
- 还原 ：单击该按钮，可以还原快捷键设置，此时按钮显示为 重做 。
- 使用默认值(D) ：单击该按钮，可以使用系统默认的快捷键。
- 添加快捷键(A) ：单击该按钮，可以添加快捷键。
- 删除快捷键(E) ：单击该按钮，可以将选中的快捷键删除。
- 摘要(M)... ：单击该按钮，将弹出【存储】对话框，可以将当前设置的快捷键保存为 htm 格式并在 Web 浏览器中显示，如图 1-32 所示。

下面以为【字符】面板设置快捷键为例，来讲解设置快捷键的方法。

图 1-32　导出的键盘快捷键

范例操作 —— 设置快捷键

STEP 01 执行【编辑】/【键盘快捷键】命令，打开【键盘快捷键和菜单】对话框，在对话框中单击【文字】选项前面的 ▷ 图标，将其下的命令展开，然后选择【字符面板】命令，其右侧将显示如图 1-33 所示的文本框。

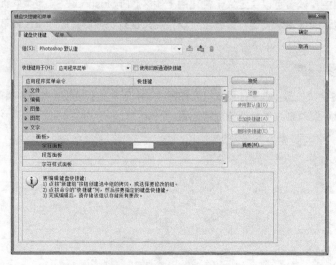

图 1-33　【键盘快捷键】选项卡

STEP 02 按键盘中的 F2 键，将该键设置为【字符】面板的快捷键，此时下方的信息窗口中会显示如图 1-34 所示的提示信息，告诉我们 F2 键已指定给【编辑】菜单下的【剪切】命令了，接下来如单击左下方的 接受并转到冲突处 按钮，可将 F2 键指定给【字符】面板，同时转到【剪切】命令处重新为其设置快捷键。

为了避免重新设置其他命令的快捷键，此处我们重新来设置按键。

STEP 按键盘中的 F10 键，将该键设置为【字符】面板的快捷键，此时下方的信息窗口中会显示如图 1-35 所示的提示信息，说明可以将该快捷键指定给【字符】面板。

图 1-34 显示的提示信息   图 1-35 显示的提示信息

STEP 单击 接受 按钮，然后单击 确定 按钮，关闭【键盘快捷键和菜单】对话框，即可完成快捷键的设置。

1.3.2 设置彩色菜单

执行【编辑】/【菜单】命令或在【键盘快捷键和菜单】对话框中单击【菜单】选项卡，将弹出如图 1-36 所示的对话框，在对话框中可以进行菜单命令显示模式的设置。

设置彩色菜单

图 1-36 菜单对话框

- 【菜单类型】：包括【应用程序菜单】和【面板菜单】。【应用程序菜单】允许显示、隐藏应用程序菜单中的命令，或为命令添加颜色；【面板菜单】允许显示、隐藏面板菜单中的命令，或为命令添加颜色。
- 菜单命令列表窗口：单击菜单或面板名称左侧的三角形，将该命令组打开，选择其下的任一命令，单击右侧【可见性】下方的【可见性】按钮 ，可隐藏该命令；单击【颜色】下方的"无"，可在弹出的列表中选择命令显示的颜色。

下面以为【新建】和【打开】命令修改显示颜色为例，来讲解自定义彩色菜单的方法。

范例操作——**自定义彩色菜单**

STEP 执行【编辑】/【菜单】命令，打开【键盘快捷键和菜单】对话框，在对话框中单击【文件】选项前面的 图标，将其下的命令展开，然后选择【新建】命令，并将光标移动到右侧的【无】选项处单击，此时会弹出如图 1-37 所示的下拉选项。

STEP 📷2 选择【红色】；然后用相同的方法，将【打开】命令选择，并将其颜色设置为【绿色】。

STEP 📷3 单击 确定 按钮，即可完成菜单颜色的设置，再次执行【文件】菜单，弹出的菜单如图 1-38 所示。

图 1-37　显示的颜色选项

图 1-38　修改颜色后的菜单命令

 提示

要确保菜单以设置的颜色显示，必须执行【编辑】/【首选项】/【界面】命令，在弹出的【首选项】对话框中勾选【显示菜单颜色】选项。

1.3.3 额外内容命令设置

参考线、网格、选区、切片和文本基线等都是帮助选择、移动或编辑对象的非打印额外内容。可以显示或隐藏已启用的额外内容，还可以指定对齐元素以帮助用户进行工作。

额外内容命令设置

1. 显示额外内容

执行【视图】/【显示额外内容】命令，可以显示或隐藏所有已启用的额外内容，已启用的额外内容旁边都会出现一个"√"标记。再次执行此命令，将该命令前面的"√"标记取消，可隐藏所有启用的额外内容。

执行【视图】/【显示】命令，可在弹出的子菜单中显示单个额外内容。

* 执行【视图】/【显示】/【全部】命令，将启用并显示所有可用的额外内容。
* 执行【视图】/【显示】/【无】命令，将禁用并隐藏所有额外内容。
* 执行【视图】/【显示】/【显示额外选项】命令，将启用或禁用额外内容组。

2. 对齐

在绘制和编辑图像时，【对齐】命令有助于精确放置选区、裁切框、切片、形状和路径等，但【对齐】命令使用不当也会妨碍正常操作。因此，及时启用或关闭【对齐】命令可以提高工作效率。

（1）启用或停用对齐命令

执行【视图】/【对齐】命令可启用或停用此命令。当此命令前面有复选标记时，表示已启用对齐功能。

（2）指定要对齐的元素

执行【视图】/【对齐到】命令，在子菜单中选取如下一个或多个选项。

* 选择【参考线】命令，可以与参考线对齐。
* 选择【网格】命令，可以与网格对齐。当网格处于隐藏状态时，此命令不可用。
* 选择【图层】命令，可以与图层中图像的边缘对齐。
* 选择【切片】命令，可以与切片边界对齐；隐藏切片时此命令不可用。

- 选择【文档边界】命令，可以与文档边缘对齐。
- 选择【全部】命令，可一次选择所有对齐选项。
- 选择【无】命令，可取消所有对齐选项的选择。

（3）只启用对齐功能的一个选项

确认【对齐】命令处于关闭状态，执行【视图】/【对齐到】命令下的一个选项，即可自动为该选项启用对齐功能，同时取消其他选项的对齐功能。

1.3.4　标尺的应用

标尺的主要作用是度量当前图像的尺寸，同时对图像进行辅助定位，使设计更加准确。下面以实例的形式来介绍标尺的有关操作。

范例操作 —— **标尺的应用**　　　　　　设置标尺

STEP 1 执行【文件】/【打开】命令，在弹出的【打开】对话框中，选择素材"图库\第 01 章"目录，然后打开素材图片"小白兔 .jpg"文件。

STEP 2 执行【视图】/【标尺】命令，在图像文件的左侧和上方即显示标尺，如图 1-39 所示。

STEP 3 将鼠标指针移动放置到标尺水平与垂直的交叉点上，按下鼠标左键沿对角线向下拖动，将出现一组十字线，如图 1-40 所示。

图 1-39　显示的标尺　　　　　　　　　　图 1-40　出现十字线时的状态

STEP 4 拖动到适当位置后释放鼠标左键，标尺的原点（0,0）将设置在释放鼠标左键的位置，如图 1-41 所示。

STEP 5 按住 Shift 键拖曳光标，可以将标尺原点与标尺的刻度对齐。将标尺的原点位置改变后，双击标尺的交叉点，可将标尺原点位置还原到默认状态。

执行【编辑】/【首选项】/【单位与标尺】命令，弹出【首选项】对话框。在【首选项】对话框的【单位】栏中将标尺的单位设置为"毫米"，单击 确定 按钮，设置单位为毫米后的标尺如图 1-42 所示。

图 1-41　调整标尺原点后的位置　　　　　　图 1-42　设置为毫米后的标尺数值

提 示

在图像窗口中的标尺上双击，同样可以弹出【首选项】对话框。在标尺上单击鼠标右键，可以弹出标尺的单位选择列表。

1.3.5 网格的应用

网格是由显示在文件上的一系列相互交叉的虚线所构成的，其间距可以在【首选项】对话框中进行设置调整。下面进行网格的设置练习。

网格设置

范例操作 —— **网格的应用**

STEP 1 执行【文件】/【打开】命令，在弹出的【打开】对话框中，将素材"图库\第01章"目录下名为"小狗.jpg"的文件打开。

STEP 2 执行【视图】/【显示】/【网格】命令，在当前文件的页面中显示出如图1-43所示的网格。

STEP 3 执行【编辑】/【首选项】/【参考线、网格和切片】命令，弹出【首选项】对话框。

STEP 4 在【首选项】对话框的【网格线间隔】选项中，将单位设置为"毫米"，【网格线间隔】设置为"10"、【子网格】设置为"2"，单击 确定 按钮，新设置的网格如图1-44所示。

图1-43 显示的网格

图1-44 新设置的网格

STEP 5 执行【视图】/【对齐到】/【网格】命令，启用对齐功能。如果此功能已启用，此步操作可省略。

STEP 6 利用【矩形选框】工具 在文件中绘制矩形选区，选区将自动对齐到网格上面，如图1-45所示。

STEP 7 执行【视图】【显示】【网格】命令，可将显示的网格隐藏。

1.3.6 参考线的应用

参考线是浮在整个图像上但不可打印的线。下面学习参考线的创建、显示、隐藏、移动和清除方法。

参考线设置

图1-45 对齐到网格上面的选区

范例操作 —— 参考线的应用

STEP 1 将第 1.3.4 节打开的"小白兔 .jpg"文件设置为工作状态，然后将光标移动到水平标尺上按下鼠标左键并向下拖动，释放鼠标左键，即可在释放处添加一条水平参考线，如图 1-46 所示。

STEP 2 将鼠标指针移动到垂直标尺上按下鼠标左键并向右拖动，同样可以添加一条垂直的参考线，如图 1-47 所示。

图 1-46　水平参考线

图 1-47　垂直参考线

　　一般在使用参考线进行辅助作图时，讲究参考线的精密性，此时就需要利用准确的参考线添加方法。

图 1-48　【新建参考线】对话框

STEP 3 执行【视图】/【清除参考线】命令，可以将文件窗口中添加的参考线删除。

STEP 4 执行【视图】/【新建参考线】命令，弹出如图 1-48 所示的【新建参考线】对话框。

STEP 5 在【新建参考线】对话框中的【位置】文本框中输入"0.3 厘米"，单击 确定 按钮，即可在文件中 0.3 厘米处添加参考线。

STEP 6 使用相同的方法，在文件的四周距离边缘各"3 毫米"位置添加上参考线，该参考线即为印刷输出的出血线。

STEP 7 选择【移动】工具，将光标移动到要移动的参考线上，当光标显示为 ÷ 或 ╂ 双向箭头时，按下鼠标左键拖曳，可以移动参考线，当拖动参考线到文件窗口之外时，释放鼠标左键可将参考线删除。

 提示

按住 Alt 键在拖动或单击参考线时，可改变参考线的方向。按住 Shift 键再拖动参考线时，可使参考线与标尺上的刻度对齐。

STEP 8 执行【视图】/【锁定参考线】命令，可以将文件窗口中的添加的参考线锁定，使其无法移动。

1.3.7　系统内存设置

　　在处理图像或排版设计印刷品时，如果创建的文件很大，经常会遇到操作速度变慢的情况，有的时候还会出现提示"没有足够的系统内存空间处理该操作"，此时，如果能够适当的分配和增加 Photoshop CS6 的性能内存，可以有效地提高计算机的运算

系统内存设置

速度。下面来讲解如何提高系统内存。

范例操作 —— 系统内存设置

STEP 1 执行【编辑】/【首选项】/【性能】命令，弹出如图 1-49 所示的【首选项】对话框。

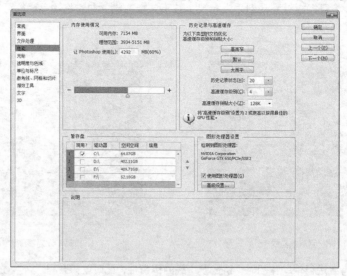

图 1-49 【首选项】对话框

STEP 2 在右侧参数设置区中拖曳【内存使用情况】下的滑块，可增加或减少 Photoshop 的内存设置。

如果为Photoshop 软件分配的内存比例过大，同时使用的其他程序往往就会出问题。因此，一般情况下，将该数设置设置为60% ~ 70%，最多将内存总量的 75% 分配给 Photoshop 软件。

STEP 3 单击 确定 按钮，即可完成内存的设置。

1.3.8 将字体设置为中文显示

若是初次安装 Photoshop CS6 软件，在使用【文字】工具时，其属性栏中的字体名称都显示为英文字体，如图 1-50 所示。为了在选择中文字体时更加方便，可以对字体的显示进行设置。执行【编辑】/【首选项】/【文字】命令，在弹出的如图 1-51 所示的【首选项】对话框中将【以英文显示字体名称】复选项的勾选取消，然后单击 确定 按钮，即可显示为中文字体名称，如图 1-52 所示。

字体的中英文
显示设置

图 1-50 显示为英文字体

图 1-51 设置【首选项】

图 1-52 显示为中文字体

1.4 课后习题

1. 根据本章第 1.2.5 小节"控制面板操作"中介绍的知识点，练习控制面板的拆分与组合。

2. 打开素材"图库\第 01 章"目录下名为"封面.jpg"的图片文件。练习参考线的添加与删除操作，并为封面文件添加合理的参考线。

创建印刷封面文件

要求封面最终为32开本，即成品尺寸为宽度14厘米，高度21厘米，书脊厚度0.5厘米，勒口6厘米。利用本章所学习的设置参考线的方法，在封面文件上添加参考线，如图 1-53 所示。

图 1-53　添加的参考线

步骤解析

STEP 1 在创建文件时由于要添加 3 毫米的出血线，因此封面文件的宽度是 41.1 厘米，高度是 21.6 厘米。

STEP 2 计算得到在文件垂直方向的"3毫米""63毫米""203毫米""208毫米""348毫米""408毫米"分别设置参考线。在文件水平方向的"3毫米"和"213毫米"处分别设置参考线。

Chapter

2

第2章
文件基本操作与颜色设置

　　本章将讲解有关文件基本操作和颜色设置的内容，包括新建文件、打开文件、存储文件、导入导出文件、图像的显示控制、图像文件的大小设置、以及设置颜色与填充颜色等。这些内容比较容易理解，希望读者能够认真学习，将其熟练掌握，以便在处理图像过程中用到这些基本命令操作时能得心应手。

学习目标

● 掌握文件基本操作。

● 掌握颜色设置的操作方法。

2.1 文件基本操作

由于每个软件的性质不同，其新建、打开及存储文件时的对话框也不相同，下面简要介绍一下
Photoshop CS6 的新建、打开及存储对话框。

2.1.1 新建文件

执行【文件】/【新建】命令（快捷键为 Ctrl + N 组合键），会弹出【新建】对话框，
单击【高级】选项下方的【显示高级选项】按钮，对话框将增加【高级】选项的设置，
如图 2-1 所示。在此对话框中可以设置新建文件的名称、尺寸、分辨率、颜色模式、
背景内容和颜色配置文件等。单击 确定 按钮后即可新建一个图像文件。

新建文件

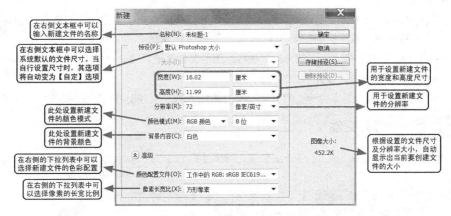

图 2-1 【新建】对话框

在工作之前建立一个合适大小的文件至关重要，除尺寸设置要合理外，分辨率的设置也要合理。设
置图像分辨率时应考虑图像最终发布的媒介，对一些有特别用途的图像，分辨率设置通常都有一些基本
的标准，要根据实际情况灵活设置。

下面利用【文件】/【新建】命令，创建一个文件【名称】为"新建文件练习"，【宽度】为"25 厘米"，
【高度】为"20 厘米"，【分辨率】为"72 像素 / 英寸"，【颜色模式】为"RGB 颜色""8 位"，【背景内容】
为"白色"的新文件，以此来讲解新建文件的基本操作。

范例操作 —— 新建文件

STEP ☆1 执行【文件】/【新建】命令，弹出【新建】对话框。

STEP ☆2 将鼠标指针放置在【名称】文本框中，自文字的右侧向左侧拖曳，将文字反白显示，
然后任选一种文字输入法，输入"新建文件练习"文字。

STEP ☆3 如果【宽度】和【高度】选项右侧的单位没有显示【厘米】，此时可单击宽度数值右
侧的选项窗口，在弹出的下拉列表中选择【厘米】选项，然后将【宽度】和【高度】值分别设置为"25"
和"20"。

STEP ☆4 将【颜色模式】设置为【RGB 颜色】，设置各选项及参数后的【新建】对话框如图 2-2
所示。

STEP ☆5 单击 确定 按钮，即可按照设置的选项及参数创建一个新的文件，如图 2-3
所示。

图 2-2　设置各选项及参数后的【新建】对话框　　　　图 2-3　新建的文件

2.1.2　打开文件

执行【文件】/【打开】命令（快捷键为 Ctrl + O 组合键）或直接在工作区中双击，会弹出【打开】对话框，利用此对话框可以打开计算机中存储的 PSD、BMP、TIFF、JPEG、TGA 和 PNG 等多种格式的图像文件。在打开图像文件之前，首先要知道文件的名称、格式和存储路径，这样才能顺利地打开文件。

打开文件

下面利用【文件】/【打开】命令，打开素材文件中所带的"风景画 .jpg"文件。

范例操作 ——打开文件

STEP 1 执行【文件】/【打开】命令，弹出【打开】对话框。

STEP 2 单击【查找范围】下拉列表或右侧的【向下箭头】按钮，在弹出的下拉列表中选择光盘所在的盘符。

STEP 3 在下方的窗口中依次双击"图库\第 02 章"文件夹。

STEP 4 在弹出的文件窗口中，选择名为"风景画 .jpg"图像文件，此时的【打开】对话框如图 2-4 所示。

STEP 5 单击 打开(O) 按钮，即可将选择的图像文件在工作区中打开。

图 2-4　【打开】对话框

 提示

如果想同时打开多幅图像文件，在选择时，可以按住 Ctrl 键，依次单击要选择的图像文件，或者框选连续的图像文件，单击 打开(O) 按钮后，即可将选择的多个图像文件全部打开。

2.1.3　在 Bridge 中浏览

执行【在 Bridge 中浏览】命令可以查看、搜索、排序、管理和处理图像文件。可以使用 Bridge 来创建新文件夹、对文件进行重命名、移动和删除操作、编辑元数据、旋转图像以及运行批处理命令。还可以查看有关从数码相机导入的文件和数据的信息。

在 Bridge 中浏览

 提示

Bridge 既可以独立使用，也可以从 Adobe Photoshop、Adobe Illustrator、Adobe InDesign 和 Adobe GoLive 中使用。

执行【在 Bridge 中浏览】命令打开【Bridge】对话框，如图 2-5 所示。

图 2-5　【Bridge】对话框

　　【Bridge】对话框与看图软件 ACDSee 的界面窗口非常相似，而且在使用方法上也有很多相似之处，下面来分别讲解。

　　（1）从"文件缩览图查看窗口"中选中相应的图片之后，在"图片预览窗口"即可观察到该图片放大后的效果，从"文件信息面板"中同时显示该图片的所有信息，包括文件属性、相机数据、音频和视频等。

　　（2）文件缩览图查看窗口中的文件排序方式，可以通过执行【视图】/【排序】中的相应菜单命令进行转换。

　　（3）在界面窗口的下方有一个设置缩览图大小的滑块，通过调整滑块的位置，可以改变缩览图的大小。

　　（4）执行【视图】/【详细信息】命令，可以把文件缩览图查看窗口设置成如图 2-6 所示的形态，以显示图片的详细信息。

图 2-6　显示的详细信息

1．选择图像

　　（1）在预览区窗口中单击要选择文件的缩览图，即可将此图像文件选择。

　　（2）在选择一个图像文件后，按住 Shift 键单击其他的图像文件，可选择相邻的多个图像文件；按住 Ctrl 键单击其他的图像文件，可选择不连续的图像文件。

　　（3）执行【编辑】/【全选】命令，可选择当前文件夹中的所有文件。

　　（4）执行【编辑】/【全部取消选择】命令，可取消所选文件的选择状态。

　　（5）执行【编辑】/【反向选择】命令，可选择当前已选择图像外的图像文件。

2. 打开图像文件

（1）在预览区窗口中选择要打开的图像文件，然后按 Enter 键。

（2）在预览区窗口中要打开的图像文件上双击鼠标。

（3）选择要打开的图像文件后，执行【文件】/【打开】命令。

（4）在预览区窗口中要打开的图像文件上按住鼠标左键向工作区中拖动，当光标显示为带加号的箭头符号时，释放鼠标左键，也可将图像文件打开。

3. 旋转图像

在【Bridge】的对话框中可以旋转图像，并可以同时将多个图像文件进行旋转。

在预览区窗口中选择一个或多个图像文件，然后单击【逆时针旋转 90 度】按钮 ，或执行【编辑】/【逆时针旋转 90 度】命令，可将当前选择的图像文件逆时针旋转 90°。单击【顺时针旋转 90 度】按钮 ，或执行【编辑】/【顺时针旋转 90 度】命令，可将当前选择的图像顺时针旋转 90°。执行【编辑】/【旋转 180 度】命令，可将选择的图像旋转 180°。

4. 设置文件等级和标签

执行【标签】菜单栏下的命令，可为图像文件设置等级或添加标签。当执行【标签】/【无评级】命令时，将取消等级设置；执行【标签】/【无标签】命令，将取消标签添加。

5. 删除图像文件

（1）单击【删除】按钮 ，可将当前选择的图像文件删除。

（2）将要删除的图像文件拖动到【删除】按钮 上。

（3）选择要删除的图像文件后，按 Delete 键或执行【文件】/【删除】命令。

6. 查看排序方式

文件缩览图查看窗口中的文件排序方式，可以通过执行"视图 / 排序"中的相应菜单命令进行转换。

7. 批量重命名

利用 Bridge 也可以快速批量地给相片重新命名。在重命名之前需要先选中相片，然后执行【工具】/【批重命名】命令或在缩览图上单击鼠标右键，在弹出的右键菜单中选择【批重命名】命令，在弹出的【批重命名】对话框中设置相应的选项后，单击 重命名 按钮，即可完成重命名操作。

8. 使用高速缓存

使用【工具】/【高速缓存】命令可存储缩览图和文件信息，当查看多个目录的图像文件后，返回上一次查看过的文件夹时，载入速度就会加快。使用高速缓存会占用磁盘空间，清空高速缓存可释放硬盘的空间。

2.1.4 在 Mini Bridge 中浏览

Mini Bridge 是从 Adobe Photoshop CS5 版本开始增加的一项扩展功能，是缩小版的【Bridge】对话框，内置于 Photoshop 软件中，通过它可以更快捷地打开图像文件。具体操作如下。

（1）将选择的图像拖动到工作界面中。

（2）在要打开的图像上双击。

（3）在图像文件缩览图上单击鼠标右键，然后选择【置入】/【Photoshop 中】命令，或者选择【打开方式】下的相关命令。

（4）要运行自动任务，请选择一个或多个图像文件，然后在图像文件缩览图上单击右键，再执行【Photoshop】下相应的自动任务命令。

要使用【Mini Bridge】面板，必需启用 Bridge 文件浏览器。

2.1.5　打开为

利用【打开为】命令，可以使用读者指定的文件格式打开图像文件。一般在文件扩展名错误或没有扩展名的时候，利用此命令为其指定一个正确的扩展格式，然后将其打开。具体操作为：执行【文件】/【打开为】命令，将弹出【打开为】对话框，在【查找范围】文本框中选择要打开图像的路径，然后在下方的列表窗口中选择要打开的文件，再单击下方【打开为】选项右侧的格式按钮，在弹出的列表中指定一种格式，单击 打开(O) 按钮，即可将选择的图像文件打开为指定的图像文件格式。

2.1.6　打开为智能对象

利用【打开为智能对象】命令，可以将文件作为智能对象打开，打开后图像并没有什么变化，只是图像名称更改且图层缩览图右下角有一个智能对象图标，如图 2-7 所示。

图 2-7　打开的图像文件及【图层】面板

智能对象是一个嵌入到当前文档中的文件，它可以保留文件的原始数据，并进行非破坏性的操作。

2.1.7　最近打开文件

执行【文件】/【最近打开文件】命令，弹出的菜单中罗列了一些文件名（保留最近的 10 个），这些都是最近打开过的图像文件，如图 2-8 所示。

如果想再次打开这些文件，只要在相应的文件名上用鼠标单击即可。如果要清空列表，可执行下方的【清除最近的文件列表】命令。

图 2-8　显示出的列表

2.1.8　存储文件

在 Photoshop CS6 中，文件的存储主要包括【存储】和【存储为】两种方式。当新建的图像文件第一次存储时，【文件】菜单中的【存储】和【存储为】命令功能相同，都是将当前图像文件命名后存储，并且都会弹出【存储为】对话框。

存储文件

将打开的图像文件编辑后再存储时，就应该正确区分【存储】和【存储为】命令的不同。【存储】命令是在覆盖原文件的基础上直接进行存储，不弹出【存储为】对话框；而【存储为】命令仍会弹出【存储为】对话框，它是在原文件不变的基础上，将编辑后的文件重新命名另存储。

 提 示

【存储】命令的快捷键为 Ctrl + S 组合键，【存储为】命令的快捷键为 Shift + Ctrl + S 组合键。在绘图过程中，一定要养成随时存盘的好习惯，以免因断电、死机等突发情况造成不必要的麻烦，而且保存时一定要分清应该用【存储】命令还是【存储为】命令。

1. 直接保存文件

绘制完一幅图像后，就可以将绘制的图像直接保存，具体操作步骤如下。

范例操作 —— 直接保存文件

STEP 1 执行【文件】/【存储】命令，弹出【存储为】对话框。

STEP 2 在【存储为】对话框的【保存在】下拉列表中选择 本地磁盘 (D:)，在弹出的新【存储为】对话框中，单击【新建文件夹】按钮，创建一个新文件夹。

STEP 3 将创建的新文件命名为"卡通"，也可以根据绘制的图形自己设置名称。

STEP 4 双击刚创建的文件夹，将其打开，然后在【格式】下拉列表中选择【Photoshop (*.psd;*.PDD)】，在【文件名】下拉列表中输入"卡通图片"作为文件的名称，同样，此处也要根据自己绘制图形输入文字。

STEP 5 单击 保存(S) 按钮，就可以保存绘制的图像了。以后按照保存的文件名称及路径就可以打开此文件。

2. 另一种存储文件的方法

读者对打开的图像进行编辑处理后，可将其另存。

范例操作 —— 另存文件

STEP 1 执行【文件】/【打开】命令，打开素材"图库\第 02 章"目录下名为"SC_004.jpg"的文件，打开的图像如图 2-9 所示。

图 2-9　打开的图像

STEP 執行【图像】/【调整】/【色彩平衡】命令，在弹出的【色彩平衡】对话框中依次设置各选项参数，如图 2-10 所示。

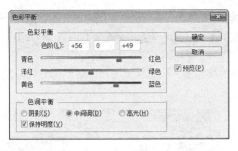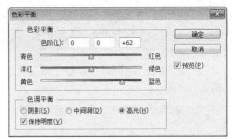

图 2-10　设置的选项参数

STEP 单击 确定 按钮，即可对图像的颜色进行调整。

STEP 执行【文件】/【存储为】命令，弹出【存储为】对话框，将【文件名】修改为"SC_0040"。

STEP 单击 保存(S) 按钮，将弹出如图 2-11 所示的【JPEG 选项】对话框，将【品质】选项右侧的数值设置为"10"，或拖动下方的滑块，设置图像的存储品质。注意，数值越大、图像的品质越好，生成的图像文件也就越大。

STEP 单击 确定 按钮，即可把文件重新命名后保存在计算机的硬盘中，且原文件仍然存在。

图 2-11　【JPEG 选项】对话框

2.1.9　置入文件

利用【置入】命令可以将其他 Adobe 软件中绘制的文件如".jpg"".eps"或".ai"等格式的文件置入到当前的 Photoshop 文件中。具体操作为：确认工作区中有打开的图像文件，然后执行【文件】/【置入】命令，会弹出【置入】对话框。在对话框中选择需要置入的图像文件，然后单击 置入(P) 按钮，即可将文件置入，置入后的文件会带有定界框以利于对置入的图像大小进行调整。确认后，当前置入的文件会以"智能对象"的形式存在。

置入文件

下面以置入"AI"格式的图像为例，来详细讲解置入图像的方法。

 提示

AI 是 Adobe Illustrator 的矢量文件格式，将这种格式的文件置入 Photoshop 后，可以保留图层、蒙版以及透明度等。

范例操作 —— 置入 AI 格式文件

STEP 执行【文件】/【打开】命令，打开素材"图库 \ 第 02 章"目录下名为"SC_004.jpg"的文件。

STEP 执行【文件】/【置入】命令，打开【置入】对话框。

STEP 在【置入】对话框中选择素材图片"图案 .ai"，单击 置入(P) 按钮，弹出如图 2-12 所示的【置入 PDF】对话框。

提示

在【置入 PDF】对话框中，单击【裁剪到】选项右侧的选项窗口，可指定置入图像的大小。选择【边框】选项，将裁剪到包含页面所有文本和图形的最小矩形区域。此选项会去除多余的空白。

STEP ⁴ 单击 确定 按钮，即可将选择的图像置入当前页面中，此时图像的周围会显示定界框，如图 2-13 所示。

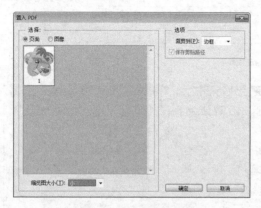

图 2-12 【置入 PDF】对话框

图 2-13 置入的图像

STEP ⁵ 将光标放置到各控制点上按下并拖曳，可调整图像的大小；将光标放置到定界框中按下并拖曳，可调整图像的位置。

提示

在置入文件没有按 Enter 键以前，对图像进行的缩放操作是不会降低图像品质的。

STEP ⁶ 调整后，按 Enter 键，即可完成置入操作。同时，置入的文件会被创建为智能对象。

STEP ⁷ 在智能对象图层的缩略图上双击可转换到制作该图像文件的原始软件，在软件中重新对图像进行编辑修改并保存，当关闭软件后，Photoshop 软件中置入的图像也会做相应的修改。

2.1.10 导入、导出文件

利用【导入】命令，可将一些变量数据、视频帧、注释及 WIA 支持等内容导入到 Photoshop 中使用。

导入、导出文件

1. 导入

执行【文件】/【导入】命令，会弹出如图 2-14 所示的【导入】命令子菜单。

- 当计算机连接有数码相机或扫描仪等设备，且已安装各驱动程序，此处将显示相关的命令，执行该命令，可以将需要的图像或图片等内容导入到 Photoshop 中。

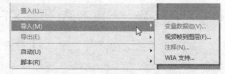

图 2-14 【导入】命令的子菜单

- 执行【文件】/【导入】/【视频帧到图层】命令，可以打开一个【载入】对话框，在对话框中选择一个文件，单击 载入(L) 按钮，即可将其导入到图层中。拖动时间滑块即可调整导入帧的范围。

- 执行【文件】/【导入】/【注释】命令，也可打开【载入】对话框，在对话框中选择一个包含注释的文件，单击 载入(L) 按钮，即可将其导入到当前的文件中。

- 执行【文件】/【导入】/【WIA 支持】命令，可以从数码相机中将照片导入到 Photoshop CS6 中。某些数码相机使用 "Windows 图像采集"（WIA）导入图像，将数码相机连接到电脑后，即可利用此命令来导入图像。

2. 导出

如图 2-15 所示为执行【文件】/【导出】命令的子菜单。

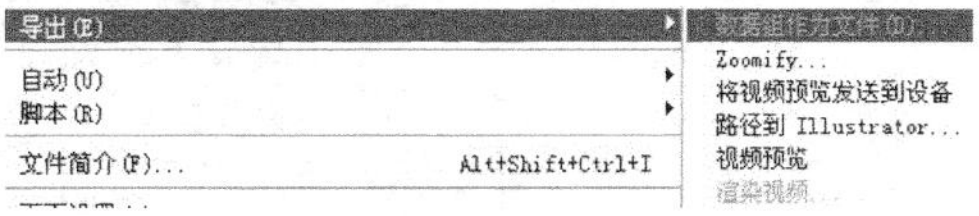

- 导出数据组作为文件

当选中一个或多个数据组后，可以执行【文件】/

图 2-15　【导出】命令的子菜单

【导出】/【数据组作为文件】命令将数据按照批处理模式输出 PSD 文件。

- 导出 Zoomify

该命令可以将分辨率高的图像发布到 Web 上，并利用 Viewpoint Media Player 可以进行查看图像。

- 将视频预览发送到设备

执行该命令后，可以将图像的内容发到设备中进行查看。

- 路径到 Illustrator

该命令是输出 Photoshop 路径为 Adobe Illustrator 软件文件格式。具体操作可详见幕课视频。

- 视频预览

如果计算机上连接了显示设备，可以打开文件，执行【文件】/【导出】/【视频预览】命令，并在打开的对话框中进行各项设置后，即可将文档导出到视频预览显示器上进行预览。

- 渲染视频

执行【文件】/【导出】/【渲染视频】命令即可将文件导出为 QuickTime 影片。

2.1.11　优化存储文件

对于在 Web 上发布的图像，如果采用较小的文件可以使 Web 服务器更加快速地存储和传输图像，用户能够更快地下载。所以对于应用于 Web 的图像，需要在 Photoshop CS6 中进行图像优化。例如，在各类考试的网络报名时，一般都会需要上传证件照片，而且大多有文件大小的要求，一般不超过 20K，这就需要对照片的大小进行修改，如果单一地将图像的分辨率降低，最终的图像品质会很差，这时候就可以利用【存储为 Web 所用格式】命令来进行存储，下面以调整上传照片的大小为例来学习图像的优化方法。

优化存储文件

范例操作 —— 优化存储文件

STEP 1 执行【文件】/【打开】命令，打开素材"图库\第 02 章"目录下名为"SC_008.jpg"的文件。

STEP 2 执行【文件】/【存储为 Web 所用格式】命令，弹出如图 2-16 所示的对话框。

- 查看优化效果：对话框左上角为查看优化图片的 4 个选项卡。单击【原稿】选项卡，则显示图片未进行优化的原始效果；单击【优化】选项卡，则显示图片优化后的效果；单击【双联】选项卡，则可以同时显示图片的原稿和优化后的效果；单击【四联】选项卡，则可以同时显示图片的原稿和 3 个版本的优化效果。
- 查看图像的工具：在对话框左侧有 6 个工具按钮，分别用于查看图像的不同部分、放大或缩小视图、选择切片、设置颜色、隐藏和显示切片标记。
- 优化设置：对话框的右侧为进行优化设置的区域。在【预设】列表中可以根据对图片质量的要求设置不同的优化格式，不同的优化格式，其下的优化设置选项也会不同。

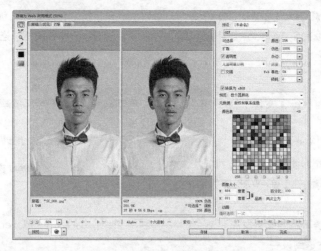

图 2-16 【存储为 Web 所用格式】对话框

STEP 3 单击 GIF ▾ 按钮，在弹出的格式列表中选择"JPEG"格式，然后调整【品质】
选项的参数，同时观察图像预览窗口下方的文件大小值变化，至如图 2-17 所示的大小即可。

STEP 4 单击 存储 按钮，保存调整后的图像。

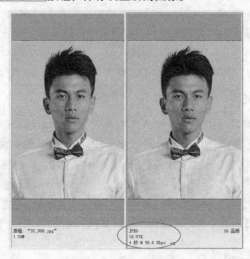

图 2-17 调整后的图像大小

2.1.12 恢复原始图像

对于打开的图像文件或作品来说，如果修改后感觉不理想，想重新返回到文件刚
打开时的状态，有以下几种方法。

1. 利用【历史记录画笔】工具

【历史记录画笔】工具 可以将图像恢复到编辑之前的状态。注意，使用此工具之
前不能对图像文件进行图像大小的调整。下面的例子将为大家讲解其使用方法。

恢复原始图像

范例操作 —— 恢复图像

STEP 1 执行【文件】/【打开】命令，打开素材"图库\第 02 章"目录下名为"SC_007.
jpg"的文件，如图 2-18 所示。

图 2-18　打开的图片

STEP 选取【模糊】工具 ⚬，在图像上拖曳，将图像模糊处理。

STEP 选取【历史记录画笔】工具 ☑，在属性栏中将画笔调整到适当的大小，然后将光标
移动到画面中拖动，即可恢复原图片。

2.【文件】/【恢复】命令

如对打开的图像文件进行了多步操作后但操作过程中没有保存，执行【文件】/【恢复】命令或按
F12 键，可将图像文件快速恢复到打开时的状态。

提 示

如中途保存过，执行此命令可将图像恢复到最近一次保存时的状态。

除了以上两种操作，在 Photoshop CS6 软件中还用到以下几个恢复命令。

1. 还原与重做上一步操作

在图像文件中执行任一操作后，【编辑】菜单栏中的【还原】命令即显示为可用状态，选取此命令，
即可将所执行的操作删除，还原没执行此操作时的状态。

执行了【还原】命令后，该命令将变为【重做】命令。执行【编辑】/【重做】命令，可将刚才还原
的操作恢复出来。按 Ctrl + Z 组合键可在【还原】与【重做】操作之间进行切换。

2. 还原与重做多步操作

当对图像文件进行多步操作后，又想将其还原，可依次执行【编辑】/【后退一步】命令，每执行一
次将向后撤消一步操作。在此过程中，如再执行【编辑】/【前进一步】命令，可将刚才撤消的操作恢复。

【后退一步】命令的快捷键为 Alt + Ctrl + Z 组合键；【前进一步】命令的快捷键为 Shift + Ctrl + Z 组
合键。

默认情况下，利用【后退一步】和【前进一步】命令可撤消与恢复 20 步操作，如执行【编辑】/【首
选项】/【性能】命令，在弹出的【首选项】对话框中设置如图 2-19 所示的【历史记录状态】选项的值，
可重定【后退一步】和【前进一步】的步数。

图 2-19　【首选项】对话框

2.2 图像窗口、图像大小及画布设置

在 Photoshop 中绘制图形或处理图像时，我们经常需要将图像放大、缩小或平移来显示，以便观察图像的细节或整体效果。

2.2.1 缩放图像窗口

缩放图像工具主要包括【缩放】工具🔍和【抓手】工具🖐。

- 【缩放】工具🔍：在图像窗口中单击，图像将以单击处为中心放大显示一级；按下鼠标左键拖曳，拖出一个矩形虚线框，释放鼠标左键后即可将虚线框中的图像放大显示，如图 2-20 所示。如果按住Alt键，鼠标指针形状将显示为🔍形状，在图像窗口中单击时，图像将以单击处为中心缩小显示一级。

图像窗口显示
比例设置

- 【抓手】工具🖐：将图像放大到一定程度，无法在屏幕中完全显示时，选择【抓手】工具🖐，将鼠标指针移动到图像中按下鼠标左键拖曳，可以在不影响图像放大级别的前提下，平移图像，以观察图像窗口外的图像。

图 2-20 图像放大显示状态

 提 示

利用【缩放】工具🔍将图像放大后，图像在窗口中将无法完全显示，此时可以利用【抓手】工具🖐平移图像，对图像进行局部观察。【缩放】工具和【抓手】工具通常配合使用。

1. 属性栏

【缩放】和【抓手】工具的属性栏基本相同，【缩放】工具的属性栏如图 2-21 所示。

🔍 ▾ | 🔍 🔍 | ☐ 调整窗口大小以满屏显示 ☐ 缩放所有窗口 ☐ 细微缩放 | 实际像素 | 适合屏幕 | 填充屏幕 | 打印尺寸

图 2-21 【缩放】工具的属性栏

- 【放大】按钮🔍：激活此按钮，在图像窗口中单击，可以将图像窗口中的画面放大显示，最高放大级别为 3200%。
- 【缩小】按钮🔍：激活此按钮，在图像窗口中单击，可以将图像窗口中的画面缩小显示。
- 【调整窗口大小以满屏显示】：勾选此复选框，当对图像进行缩放时，软件会自动调整图像窗口的大小，使其与当前图像适配。
- 【缩放所有窗口】：当工作区中打开多个图像窗口时，勾选此复选框或按住Shift键，缩放操作可

以影响到工作区中的所有图像窗口，即同时放大或缩小所有图像文件。

- 【细微缩放】：勾选此复选项，在图像窗口中按住鼠标左键拖曳，可实时缩放图形。向左拖曳为缩小调整，向右拖曳为放大调整。
- 实际像素 按钮：单击此按钮，图像恢复为原大小以实际像素尺寸显示，即以 100% 比例显示。
- 适合屏幕 按钮：单击此按钮，图像窗口根据绘图窗口中剩余空间的大小自动调整图像窗口大小及图像的显示比例，使其在不与工具栏和控制面板重叠的情况下尽可能地放大显示。
- 填充屏幕 按钮：单击此按钮，系统根据工作区剩余空间的大小自动分配和调整图像窗口的大小及比例，使其在工作区中尽可能放大显示。
- 打印尺寸 按钮：单击此按钮，图像将显示打印尺寸。

2. 快捷键

（1）【缩放】工具 🔍 的快捷键

- 按 Ctrl + ＋ 组合键，可以放大显示图像；按 Ctrl + － 组合键，可以缩小显示图像；按 Ctrl + O 组合键，可以将图像窗口内的图像自动适配至屏幕大小显示。
- 双击工具箱中的【缩放】工具 🔍 ，可以将图像窗口中的图像以实际像素尺寸显示，即以 100% 比例显示。
- 按住 Alt 键，可以将当前的【放大显示】工具切换为【缩小显示】工具。
- 按住 Ctrl 键，可以将当前的【缩放】工具切换为【移动】工具，此时鼠标指针显示为 ▶⊕ 状态，松开 Ctrl 键后，即恢复到【缩放】工具。

（2）【抓手】工具 ✋ 的快捷键

- 双击【抓手】工具 ✋ ，可以将图像适配至屏幕大小显示。
- 按住 Ctrl 键在图像窗口中单击，可以对图像放大显示；按住 Alt 键在图像窗口中单击，可以对图像缩小显示。
- 无论当前哪个工具按钮处于被选择状态，按键盘上的 Space 键，都可以将当前工具切换为【抓手】工具。

范例操作 —— 缩放图像

STEP 1 执行【文件】/【打开】命令，打开素材"图库\第 02 章"目录下名为"食品 .jpg"的图片文件。

STEP 2 选择【缩放】工具 🔍 ，确认属性栏中的复选项都没有被选择，在打开的图片中按下鼠标左键向右下角拖曳，将出现一个虚线矩形框，如图 2-22 所示。

STEP 3 释放鼠标左键，放大后的画面如图 2-23 所示。

STEP 4 选择【抓手】工具 ✋ ，将鼠标指针移动到画面中，鼠标指针将变成 ✋ 形状，按下鼠标左键并拖曳，可以平移画面观察其他位置的图像，如图 2-24 所示。

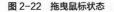

图 2-22　拖曳鼠标状态　　　　　图 2-23　放大后的画面　　　　　图 2-24　平移图像窗口状态

STEP 选择【缩放】工具 🔍，将鼠标指针移动到画面中，按住 Alt 键，鼠标指针变为 🔍 形状，单击可以将画面缩小显示，以观察画面的整体效果。

2.2.2　设置文件窗口停放位置

在 Photoshop 中打开图像文件时，默认情况下，打开的图像文件会以选项卡的形式排列；打开多个图像文件，都会依次排列，如图 2-25 所示。此时单击其中一个文档的名称，即可将此文件设置为当前操作文件；另外，按 Ctrl + Tab 组合键，可按顺序切换文档窗口；按 Shift + Ctrl + Tab 组合键，可按相反的顺序切换文档窗口。

设置窗口停放
位置

图 2-25　打开的文件

将光标放置到图像窗口的名称处按下并拖曳，可将图像窗口从选项卡中拖出，使其以独立的形式显示。此时，拖动窗口的边线可调整图像窗口的大小；在标题栏中按下鼠标并拖动，可调整图像窗口在工作界面中的位置。

执行【窗口】/【排列】/【在窗口中浮动】命令，也可将图像文件以浮动窗口的形式显示。如果打开多个文件，执行【窗口】/【排列】/【使所有内容在窗口中浮动】命令，可以一次性将所有窗口都以浮动窗口显示。

> **提示**
>
> 将光标放置到浮动窗口的标题栏中按下并向选项卡位置拖动，当出现蓝色的边框时释放鼠标，即可将浮动窗口停放到选项卡中。当有多个文件浮动显示时，执行【窗口】/【排列】/【将所有内容合并到选项卡中】命令，可将所有文件都排列到选项卡中。

另外，也可更改打开图像文件的默认位置。执行【编辑】/【首选项】/【界面】命令，弹出【首选项】对话框，将右侧【启用浮动文档窗口停放】选项的勾选取消，单击 确定 按钮。再次打开图像文件，即以浮动窗口的形式显示。

2.2.3　修改图像大小

在进行平面设计或处理图像时，必需要清楚图像文件大小的概念，如果不了解，将会影响到两个图像文件之间的合成比例关系以及作品的输出质量。下面来介绍一下图像大小和画布大小的调整方法。

修改图像大小

1.　如何查看图像文件大小

打开素材"图库\第 02 章"目录下名为"贝海藏爱.psd"的文件，在图像文件的左下角会有一组数字，如图 2-26 所示。其中左侧的"文档：2.56M"表示图像文件的原始大小；右侧的数字"27.0M"表示当前图像文件的虚拟操作大小，也就是包含图层和通道中图像的综合大小。这组数字读者一定要清楚，在处理图像和设计作品时通过这里可以随时查看图像文件的大小，以便决定该图像文件大小是否能满足设计的需要。

图 2-26　查看图像大小

图像文件的大小以千字节（KB）、兆字节（MB）和吉字节（GB）简称（K、M、G）为单位，它们之间的换算为 1MB=1024KB、1GB=1024MB。

单击"文档：2.56M"右侧的【向右箭头】按钮▶，弹出如图 2-27 所示的【文件信息】菜单，选择【显示】/【文档尺寸】命令，【向右箭头】按钮▶左侧将显示图像文件的打印尺寸，也就是图像的高、宽值以及分辨率，如图 2-28 所示。

图 2-27　弹出的菜单　　　　　　　　　　　　　　图 2-28　显示的图像尺寸信息

图像文件左下角的数字"66.67%"，显示的是当前图像的显示百分比，用户可以通过直接修改这个数值来改变图像的显示比例。图像文件窗口显示比例的大小与图像文件大小是没有关系的，显示的大小影响的只是视觉效果，而不能决定图像文件打印输出后的大小。

2. 图像大小调整

在新建文件时，图像文件的大小是由图像尺寸（宽度、高度）和分辨率共同决定的，图像的宽度、高度和分辨率数值越大，图像文件也越大，如图 2-29 所示。

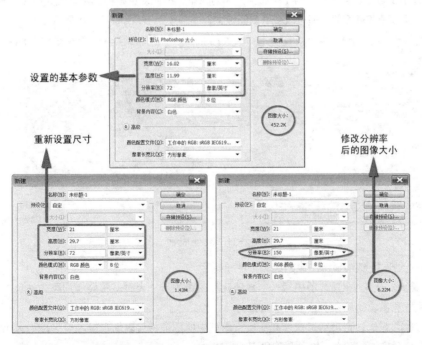

图 2-29　图像文件尺寸与分辨率修改后的图像大小对比

当打开的图像尺寸和分辨率不符合设计要求时，可以利用【图像大小】命令进行重新设置。执行【图像】/【图像大小】命令，弹出【图像大小】对话框，在此对话框中勾选【重新采样】复选框，然后调整图像的宽度、高度或分辨率，即可改变当前图像文件的大小，如图 2-30 所示。

图 2-30　修改图像大小

 提 示

在【图像大小】对话框中修改图像尺寸时，启用【限制长宽比】功能，即【锁定】按钮 上下两侧显示有线形，这样可以保持图像宽度和高度之间的比例不产生变化，从而避免图像变形；取消长宽比限制，可分别修改图像的宽度和高度。

2.2.4　画布大小调整

在设计作品的过程中，有时候需要增加或减小画布的尺寸来得到合适的版面，利用【图像】/【画布大小】命令，就可以根据用户需要来改善设计作品的版面尺寸。执行【图像】/【画布大小】命令或在图像文件的标题栏上单击鼠标右键，再在弹出的右键菜单中执行【画布大小】命令，都可以弹出【画布大小】对话框，在此对话框中的【新建大小】栏中输入新的宽度值和高度值，即可改变当前图像文件的画布大小，如图 2-31 所示。

修改画布

图 2-31　调整画布大小

- 【当前大小】：该项显示图像的实际宽度和高度。
- 【新建大小】：当在该选项中输入的数值比原图像的尺寸大时，将会增加画布的尺寸；当输入的数值比原图像的尺寸小时会减小画布的尺寸。
- 【相对】：勾选该选项后，宽度和高度文本框中的数值将代表增加或减少区域的大小；此时，输入正值代表增加画布，输入负值代表减小画布。
- 【定位】：该项可以用来指定图像在画布中的位置。单击不同的定位箭头，可以在画面的不同区域增加空白，读者可以自己试验一下。
- 【画布扩展颜色】：该选项用来设置填充新画布的颜色。

提示

利用【画布大小】命令可在当前图像文件的版面中增加或减小画布区域。此命令与【图像大小】命令不同，【画布大小】命令改变图像文件的尺寸后，原图像中像素大小不发生变化，只是图像文件的版面增大或缩小了。而【图像大小】命令改变图像文件的尺寸后，原图像会被拉长或缩短，即图像中每个像素的尺寸都发生了变化。

2.3　颜色设置及填充

设置和填充颜色是利用 Photoshop CS6 软件绘画必不可少的操作，只有按照设计要求调制出准确、漂亮的颜色，才能够熟练地应用该软件来进行专业设计工作。

本节将介绍图像文件的颜色设置。

2.3.1　认识前景色和背景色

在 Photoshop 软件中，设置的颜色主要由前景色和背景色来体现。即工具箱下边两个上下重叠的颜色块，如图 2-32 所示。上面的颜色块是前景色，下面的颜色块是背景色。

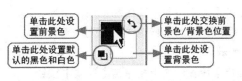

图 2-32　前景色和背景色

认识前景色和背景色

提示

设置了工具箱中的前景色或背景色之后，单击【切换前景色和背景色】按钮或按X键可以交换前景色和背景色的位置；单击【默认前景色和背景色】按钮或按D键可以设置为默认的前景色和背景色，即将前景色设置为黑色，背景色设置为白色。

可将前景色设置为红色，背景色设置为黄色。当利用【画笔】工具在图像文件中绘制的时候，绘制到文件中的就是前景色；如果利用【橡皮擦】工具在图像文件的背景层中擦除，就会把图像文件当前的颜色或图像擦除，显示出背景色。

2.3.2　设置颜色

设置颜色的方法包括利用【拾色器】对话框设置颜色，利用【颜色】面板设置颜色，以及利用【色板】面板设置颜色。

1. 在【拾色器】对话框中设置颜色

（1）单击工具箱中的前景色或背景色窗口，弹出图 2-33 所示的【拾色器】对话框。

（2）在【拾色器】对话框的颜色域或颜色滑条内单击，可以将单击位置的颜色设置为当前的颜色。

（3）在对话框右侧的参数设置区中选择一组选项并设置相应的参数值，也可设置需要的颜色。

拾色器

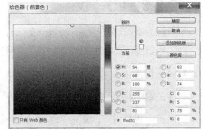

图 2-33　【拾色器】对话框

在设置颜色时，如果最终作品用于彩色印刷，通常选择CMYK颜色模式设置颜色，即通过设置【C】、【M】、【Y】、【K】4种颜色值来设置；如最终作品用于网络，即在计算机屏幕上观看，通常选择RGB颜色模式，即通过设置【R】、【G】、【B】3种颜色值来设置。

2. 在【颜色】面板中设置颜色

（1）执行【窗口】/【颜色】命令，【颜色】面板显示在工作区中。如该命令前面已经有 ✓ 符号，则不执行此操作。

（2）确认【颜色】面板中的前景色块处于具有方框的选择状态，利用鼠标任意拖动右侧的【R】、【G】、【B】颜色滑块，即可改变前景色的颜色。

（3）将鼠标指针移动到下方的颜色条中，鼠标指针将显示为吸管形状，在颜色条中单击，即可将单击处的颜色设置为前景色，如图 2-34 所示。

【颜色】面板

（4）在【颜色】面板中单击背景色色块，使其处于选择状态，然后利用设置前景色的方法即可设置背景色，如图 2-35 所示。

（5）在【颜色】面板的右上角单击【选项】按钮

图 2-34 利用【颜色】面板设置前景色时的状态

▼ ，在弹出的选项列表中选择【CMYK 滑块】选项，【颜色】面板中的 RGB 颜色滑块即会变为 CMYK 颜色滑块，如图 2-36 所示。

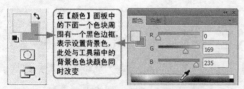

图 2-35 利用【颜色】面板设置背景色时的状态

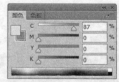

图 2-36 CMYK 颜色面板

（6）拖动【C】、【M】、【Y】、【K】颜色滑块，就可以用 CMYK 模式设置背景颜色。

3. 在【色板】面板中设置颜色

（1）在【颜色】面板中选择【色板】选项卡，显示【色板】面板。

（2）将鼠标指针移动至【色板】面板中，鼠标指针变为吸管形状。

（3）在【色板】面板中需要的颜色上单击，即可将前景色设置为选择的颜色。

（4）按住 Alt 键，在【色板】面板中需要的颜色上单击，即可将背景色设置为选择的颜色。

2.3.3 填充颜色

前面介绍了颜色的不同设置方法，本小节介绍颜色的填充方法。关于颜色的填充，在 Photoshop CS6 中有 3 种方法：利用菜单命令进行填充；利用快捷键进行填充；利用【油漆桶】工具进行填充。

填充颜色

1. 利用菜单命令

执行【编辑】/【填充】命令（或按 Shift + F5 组合键），弹出如图 2-37 所示的【填充】对话框。

- 【使用】选项：单击右侧的下拉列表框，将弹出如图 2-38 所示的下拉列表。选择【颜色】，可在弹出的【拾色器】对话框中设置其他的颜色来填充当前的画面或选区；选择【图案】，对话框中的【自定图案】选项即为可用状态，单击此选项右侧的图案，可在弹出的选项面板中选择需要的图案；选择【历史记录】，可以将当前的图像文件恢复到图像所设置的历史记录状态或快照状态。

图 2-37 【填充】对话框

图 2-38 弹出的下拉列表

- 【模式】选项：在其右侧的下拉列表框中可选择填充颜色或图案与其下画面之间的混合形式。
- 【不透明度】选项：在其右侧的文本框中设置不同的数值可以设置填充颜色或图案的不透明度。此数值越小，填充的颜色或图案越透明。
- 【保留透明区域】选项：勾选此选项，将锁定当前层的透明区域。即再对画面或选区进行填充颜色或图案时，只能在不透明区域内填充。

在【填充】对话框中设置合适的选项及参数后，单击[　确定　]按钮，即可为当前画面或选区填充上所选择的颜色或图案。

2. 利用快捷键

按 Alt + Backspace 或 Alt + Delete 组合键，可以给当前画面或选区填充前景色。按 Ctrl + Backspace 或 Ctrl + Delete 组合键，可以给当前画面或选区填充背景色。按 Alt + Ctrl + Backspace 组合键，是给当前画面或选区填充白色。

3. 利用工具按钮

工具箱中填充颜色的工具有【渐变】工具和【油漆桶】工具。

- 【渐变】工具是为画面或选区填充多种颜色渐变的工具，使用前应先在属性栏中设置好渐变的颜色以及渐变的类型，然后将光标移动到画面或选区内拖曳鼠标即可。
- 【油漆桶】工具是为画面或选区填充前景色或图案的工具，使用前应先在工具箱中设置好填充的前景色或在属性栏中选择好填充的图案，然后将光标移动到要填充的画面或选区内单击即可。

 提示

以上分别讲解了设置与填充颜色的几种方法，其中利用【拾色器】对话框设置颜色与利用快捷键填充颜色的方法比较实用。

2.3.4　设置与填充颜色练习

下面分别利用菜单命令、快捷键和工具按钮对指定的选区进行颜色填充，制作出如图 2-39 所示的标志图形。

范例操作——设置与填充颜色练习

STEP ◢1 打开素材"图库 \ 第 02 章"目录下名为"标志轮廓 .psd"的文件，如图 2-40 所示。

STEP ◢2 在工具箱中选择【魔棒】工具，将鼠标指针移动到如图 2-41 所示的位置单击，可添加选区，如图 2-42 所示。

图 2-39　绘制的图形

图 2-40　打开的图像文件

图 2-41　光标放置的位置

STEP 🔽**3** 按住 Shift 键，此时鼠标指针将显示为带 "+" 号的图标 ⁺ₙ，将鼠标指针移动到如图 2-43 所示的位置单击，可添加选区，创建的选区形态如图 2-44 所示。

图 2-42　创建的选区

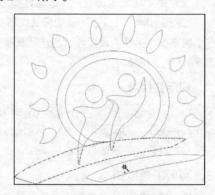

图 2-43　鼠标指针放置的位置

STEP 🔽**4** 单击前景色块，在弹出的【拾色器】对话框中设置 R、G、B 颜色参数如图 2-45 所示。

图 2-44　创建的选区

图 2-45　设置的颜色

STEP 🔽**5** 单击 ⸢ 确定 ⸥ 按钮，将前景色设置为绿色（R:150,G:255）。

STEP 🔽**6** 在【图层】面板底部单击【新建】按钮 🔲 新建一个图层 "图层 2"，按 Alt + Delete 组合键，为当前选区填充前景色，如图 2-46 所示。

STEP 🔽**7** 在【图层】面板中单击 "图层 1" 将其设置为工作层，如图 2-47 所示。

STEP 🔽**8** 继续利用【魔棒】工具 🔍 创建如图 2-48 所示的选区。

STEP 🔽**9** 在【颜色】面板中设置颜色参数如图 2-49 所示。注意，如果读者是跟随本书内容依次进行操作的，此时处于选择状态的为背景色。

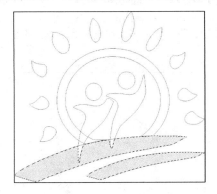

图 2-46　填充颜色后的效果

图 2-47　设置当前层

 提示

按X键可将工具箱中的前景色与背景色互换。按D键可以将工具箱中的前景色与背景色分别设置为黑色和白色。

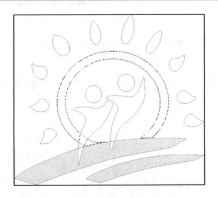

图 2-48　创建的选区

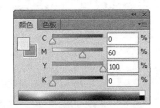

图 2-49　设置的颜色参数

STEP 10 在【图层】面板底部单击【新建】按钮□新建一个图层"图层 3"，按Ctrl + Delete组合键，为当前选区填充背景色，如图 2-50 所示。注意，如果读者设置的颜色为前景色，此处要按Alt + Delete组合键。

STEP 11 单击"图层 1"，然后继续利用□工具并结合Shift键创建出如图 2-51 所示的选区。

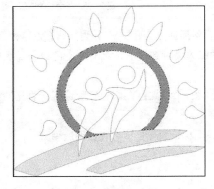

图 2-50　填充颜色后的效果

图 2-51　创建的选区

STEP 12 执行【窗口】/【色板】命令，将【色板】面板显示，然后吸取如图 2-52 所示的颜色。

STEP 13 新建"图层 4"，执行【编辑】/【填充】命令，在弹出的【填充】对话框中，设置相应的【前景色】或【背景色】选项，单击 确定 按钮，将吸取的黄色填充至选区中，如图 2-53 所示。

图 2-52 吸取的颜色　　　　　　　　　　　　　　图 2-53 填充颜色后的效果

STEP 14 单击"图层 1"，然后继续利用【魔棒】工具 并结合 Shift 键为右侧的"人物"图形创建选区，但细心的读者会发现本应该为一个整体的选区，在图形下方被一条黑线分割为两部分，如图 2-54 所示。

STEP 15 执行【选择】/【修改】/【平滑】命令，在弹出的【平滑选区】对话框中设置选项参数如图 2-55 所示。

STEP 16 单击 确定 按钮，选区即合并为一个整体，且边缘变得光滑，如图 2-56 所示。

图 2-54 创建的选区　　　　　　图 2-55 【平滑选区】对话框　　　　　　图 2-56 平滑后的选区

STEP 17 在【色板】面板中吸取"RGB 红"颜色，然后新建"图层 5"并为其填充设置为红色。

STEP 18 用与步骤 14 ~ 16 相同的方法，为左侧人物创建选区，然后在【色板】面板中吸取"CMYK 绿"颜色，并新建"图层 6"为其填充设置的绿色。

STEP 19 执行【选择】/【去除选区】命令（或按 Ctrl + D 组合键），去除选区，填充的颜色及【图层】面板形态如图 2-57 所示。

STEP 20 将鼠标指针移动到如图 2-58 所示的 ◉ 图标位置单击，可将该图层隐藏。

图 2-57　填充的颜色及【图层】面板

图 2-58　单击的位置

至此，颜色填充完成，标志的整体效果如图 2-59 所示。

图 2-59　标志填充颜色后的效果

STEP 21 执行【文件】/【存储为】命令（或按 Shift + Ctrl + S 组合键），在弹出的【存储为】对话框中将文件另命名为"希望小学标志"，单击 保存(S) 按钮，将文件以"希望小学标志 .psd"保存。

2.4 课后习题

1. 根据本章第 2.2 节介绍的内容，练习图像的缩放、大小调整以及画布调整等。

2. 用与第 2.3.4 小节为标志图形填色的相同方法，为素材"图库 \ 第 02 章"目录下名为"轮廓 .jpg"的文件填色，最终效果如图 2-60 所示。

图 2-60　填色后的效果

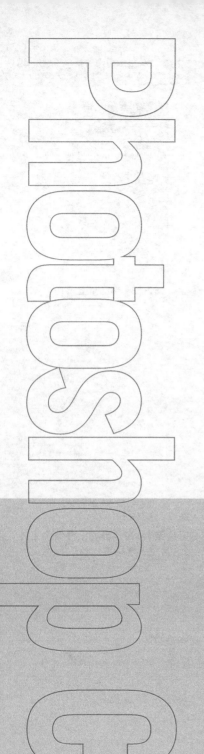

Chapter

3

第3章
应用选区与移动图像

在利用Photoshop CS6处理图像时，经常会遇到需要处理图像局部的情况，此时运用选区选定图像的某个区域再进行操作是一个很好的方法。Photoshop CS6提供的选区工具有很多种，利用它们可以按照不同的方式来选定图像的局部进行调整或添加效果，这样就可以有针对性地编辑图像了。本章主要介绍Photoshop CS6软件中选区和【移动】工具的使用方法。

学习目标

- 掌握各种选区工具和选区命令的应用。

- 掌握图像的移动操作方法。

- 掌握图像的移动复制操作方法。

3.1 认识选区

在处理图像和绘制图形时，首先应该根据图像需要处理的位置和绘制图形的形状创建有效的可编辑选区。创建了选区后，所有的操作只能对选区内的图像起作用，选区外的图像将不受任何影响。选区的形态是一些封闭的具有动感的虚线，使用不同的选区工具可以创建出不同形态的选区来。图 3-1 所示为使用不同工具创建的选区。

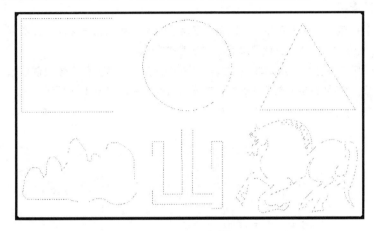

图 3-1 不同形态的选区

3.2 选区工具

Photoshop CS6 提供了很多创建选区的工具，常用的有【矩形选框】工具、【椭圆选框】工具、【单行选框】工具和【单列选框】工具；除此之外还包括【套索】工具、【多边形套索】工具和【磁性套索】工具。另外，对于图像轮廓分明、背景颜色单一的图像来说，利用【快速选择】工具或【魔棒】工具来选择图像，是非常不错的方法。

3.2.1 选框工具

选框工具组中有 4 种选框工具，分别是【矩形选框】工具、【椭圆选框】工具、【单行选框】工具和【单列选框】工具。默认处于选择状态的是工具，将鼠标指针放置到此工具上，按住鼠标左键不放或单击鼠标右键，即可展开隐藏的工具组，如图 3-2 所示。

图 3-2 选框工具组

提示

在图 3-2 中，【矩形选框】工具和【椭圆选框】工具的右侧都有一个字母"M"，表示"M"是该工具的快捷键。按 M 键可以选择【矩形选框】工具或【椭圆选框】工具，按 Shift + M 组合键可在两种工具之间切换。

- 【矩形选框】工具：利用此工具可以在图像中建立矩形或正方形选区。
- 【椭圆选框】工具：利用此工具可以在图像中建立椭圆形或圆形选区。

- 【单行选框】工具 和 【单列选框】工具 主要用于创建 1 像素高度的水平选区和 1 像素宽度的垂直选区。选择 或 工具后，在画面中单击即可创建单行或单列选区。

各选框工具的属性栏相同，当在工具箱中选择选框工具后，界面上方的属性栏如图 3-3 所示。

图 3-3　选框工具的属性栏

1. 选区运算按钮

- 【新选区】按钮 ：默认情况下此按钮处于激活状态。即在图像文件中依次创建选区，图像文件中将始终保留最后一次创建的选区。

- 【添加到选区】按钮 ：激活此按钮或按住 Shift 键，在图像文件中依次创建选区，后创建的选区将与先创建的选区合并成为新的选区，如图 3-4 所示。

选区基本操作

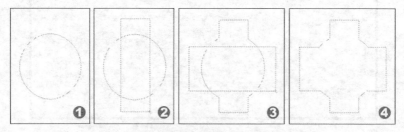

图 3-4　添加到选区操作示意图

- 【从选区减去】按钮 ：激活此按钮或按住 Alt 键，在图像文件中依次创建选区，如果后创建的选区与先创建的选区有相交部分，则从先创建的选区中减去相交的部分，剩余的选区作为新的选区，如图 3-5 所示。

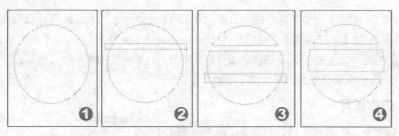

图 3-5　从选区中减去操作示意图

- 【与选区交叉】按钮 ：激活此按钮或按住 Shift + Alt 组合键，在图像文件中依次创建选区，如果后创建的选区与先创建的选区有相交部分，则把相交的部分作为新的选区，如图 3-6 所示；如果创建的选区之间没有相交部分，系统将弹出图 3-7 所示的【Adobe Photoshop CS6 Extended】警告对话框，警告未选择任何像素。

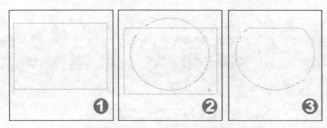

图 3-6　与选区交叉操作示意图

图 3-7　警告对话框

2. 选区羽化设置

在【羽化】文本框中输入数值，再绘制选区，可使创建选区的边缘变得平滑，填色后产生柔和的边缘效果。图 3-8 所示为无羽化选区和设置羽化后填充红色的效果。

提 示

在设置【羽化】选项的参数时，其数值一定要小于要创建选区的最小半径，否则系统会弹出警告对话框，提示用户将选区绘制得大一点，或将【羽化】值设置得小一点。

绘制完选区后，执行【选择】/【修改】/【羽化】命令（快捷键为 Shift + F6 组合键），在弹出图 3-9 所示的【羽化选区】对话框中设置适当的【羽化半径】值，单击 确定 按钮，也可对选区进行羽化设置。

图 3-8　设置不同的【羽化】值填充红色后的效果　　　　　　　图 3-9　【羽化选区】对话框

提 示

羽化值决定选区的羽化程度，其值越大，产生的平滑度越高，柔和效果也越好。另外，在进行羽化值的设置时，如果文件尺寸与分辨率较大，其值相对也要大一些。

3.【消除锯齿】选项

Photoshop CS6 中的位图图像是由像素点组成的，因此在编辑圆形或弧形图形时，其边缘会出现锯齿现象。在属性栏中勾选【消除锯齿】复选框后，即可通过淡化边缘来产生与背景颜色之间的过渡，使锯齿边缘得到平滑。

4.【样式】选项

在属性栏的【样式】下拉列表中，有【正常】、【固定比例】和【固定大小】3 个选项。

- 选择【正常】选项，可以在图像文件中创建任意大小或比例的选区。
- 选择【固定比例】选项，可以在【样式】选项后的【宽度】和【高度】文本框中设定数值来约束所绘选区的宽度和高度比。
- 选择【固定大小】选项，可以在【样式】选项后的【宽度】和【高度】文本框中设定将要创建选区的宽度和高度值，其单位为像素。

5. 调整边缘 ... 按钮

单击此按钮，将弹出如图 3-10 所示的【调整边缘】对话框。在此对话框中设置选项，可以将选区调整得更加平滑细致，还可以对选区进行扩展或收缩，使其更加符合用户的要求。

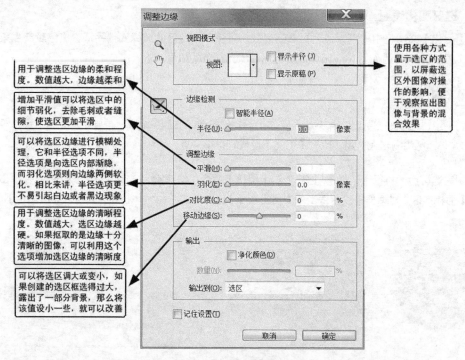

用于调整选区边缘的柔和程度。数值越大，边缘越柔和

增加平滑值可以将选区中的细节弱化，去除毛刺或者缝隙，使选区更加平滑

可以将选区边缘进行模糊处理，它和半径选项不同，半径选项是向选区内部渐隐，而羽化选项则向边缘两侧软化。相比来讲，半径选项更不易引起白边或者黑边现象

用于调整选区边缘的清晰程度。数值越大，选区边缘越硬。如果抠取的是边缘十分清晰的图像，可以利用这个选项增加选区边缘的清晰度

可以将选区调大或变小，如果创建的选区框选得过大，露出了一部分背景，那么将该值设小一些，就可以改善

使用各种方式显示选区的范围，以屏蔽选区外图像对操作的影响，便于观察抠出图像与背景的混合效果

图 3-10 【调整边缘】对话框

3.2.2 套索工具

【套索】工具是一种操作灵活、形状自由的选区绘制工具，该工具组包括【套索】工具 、【多边形套索】工具 和【磁性套索】工具 。下面介绍这 3 种工具的使用方法。

- 【套索】工具 ：利用此工具可以在图像中按照鼠标拖曳的轨迹绘制选区。
- 【多边形套索】工具 ：利用此工具可以通过鼠标连续单击的轨迹自动生成选区。
- 【磁性套索】工具 ：利用此工具可以在图像中根据颜色的差别自动勾画出选区。

工具箱中的【套索】工具 、【多边形套索】工具 和【磁性套索】工具 的属性栏与前面介绍的选框工具的属性栏基本相同，只是【磁性套索】 工具的属性栏增加了几个新的选项，如图 3-11 所示。

图 3-11 【磁性套索】工具属性栏

- 【宽度】选项：决定使用【磁性套索】工具时的探测宽度，数值越大探测范围越大。
- 【对比度】选项：决定【磁性套索】工具探测图形边界的灵敏度，该数值过大时，只能对颜色分界明显的边缘进行探测。
- 【频率】选项：在利用【磁性套索】工具绘制选区时，会有很多的小矩形对图像的选区进行固定，以确保选区不被移动。此选项决定这些小矩形出现的次数，数值越大，在拖曳鼠标指针过程中出现的小矩形越多。
- 【压力】按钮 ：用于设置绘图板的笔刷压力。激活此按钮，钢笔的压力增加时会使套索的宽度变细。

3.2.3 快速选择工具

【快速选择】工具 是一种非常直观、灵活和快捷的选取图像中面积较大的单色颜色区域的工具。

其使用方法是，在图像需要添加选区的位置按下鼠标左键然后移动鼠标，即像利用【画笔】工具绘画一样，将鼠标指针经过的区域及与其颜色相近的区域都添加上选区。

【快速选择】工具的属性栏如图 3-12 所示。

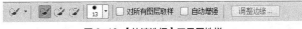

图 3-12 【快速选择】工具属性栏

- 【新选区】按钮：默认状态下此按钮处于激活状态，此时在图像中按下鼠标左键拖曳可以绘制新的选区。
- 【添加到选区】按钮：当使用按钮添加选区后，此按钮会自动切换为激活状态，按下鼠标左键在图像中拖曳，可以增加图像的选择范围。
- 【从选区减去】按钮：激活此按钮，可以将图像中已有的选区按照鼠标拖曳的区域来减少被选择的范围。
- 【画笔】选项：用于设置所选范围区域的大小。
- 【对所有图层取样】选项：勾选此复选框，在绘制选区时，将应用到所有可见图层中。若不勾选此复选框，则只能选择工作层中与单击处颜色相近的部分。
- 【自动增强】选项：设置此选项，添加的选区边缘会减少锯齿的粗糙程度，且自动将选区向图像边缘进一步扩展调整。

3.2.4 魔棒工具

【魔棒】工具：主要用于选择图像中大块的单色区域或相近的颜色区域。其使用方法非常简单，只需在要选择的颜色范围内单击，即可将图像中与鼠标指针落点相同或相近的颜色区域全部选择。

【魔棒】工具的属性栏如图 3-13 所示。

图 3-13 【魔棒】工具的属性栏

- 【容差】选项：决定创建选区的范围大小。数值越大，选择范围越大。
- 【连续】选项：勾选此复选框，只能选择图像中与单击处颜色相近且相连的部分；若不勾选此项，则可以选择图像中所有与单击处颜色相近的部分，如图 3-14 所示。

图 3-14 勾选与不勾选【连续】复选框创建的选区

3.3 选区基本操作

把目标图像从背景中抠选出来，是图像处理工作者及网页设计人员经常要做的工作，灵活掌握一

些抠图技巧，可以节省图像处理时间，提高工作效率。下面来讲解各选区工具的灵活
运用。

3.3.1 利用【矩形选框】工具给照片制作边框

本节通过一个简单的范例来练习【矩形选框】工具的使用方法，范例原图及效果
图 3-15 所示。

矩形选框工具

图 3-15　原图及最终效果图

范例操作——制作照片边框

STEP 1 打开素材"图库\第 03 章"目录下名为"SC_014.jpg"的文件。

STEP 2 选择【矩形选框】工具 ▣ （快捷键为 M 键），在绘图窗口中的左上角位置按下鼠标左
键向右下角拖曳光标，绘制出图 3-16 所示的矩形选区。

STEP 3 执行【图像】/【调整】/【曲线】命令（快捷键为 Ctrl + M 组合键），在弹出的【曲线】
对话框中调整曲线的形态如图 3-17 所示。

图 3-16　绘制的选区

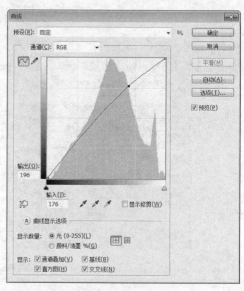

图 3-17　调整的曲线形态

STEP 4 单击 确定 按钮，选区内图像调亮后的效果如图 3-18 所示。

STEP 5 执行【选择】/【反向】命令（快捷键为 Shift + Ctrl + I 组合键），将选区反向选择，
如图 3-19 所示。

图 3-18 图像调亮后的效果

图 3-19 反选后的选择区域

STEP 06 执行【图像】/【调整】/【色相 / 饱和度】命令（快捷键为 Ctrl + U 组合键），在弹出的【色相 / 饱和度】对话框中，设置【饱和度】选项的参数如图 3-20 所示。

STEP 07 单击 确定 按钮，选区内图像降低饱和度后的效果如图 3-21 所示。

图 3-20 设置的饱和度参数

图 3-21 降低饱和度后的效果

STEP 08 再次执行【选择】/【反向】命令，将选区反向选择，即选择最初的人物图像部分。

STEP 09 执行【图层】/【新建】/【通过拷贝的图层】命令（快捷键为 Ctrl + J 组合键），此时会将选区内的图像通过复制生成一个新的图层"图层 1"，如图 3-22 所示。

STEP 10 执行【编辑】/【描边】命令，在弹出的【描边】对话框中设置选项参数如图 3-23 所示，颜色为白色。

图 3-22 生成的新图层

图 3-23 设置的描边选项

STEP 11 单击 确定 按钮，图像描边后的效果如图 3-24 所示。

STEP 12 执行【图层】/【图层样式】/【投影】命令，在弹出的【图层样式】对话框中设置选项参数如图 3-25 所示。

图 3-24 添加的描边效果

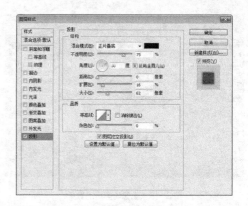

图 3-25 设置的投影参数

STEP 13 单击 [　确定　] 按钮，为图像添加投影，即可完成为图像添加边框的效果，如图
3-26 所示。

图 3-26 制作的投影效果

STEP 14 按 Shift + Ctrl + S 组合键，将此文件另存成名为"添加边框 .psd"
的文件。

3.3.2 利用【椭圆选框】工具选取图像

下面利用【椭圆选框】工具 ⬭ 选取图像并移动到新的背景文件中。素材图片及合
成后的效果如图 3-27 所示。

椭圆选框工具

图 3-27 素材图片及合成后的效果

范例操作 ── 利用【椭圆选框】工具选取图像

STEP 1 按 Ctrl + O 组合键，将素材"图库 \ 第 03 章"目录下名为"SC_012.jpg"和"SC_018.

jpg"的文件打开。

STEP 确认"婚纱照"文件处于工作状态，选取【椭圆选框】工具◎，然后按住 Shift 键拖曳鼠标，绘制圆形选区，并将其移动到如图 3-28 所示的位置。

提示

在拖曳鼠标绘制选区，且并没有释放鼠标时，按 空格 键的同时移动选区，可调整绘制选区的位置。如果释放鼠标后再想移动选区的位置，可将鼠标指针放置到选区中按下并拖曳；如要调整选区的大小，可执行【选择】/【变换选区】命令，然后再进行选区大小的调整。

STEP 执行【选择】/【修改】/【羽化】命令（快捷键为 Shift + F6 组合键），弹出【羽化选区】对话框，设置参数如图 3-29 所示。

图 3-28　选取的图像

图 3-29　设置的羽化参数

提示

绘制选区后再执行【选择】/【修改】/【羽化】命令，与在绘制选区之前设置属性栏中的【羽化】选项功能相同，读者在实际工作过程中可灵活运用。

STEP 单击 确定 按钮，将选区设置为羽化性质，即选区的边缘将产生柔和的过渡。

STEP 选取【移动】工具▶➕，将选区内的图像移动复制到打开的"盘子"文件中，效果如图 3-30 所示。

STEP 单击属性栏中【显示变换控件】选项前面的选项框 显示变换控件，为人物图像添加变换框，然后将鼠标图像调整至图 3-31 所示的大小及位置。

图 3-30　移动复制入的图像

图 3-31　图像调整后的大小及位置

STEP 7 单击属性栏中的✓按钮，完成图像的合成操作，然后按 Shift + Ctrl + S 组合键，将此文件另命名为"合成图像.psd"保存。

3.3.3 利用【磁性套索】工具选取图像

下面利用【磁性套索】工具 选取照片中的人物图像，然后与准备的背景素材合成。素材图片及合成后的效果如图 3-32 所示。

套索工具

图 3-32　素材图片及合成后的效果

范例操作 —— 利用【磁性套索】工具选取图像

STEP 1 打开素材"图库\第 03 章"目录下名为"SC_020.jpg"和"SC_021.jpg"的文件。

STEP 2 将"婚纱照"文件设置为工作状态，然后利用【缩放】工具 将图像放大显示。

STEP 3 选取【磁性套索】工具 ，将鼠标指针移动到如图 3-33 所示的位置单击，确认绘制选区的起始点。

STEP 4 沿着图像的轮廓边缘拖曳光标，选区会自动吸附在图像的轮廓边缘上，如图 3-34 所示。

图 3-33　确定选区的起点　　　　　　　　　　图 3-34　绘制选区时的状态

STEP 5 继续沿图像的轮廓边缘拖曳光标，如果选区没有吸附在想要的图像边缘位置时，可以通过单击添加一个紧固点来确定要吸附的位置，再移动光标，直到鼠标指针与最初设置的起始点重合（在鼠标指针的下面出现一个小圆圈），如图 3-35 所示。

STEP 6 单击即可创建出闭合选区，如图 3-36 所示。

STEP 7 利用【移动】工具 将选取的人物图像移动复制到"SC_021.jpg"文件中生成"图层 1"，如图 3-37 所示。

STEP 8 执行【编辑】/【变换】/【水平翻转】命令，将图像在水平方向上翻转，然后利用【自由变换】命令将其调整至图 3-38 所示的大小及位置。

STEP 9 按 Enter 键确认图像的调整，然后按 Shift + Ctrl + S 组合键，将此文件另命名为"套

索工具练习 .psd"保存。

图 3-35　出现的小圆圈

图 3-36　创建的选区

图 3-37　移动复制入的图像

图 3-38　图像调整后的大小及位置

3.3.4　利用【快速选择】工具抠图

快速选择工具

　　【快速选择】工具 是一种非常直观、灵活和快捷的工具，用于选择图像中面积较大的单色颜色区域。其使用方法为：在需要添加选区的图像位置按下鼠标左键然后拖曳，即可像利用【画笔】工具绘画一样，将鼠标指针经过的区域及与其颜色相近的区域都添加上选区。

　　原素材图片及选取后的效果如图 3-39 所示。

图 3-39　原素材图片及选取后的效果

范例操作——**利用【快速选择】工具抠图**

　　STEP 1 打开素材"图库\第 03 章"目录下名为"SC_022.jpg"的文件。

　　STEP 2 选取【快速选择】工具 ，然后确认属性栏中的激活 按钮，将鼠标指针移动到画面的左上方位置按下并拖曳，状态如图 3-40 所示。

STEP **3** 继续在背景中拖曳鼠标，可以增加选择的范围，如拖曳鼠标选择了不需要的图像，
如图 3-41 所示，可激活属性栏中的【从选区减去】按钮 ，然后在多余的图像区域拖曳，将多选的
图像去除选区，修整后的选区形态如图 3-42 所示。

图 3-40　快速选择状态

图 3-41　多选的区域

STEP **4** 双击【图层】面板中的"背景"层，在弹出的【新建图层】对话框中单击 确定
按钮，将"背景"层转换为"图层 0"层。

STEP **5** 执行【选择】/【修改】/【羽化】命令，弹出【羽化选区】对话框，将【羽化半径】
选项设置为"1 像素"，单击 确定 按钮。

STEP **6** 按 Delete 键删除背景，然后按 Ctrl + D 组合键去除选区，得到图 3-43 所示的效果。

图 3-42　修整后的选区形态

图 3-43　去除背景后的效果

STEP **7** 按 Shift + Ctrl + S 组合键，将此文件另命名为"快速选择抠图 .psd"保存。

3.3.5　利用【魔棒】工具合成图像

本节利用【魔棒】工具 来快速选择图像并更换背景。素材图片及更换背景后的效果如图 3-44 所示。

魔棒工具

图 3-44　素材图片及更换背景后的效果

范例操作 —— 利用【魔棒】工具选取图像

STEP 1 按 Ctrl + O 组合键，分别将素材"图库\第 03 章"目录下名为"SC_023.jpg"和"SC_024.jpg"的两个文件打开。

STEP 2 将"女孩"文件设置为工作状态，选取【魔棒】工具，确认属性栏中的【选择】选项处于勾选状态，将鼠标指针移动到画面的背景位置单击，创建如图 3-45 所示的选区。

STEP 3 激活属性栏中的 按钮，然后再将鼠标指针移动到人物的胳膊及腿部间的背景位置单击，加载选区，效果如图 3-46 所示。

图 3-45　创建的选区

图 3-46　加载的选区

STEP 4 执行【选择】/【反选】命令，将选区反选，即将人物选取，如图 3-47 所示。

STEP 5 利用 工具将选取的人物图像移动复制到"照片背景 .jpg"文件中，然后利用【编辑】/【自由变换】命令将其调整至如图 3-48 所示的大小及位置。

图 3-47　反选后的选区

图 3-48　人物图像调整后的大小及位置

STEP 6 单击属性栏中的 按钮，完成人物图像的调整，然后按 Shift + Ctrl + S 组合键，将此文件命名为"合成艺术照 .psd"保存。

3.3.6 精确地完成复杂选择

使用【快速选择】和【魔棒】工具可以快速选择图像中的特定区域，但对于有头发要选取的复杂人物图像，使用这些工具却不能很好地选取，如果利用选择工具特有的【调整边缘】功能，就可以大大改善。下面以实例的形式来具体讲解，原图片及合成后的效果如图 3-49 所示。

图 3-49 原图片及合成后的效果

范例操作 —— **精确选取有头发的人物图像**

STEP 1 按 Ctrl + O 组合键，将素材"图库 \ 第 03 章"目录下名为"美女 .jpg"文件打开。

STEP 2 选取【魔棒】工具，并激活属性栏中的 选项，然后在灰色的背景上依次单击，选择背景图像，如图 3-50 所示。

STEP 3 执行【选择】/【反向】命令，将选区反选，即选取图 3-51 所示的人物。

图 3-50 选取的背景   图 3-51 选取的人物

STEP 4 单击属性栏中的 调整边缘... 按钮，弹出【调整边缘】对话框。

STEP 5 单击【视图】选项右侧的图像窗口，在弹出的列表中选择"叠加"，如图 3-52 所示，此时的图像效果如图 3-53 所示。

图 3-52 选择的选项   图 3-53 设置叠加后的效果

提示

此处选择【叠加】，目的是为了清楚地看到选区的范围。连续按Ｆ键，可循环切换各个视图；按Ｘ键，可暂时停用所有视图，再次按Ｘ键即可启用。

STEP 6 在对话框中将【边缘检测】栏中【半径】选项的参数设置为"30"像素，注意此值越大，边缘区域扩展越大，效果如图 3-54 所示。

STEP 7 按Ｆ键，将视图切换为"背景图层"，效果如图 3-55 所示。

图 3-54　设置半径值后的效果

图 3-55　切换视图后的效果

STEP 8 在对话框中激活🔍按钮，然后在视图中单击，将图像放大，再激活对话框中的✋按钮，在视图中按下鼠标拖动，查看未选取的头发部分，如图 3-56 所示。

STEP 9 在对话框中激活✎按钮，然后将鼠标指针移动到没选出的头发位置拖动，将头发选出，效果如图 3-57 所示。

图 3-56　放大显示的效果

图 3-57　处理后的效果

STEP 10 用步骤 8~9 相同的方法依次对其他头发区域进行处理，最终效果如图 3-58 所示，然后设置【调整边缘】对话框中的其他选项参数，使头发的抠取更加自然，如图 3-59 所示。

STEP 11 单击【输出到】选项右侧的选项窗口，在弹出的列表中选择【新建带有图层蒙版的图层】选项，然后单击 确定 按钮，将图像选出并生成新的图层，如图 3-60 所示。

STEP 12 按Shift + Ctrl + S组合键，在弹出的对话框中将文件另命名为"选取人物 .psd"保存。

STEP 13 按Ctrl + O组合键，将素材"图库 \ 第 03 章"目录下名为"化妆品海报 .jpg"文件打开。

STEP 14 单击"选取人物"选项卡将文件设置为工作状态，然后利用【移动】工具▶+，将生成新图层中的人物移动复制到"化妆品海报 .jpg"文件中。

STEP 15 按 Ctrl + T 组合键，为人物图像添加自由变形框，然后调整人物图片的大小。

STEP 16 单击属性栏中的 按钮，确认图像的大小调整，如图 3-61 所示。

图 3-58　选取的头发效果

图 3-59　设置的参数

图 3-60　生成的带蒙版图层

图 3-61　人物调整后的大小

STEP 17 然后按 Shift + Ctrl + S 组合键，将此文件另命名为"图像合成 .psd"保存。

3.4 特殊选区的创建与编辑

除了前面介绍的几种常用选区工具以外，在【选择】菜单中还有几种编辑选区的命令，分别介绍如下。

- 【全部】命令：可以对当前层中的所有内容进行选择，快捷键为 Ctrl + A 组合键。
- 【取消选择】命令：当图像文件中有选区时，此命令才可用。选择此命令，可以将当前的选区删除，快捷键为 Ctrl + D 组合键。
- 【重新选择】命令：将图像文件中的选区删除后，选择此命令，可以将刚才取消的选区恢复，快捷键为 Shift + Ctrl + D 组合键。
- 【反向】命令：当图像文件中有选区时，此命令才可用。选择此命令，可以将当前的选区反选，快捷键为 Ctrl + Shift + I 组合键。
- 【色彩范围】命令：此命令与【魔棒】工具的功能相似，也可以根据容差值与选择的颜色样本来创建选区。使用此命令创建选区的优势在于它可以根据图像中色彩的变化情况设定选择程度的变化，从而使选择操作更加灵活、准确。

在菜单栏中的【选择】/【修改】子菜单中，还包括【边界】、【平滑】、【扩展】、【收缩】和【羽化】等命令，其含义分别介绍如下。

- 【边界】命令：通过设置【边界选区】对话框中的【宽度】值，可以将当前选区向内或向外扩展。

- 【平滑】命令：通过设置【平滑选区】对话框中的【取样半径】值，可以将当前选区进行平滑处理。

- 【扩展】命令：通过设置【扩展选区】对话框中的【扩展量】值，可以将当前选区进行扩展。

- 【收缩】命令：通过设置【收缩选区】对话框中的【收缩量】值，可以将当前选区缩小。

- 【羽化】命令：通过设置【羽化选区】对话框中的【羽化半径】值，可以给选区设置不同大小的羽化属性。

修改选区

3.4.1　移动选区和取消选区

在图像中创建选区后，无论当前使用哪一种选区工具，将鼠标指针移动到选区内，此时鼠标指针变为 形状，按下鼠标左键拖曳即可移动选区的位置。按键盘上的→、←、↑或↓键，可以按照 1 个像素单位来移动选区的位置；如果按住 Shift 键再按方向键，可以一次以 10 个像素单位来移动选区的位置。

选区的移动和变换

当图像编辑完成，不再需要当前的选区时，可以通过执行【选择】/【取消选择】命令将选区取消，最常用的还是通过按 Ctrl + D 组合键来取消选区，此快捷键在处理图像时会经常用到。

3.4.2　利用色彩范围命令创建选区

利用【选择】菜单下的【色彩范围】命令，选择指定的图像并为其修改颜色，调整颜色前后的图像效果对比，如图 3-62 所示。

利用色彩范围命令创建选区

图 3-62　案例原图及调整颜色后的效果

范例操作 ——【色彩范围】命令应用

STEP 1 打开素材"图库\第 03 章"目录下名为"模特 .jpg"的图片文件。

STEP 2 执行【选择】/【色彩范围】命令，弹出【色彩范围】对话框。

STEP 3 确认【色彩范围】对话框中的 按钮和【选择范围】选项处于选中状态，将鼠标指针移动到图像中如图 3-63 所示的位置并单击，吸取色样。

STEP 4 在【颜色容差】右侧的文本框中输入数值（或拖动其下方的三角按钮）调整选取的色彩范围，将其参数设置为"180"，其他选项及参数设置如图 3-64 所示。

STEP 5 单击 确定 按钮，此时图像文件中生成的选区如图 3-65 所示。

提示

如利用【色彩范围】命令创建的选区有多余的图像，可灵活运用其他选区工具，结合属性栏中的 按钮，
将其删除。

图 3-63　吸取色样

图 3-64　设置的参数

图 3-65　生成的选区

STEP 6 执行【视图】/【显示额外内容】命令（快捷键为 Ctrl + H 组合键），将选区在画面中
隐藏，这样方便观察颜色调整时的效果（此命令非常实用，读者要灵活掌握此项操作技巧）。

STEP 7 执行【图像】/【调整】/【色相/饱和度】命令，在弹出的【色相/饱和度】对话框
中设置参数，如图 3-66 所示。

STEP 8 单击 确定 按钮，然后按 Ctrl + D 组合键删除选区，调整后的衣服颜色效果如图
3-67 所示。

图 3-66　【色相/饱和度】对话框参数设置

图 3-67　调整颜色后的衣服效果

STEP 9 按 Shift + Ctrl + S 组合键，将此文件另命名为"色彩范围应用.jpg"保存。

3.4.3　扩大选取与选取相似命令

在图像中创建选区后，执行【选择】/【扩大选取】命令，可以将选区按照当前选
择的颜色把相连且颜色相近的部分扩充到选区中，扩充范围取决于【魔棒】工具 属
性栏中【容差】参数的大小。

在图像中创建选区后，执行【选择】/【选取相似】命令，可将图像中不一定是相
连的所有与选区内的图像颜色相近的部分扩充到选区中。

利用【魔棒】工具 创建选区后，执行【扩大选取】命令和【选取相似】命令创建的
选区如图 3-68 所示。

扩大选取与
选取相似命令

图 3-68　创建的选区

3.4.4　选区的存储和载入

在图像处理及绘制过程中，在创建一个选区后，如果再创建另一个选区则原选区就会消失，此后的操作便无法对原选区继续进行处理。因此，为了便于再次用到原选区继续编辑，有效地保存选区是很有必要的。

选区的存储和载入

1. 保存选区

在当前图像文件中创建选区后，执行【选择】/【存储选区】命令，弹出图 3-69 所示的【存储选区】对话框。

- 【文档】：选择保存选区的文件。
- 【通道】：选择保存选区的通道。如果是第一次保存选区，则只能选择【新建】选项。
- 【名称】：设置保存的选区在通道中的名称。如果不设置名称，单击 确定 按钮后，在【通道】面板中将出现名称为"Alpha 1"的通道。

图 3-69　【存储选区】对话框

提示

在【通道】下拉列表框中选择【新建】选项时，【操作】选项栏中只有【新建通道】选项可用，即创建新的通道。

将第一个选区保存后，再创建选区，执行【存储选区】命令，在【存储选区】对话框的【通道】下拉列表中有【新建】和【Alpha 1】两个选项。如果选择【Alpha 1】选项，【操作】选项栏中的选项即变为可用，通过设置不同的选项，可以保存不同形态的选区。

- 【替换通道】：用新建通道来替换原通道中的选区。
- 【添加到通道】：在原通道中加入该通道中的选区。
- 【从通道中减去】：在原通道中减去该通道中的选区。
- 【与通道交叉】：将新建通道与原通道的选区交叉部分定义为新通道。

2. 载入选区

保存选区的目的是为了将其再次载入图像中使用。保存选区后，执行【选择】/【载入选区】命令，弹出图 3-70 所示的【载入选区】对话框，单击 确定 按钮，即可将保存的选区载入到当前文件中。

- 【反相】：勾选此复选项，将载入反选后的选区。

当图像文件中已有选区存在时，执行载入选区操作，该对话框中的【操作】选项栏中的选项才变得可用。通过设置不同的选项，可以创建不同形态的选区。

图 3-70　【载入选区】对话框

- 【新建选区】：用载入的选区替换图像中的选区。
- 【添加到选区】：将载入的选区与图像中的选区相加，得到新的选区。
- 【从选区中减去】：从图像中的选区中减去载入的选区。
- 【与选区交叉】：将已有的选区与载入选区相交的部分定义为新选区。

3.4.5 羽化选区合成图像

给选区设置适当的羽化值，会使处理的图像及填充颜色后的边缘出现过渡消失的
虚化效果。下面以实例操作的形式讲解选区的羽化设置。

羽化选区合成
图像

范例操作 —— **羽化选区应用练习**

STEP 1 打开素材"图库\第 03 章"目录下名为"山水画 .jpg"和"茶壶 .jpg"的文件。

STEP 2 将"山水画 .jpg"文件设置为工作状态，然后选择 ◯ 工具，并在画面中绘制出如图
3-71 所示的椭圆形选区。

STEP 3 执行【选择】/【修改】/【羽化】命令（快捷键为 Shift + F6 组合键），弹出【羽化选
区】对话框，设置参数如图 3-72 所示。

图 3-71 绘制的选区

图 3-72 设置的羽化参数

STEP 4 单击 按钮，为选区设置羽化效果。

提示

此时虽然在选区上看不出有变化，但当利用【移动】工具 ⊹ 对其进行移动时，即可发现选区内边缘的
图像都进行了虚化处理。

STEP 5 选择【移动】工具 ⊹，将鼠标指针移动到选区内按下并向"茶壶 .jpg"文件中拖曳，
状态如图 3-73 所示。

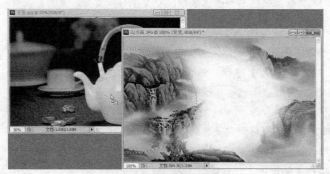

图 3-73 移动复制图像时的状态

STEP ✍6 释放鼠标后，即可将选区内的图像移动复制到"茶壶.jpg"文件中，如图 3-74 所示。

STEP ✍7 执行【编辑】/【变换】/【缩放】命令，图像周围将显示变换框，将鼠标指针放置到任意角控制点上按下并向图像内部拖曳，将图像缩小调整，然后将鼠标指针移动到变换框内拖曳，调整图像在茶壶图形上的位置，如图 3-75 所示。

图 3-74　移动复制入的图像　　　　　　图 3-75　图像调整后的大小及位置

STEP ✍8 按 Enter 键确认图像的缩小调整，即可完成应用练习。按 Shift + Ctrl + S 组合键，将此文件另命名为"羽化选区应用练习.psd"保存。

3.5　移动图像

【移动】工具 ⊕ 是 Photoshop CS6 中应用最为频繁的工具之一，利用它可以在当前文件中移动或复制图像，也可以将图像由一个文件移动复制到另一个文件中，还可以对选择的图像进行变换、排列、对齐与分布等操作。

3.5.1　移动工具

利用【移动】工具 ⊕ 移动图像的方法非常简单。先将图像所在的图层设为工作层，然后选择【移动】工具，在要移动的图像上拖曳鼠标，即可移动图像的位置，如图 3-76 所示。在移动图像时，按住 Shift 键可以确保图像在水平、垂直或 45° 的倍数方向上移动。

移动图像

图 3-76　移动图像

利用【移动】工具除移动图层中的图像外，还可以移动"背景"层选区内的图像，移动此类图像时，图像被移动位置后，原图像位置需要用颜色来补充，因为背景层是不透明的图层，而此处所补充的颜色为工具箱中的背景颜色，如图 3-77 所示。

图 3-77 移动背景层中的图像

【移动】工具的属性栏图 3-78 所示。

图 3-78 【移动】工具的属性栏

默认情况下,【移动】工具属性栏中只有【自动选择】复选框和【显示变换控件】复选框可用,右侧的【对齐】和【分布】按钮及 3D 模式按钮只有在满足一定条件后才可用。

(1)勾选【自动选择】选项复选框,在图像文件中移动图像,软件会自动选择鼠标指针所在位置上第一个有可见像素的图层,否则【移动】工具移动的是【图层】面板中当前选择的图层。单击按钮,可在弹出的选项中选择移动图层或者图层组。选择【组】选项,在移动图层时,会同时移动该图层所在的图层组。

(2)勾选【显示变换控件】选项复选框,可在图像周围显示变换框,通过对变换框的调整,可以对图像进行大小及角度旋转等的调整。

3.5.2 移动图像进行合成

下面以制作儿童相册为例,介绍移动工具的具体应用,制作效果如图 3-79 所示。

图 3-79 合成的儿童相册

范例操作 —— **移动工具应用**

STEP ▣1 打开素材"图库\第 03 章"目录下名为"SC_015.jpg"的文件，如图 3-80 所示。

STEP ▣2 选取【魔棒】工具，在属性栏中将 容差: 50 参数设置为"50"，结合 Shift 键，在已打开图像文件的红色背景中单击，创建图 3-81 所示的选区。

图 3-80　打开的文件

图 3-81　创建的选区

STEP ▣3 执行【选择】/【反选】命令，将选区反选。

STEP ▣4 打开素材"图库\第 03 章"目录下名为"SC_016.jpg"的文件。

STEP ▣5 单击"SC_015.jpg"选项卡将其设置为工作状态，然后利用【移动】工具，在选取的人物图片内按住鼠标左键，然后向"SC_016.jpg"图像文件中拖曳，状态如图 3-82 所示。

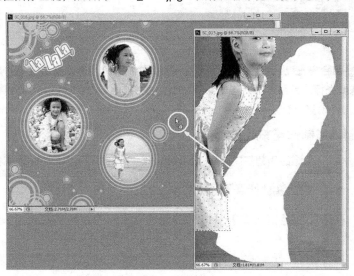

图 3-82　移动复制图像状态

STEP ▣6 当光标变为形状时释放鼠标左键，所选取的图片即被移动到另一个图像文件中，如图 3-83 所示。

STEP ▣7 在人物图片中拖曳光标，将其在当前图像文件中移动到如图 3-84 所示的位置。

图 3-83　移动复制入的图像　　　　　　　　　　　　图 3-84　调整后的位置

STEP 8 至此，图像合成完毕，按 Shift + Ctrl + S 组合键，将当前文件命名为"移动练习 .psd"并保存。

3.5.3　复制图像

选择【移动】工具 ，按住 Alt 键拖曳光标，即可将图像移动复制，图 3-85 所示。默认情况下，图像复制后会自动生成一个新的图层，如图 3-86 所示。

图 3-85　复制出的图像　　　　　　　　　　　　图 3-86　生成的新图层

按住 Shift + Alt 组合键拖曳光标，可垂直或水平移动复制图像。无论当前使用的是什么工具，按住 Ctrl + Alt 组合键拖曳光标，都可以进行移动复制图像；按住 Ctrl + Alt + Shift 组合键拖曳光标，同样可在垂直或水平方向上移动复制图像。

3.5.4　复制图像制作花布效果

灵活运用【移动】工具 的移动复制操作，制作出如图 3-87 所示的花布图案效果。

范例操作 —— **复制图像制作花布效果**

STEP 1 执行【文件】/【新建】命令，新建【宽度】为"30 厘米"，【高度】为"26 厘米"，【分辨率】为"150 像素 / 英寸"的文件。

STEP 2 设置前景色为浅蓝色（R:112,G:127,B:186），然后按 Alt + Delete 组合键将设置的前景色填充至背景层中。

STEP 3 打开素材"图库 \ 第 03 章"目录下名为"花纹 .jpg"的图片文件，选取【魔棒】工具，将鼠标指针移动到蓝色背景上单击添加选区，然后按 Shift + Ctrl + I 组合键，将选区反选，如图 3-88 所示。

图 3-87 制作的花布图案

图 3-88 创建的选区

STEP 选取【移动】工具，将选取的图案直接拖进新建文档中，如图 3-89 所示。

STEP 按 Ctrl + T 组合键给图像添加变换框，然后按住 Shift 键，将鼠标指针放置到变换框右下角的控制点上按下鼠标左键并向左上方拖曳，将图像等比例缩小，至合适大小后释放鼠标左键，如图 3-90 所示。

图 3-89 移动复制入的图像

图 3-90 图像调整大小时的状态

STEP 单击属性栏中的 ✓ 按钮，确认图片的缩小调整。

STEP 按住 Ctrl 键，在【图层】面板中单击"图层 1"前面的图层缩览图，给图片添加选区，状态如图 3-91 所示。

STEP 按住 Alt 键，将鼠标指针移动到选区内，此时鼠标指针将显示图 3-92 所示的移动复制图标 。

图 3-91 添加选区状态

图 3-92 出现的移动复制图标

STEP 按住鼠标左键向右下方拖曳鼠标，移动复制选区中的图案，释放鼠标左键后，图案即被移动复制到指定的位置，如图 3-93 所示。

STEP 10 继续按住 Alt 键并移动复制选择的图案，得到图 3-94 所示的图案效果。

图 3-93 移动复制出的图像

图 3-94 连续移动复制出的图像

STEP 11 继续复制一个图案，然后按 Ctrl + T 组合键为其添加自由变形框，并将其调整至如图 3-95 所示的大小及位置。

STEP 12 按 Enter 键确认图像的大小调整。然后用与以上相同的复制操作，依次复制图形，得到图 3-96 所示的效果。

图 3-95 缩小调整图形状态

图 3-96 复制出的图形

STEP 13 用与步骤（11）~（12）相同的方法，依次调整复制图形的大小并继续复制，最后按 Ctrl + D 组合键去除选区，得到的效果如图 3-97 所示。

STEP 14 选取 工具，根据复制图案的边界绘制出如图 3-98 所示的选区。

提 示

注意，在整个复制和缩放的过程中，图案都是带选区进行操作的。

图 3-97 复制出的图形

图 3-98 绘制的选区

STEP ⤵**15**　执行【图像】/【裁剪】命令，将选区以外的图像裁剪掉，即可得到花布图案效果。

STEP ⤵**16**　按 Ctrl + S 组合键，将文件命名为"花布效果 .psd"并保存。

3.6　课后习题

1. 利用选区工具、相减运算及图形的复制和变换操作来设计图 3-99 所示的标志。

图 3-99　设计的标志

2. 打开素材"图库\第 03 章"目录下名为"美女照片 .jpg"和"蝴蝶 .jpg"的图片文件。灵活运用移动工具、选区工具和变换命令来对人物像片进行装饰，素材图片及装饰效果如图 3-100 所示。

图 3-100　素材图片及制作的图像效果

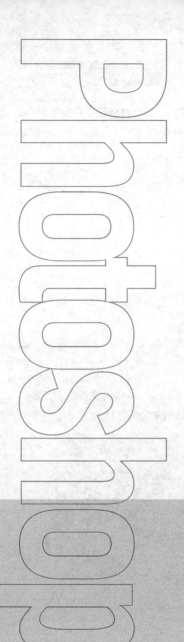

Chapter

4

第4章
图像的基本编辑方法

本章来讲解Photoshop CS6的基本编辑方法，包括图像的还原、复制、变换以及裁剪与透视调整等。虽然部分命令运用的并不是很频繁，但它们在图像处理过程中也是必不可少的，熟练掌握这些操作，有助于在图像处理过程中更加灵活地工作。

学习目标

- 掌握图像还原、复制、变换的操作方法。
- 掌握图像的裁剪与透视调整等操作方法。

4.1 图像的还原、恢复及复制操作

本节内容在实际工作中会经常用到，特别是复制操作。灵活运用复制操作，可以给工作带来事半功倍的效果。

还原与恢复图像

4.1.1　还原与恢复图像

在第 2.1.12 小节中我们简单介绍了图像还原与恢复的几种操作方法，这一节主要来讲解利用【历史记录】面板对图像进行还原的具体操作。

1. 设置【历史记录】面板

在 Photoshop CS6 中创建或编辑图像时，对图像执行的每一步操作，系统都将其记录在【历史记录】面板中。注意，在此面板中并不记录对参数设置面板、颜色或保存等操作。在进行图像处理操作失误或需要取消操作时，使用【历史记录】面板可以快速恢复到指定的任意编辑步骤位置，并且还可以根据一个状态或快照创建新的文档。

例如，新建一个图像文件，利用【画笔】工具绘制一个图形，然后利用选区工具添加选区，并为其填充颜色，这些操作步骤都会按照顺序单独排列记录在【历史记录】面板中，如图 4-1 所示。

图 4-1　【历史记录】面板

在【历史记录】面板中将按从上到下的顺序排列每一步操作步骤，也就是说，最早的操作步骤排列在列表的顶部，最近的操作排列在列表的底部。每一步操作都会与更改图像所使用的工具或命令的名称一起列出。

提示

如果【历史记录】面板没有在工作区中显示，可执行【窗口】/【历史记录】命令使其显示出来。关闭并重新打开文档后，上次工作过程中的所有操作和快照都将从【历史记录】面板中清除。

默认情况下，【历史记录】面板中只记录 20 个操作步骤。当操作步骤超过 20 个之后，在此之前的记录被自动删除，以便为 Photoshop CS6 释放出更多内存空间。要想在【历史记录】面板中记录更多的操作步骤，可执行【编辑】/【首选项】/【性能】命令，在弹出的【首选项】对话框中设置【历史记录状态】的值即可，其取值范围为 1 ~ 100。

使用【历史记录】面板可以将图像恢复到任意一个位置的操作步骤状态，还可以根据一个状态或快照创建新文档。下面分别进行讲解。

提示

对图像执行的每一步操作称为一个历史记录，快照是在【历史记录】面板中保存某一步操作的图像状态，以便在需要时快速回到这一步。

2. 创建图像快照

默认情况下，【历史记录】面板顶部显示文档初始状态的快照。在工作过程中如果要保留某一个特定的状态，也可将该状态创建一个快照，选择要创建快照的历史状态，然后单击面板底部的 按钮即可。

（1）将图像恢复到以前的状态
- 在【历史记录】面板中选择任一历史记录状态或快照。
- 用光标将历史记录状态滑块或快照滑块向上或向下拖曳。

提示

当图像恢复到以前的状态后，其下的操作将不在图像文件中显示，如果此时再对图像进行其他操作，则后面的所有状态将被消除。

（2）根据图像的所选状态或快照创建新文档
选择任意历史状态或快照，单击面板底部的 按钮；或用光标将选择的历史状态或快照拖曳到 按钮上即可。

（3）删除图像的历史状态或快照
选择历史状态或快照，单击面板底部的 按钮；或用光标将选择的历史状态或快照拖曳至 按钮上即可。

（4）设置历史恢复点
在【历史记录】面板中任意快照或历史记录状态左侧的空白图标位置单击，即可将此步操作设置为历史恢复点。当使用【历史记录画笔】工具 恢复图像时，即可将图像恢复至这一步的操作状态。

4.1.2 修复女性照片皮肤

对于做画册或数码设计工作的人员，修复美女照片皮肤效果是经常要做的工作，例如清除掉女性照片脸上的雀斑。如果用【图章】或【修复画笔】工具去一点点修，不仅会花很多时间，而且最后效果并不一定好，如果工具使用不灵活，还会导致脸上出现一大块一大块的色斑。那么有没有办法一次就能把雀斑全部清除掉并能完整保持脸部皮肤上光滑细腻的感觉呢？当然有，那就是利用【历史记录画笔】工具和【历史面板】相结合的方法，一次全部清除美女相片脸上的痘痘或者其他雀斑。范例原图及修复后的效果如图 4-2 所示。

修复美女皮肤

图 4-2 范例原图及修复后的效果

范例操作 —— **修复美女皮肤**

STEP 01 打开素材"图库\第 04 章"目录下名为"SC_031.jpg"的文件。

STEP 2 利用放大工具将美女的面部放大，仔细观察会发现图片中美女的脸上有一些小痘痘。

STEP 3 执行【滤镜】/【杂色】/【蒙尘与划痕】命令，弹出【蒙尘与划痕】对话框，参数设置如图 4-3 所示（这里的半径不能设置得太大，过大了会导致脸部的细节被完全损失）。单击 确定 按钮，效果如图 4-4 所示。

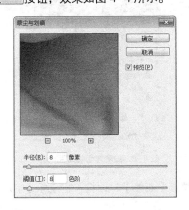

图 4-3 【蒙尘与划痕】对话框

图 4-4 设置蒙尘与划痕后的效果

STEP 4 执行【滤镜】/【模糊】/【高斯模糊】命令，弹出【高斯模糊】对话框，参数设置如图 4-5 所示（这里的参数同样不能设置的太大），单击 确定 按钮。

此时，整个画面都变得非常模糊了，而脸部的嘴唇、眼睛、眉毛、鼻孔、脸部轮廓及额头上的头发是不需要模糊的，下面就需要利用【历史记录画笔】工具 将这些部位还原出来。

STEP 5 选取 工具，将画笔设置为小笔头的软画笔（此处用的是【主直径】大小为"40 px"、【不透明度】为"50%"的画笔），仔细地将嘴唇、眼睛、眉毛、鼻孔、脸部轮廓线及额头上的头发还原。在修复的时候要特别仔细，尤其是眉毛边缘部分的细节及鼻子、嘴唇等细节地方，如图 4-6 所示为还原后的面部效果。

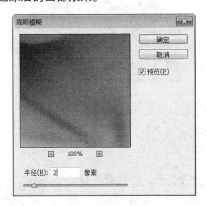

图 4-5 【高斯模糊】对话框

图 4-6 还原五官后的效果

STEP 6 按 Ctrl + 0 组合键，将画面全部显示，选择较大的软画笔，【不透明度】参数设为 "100%"，将除脸部以外的部分全部修复还原。还原后的效果如图 4-7 所示。

此时女性照片脸上的痘痘已经被修复了，但是整个画面感觉有点灰，需要调整一下亮度使美女看上去更漂亮。

STEP 7 按 Ctrl + J 组合键，将"背景"层复制为"图层 1"，设置【图层混合模式】为【滤色】，【不透明度】为"30%"，此时的画面效果如图 4-8 所示。

图 4-7　将面部以外区域还原后的效果

图 4-8　设置混合模式后的效果

STEP 8 执行【图像】/【调整】/【曲线】命令，弹出【曲线】对话框，将鼠标分别放置到曲线的两端向里拖曳，将曲线调整至如图 4-9 所示的状态。

STEP 9 单击 确定 按钮，调整亮度后的女性图片如图 4-10 所示。

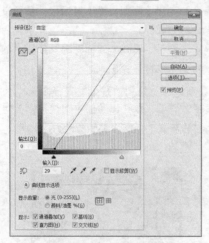

图 4-9　调整的曲线形态

图 4-10　调整后的效果

STEP 10 按 Shift + Ctrl + S 组合键，将此文件另命名为"修复皮肤 .psd"保存。

4.1.3　移动复制图像

利用【移动】工具 ⊹ 移动图像时，如果先按住 Alt 键再拖曳光标，释放鼠标左键后即可将图像移动复制到指定位置。在按住 Alt 键移动复制图像时又分两种情况，一种是不添加选区直接复制图像；另一种是将图像添加选区后再移动复制。下面分别通过范例操作介绍其具体操作方法，希望读者仔细体会两种移动复制方法的区别。

首先来介绍不添加选区时移动复制的操作方法。

移动复制图像

范例操作 ── 复制图像操作（一）

STEP 1 打开素材"图库\第 04 章"目录下名为"SC_032.psd"的文件。

STEP 2 选取【移动】工具 ⊹，在属性栏中勾选 ☑显示变换控件 复选项，此时图片的周围将显示虚线形态的变换框，如图 4-11 所示。

STEP 3 按住 Shift 键，将光标放置在变换框右上角的调节点上按下左键，虚线变换框将变为实线形态的变换框，然后向左下角拖曳光标调整图片大小，状态如图 4-12 所示。

图 4-11　显示的变换框

图 4-12　缩放图像状态

STEP 4 单击属性栏中的 ✓ 按钮，确认图片的大小调整。

STEP 5 按住 Alt 键，此时光标变为黑色三角形，下面重叠带有白色的三角形，如图 4-13 所示。

STEP 6 在不释放 Alt 键的同时，在图片上向右上方拖曳光标，此时的光标将变为白色的三角形，如图 4-14 所示。

图 4-13　鼠标显示状态

图 4-14　移动复制图像状态

STEP 7 释放鼠标左键后，即可完成图片的移动复制操作，在【图层】面板中将自动生成"图层 1 副本"层，如图 4-15 所示。

STEP 8 利用显示的虚线变形框，将图片缩小并旋转角度，如图 4-16 所示。单击属性栏中的 ✓ 按钮，确认图片调整。

STEP 9 使用相同的移动复制操作，在画面中再复制 5 个卡通图片，然后将属性栏中的 ☐ 显示变换控件 勾选取消，最终画面效果如图 4-17 所示。

图 4-15　生成的图层

图 4-16　旋转图像状态

图 4-17　复制出的卡通图形

STEP ◤**10**◥ 按 Shift + Ctrl + S 组合键，将当前文件另命名为"移动复制练习 01.psd"保存。

上面介绍的利用【移动】工具结合 Alt 键复制图像的方法，复制出的图像在【图层】面板中会生成独立的图层；如果将图像添加选区后再复制，复制出的图像将不会生成独立的图层。下面来介绍添加选区时移动复制图像的操作方法。

范例操作 —— 复制图像操作（二）

STEP ◤**1**◥ 再次将素材"图库\第 04 章"目录下名为"SC_032.psd"的文件打开。

STEP ◤**2**◥ 选取【移动】工具 ，在属性栏中将 显示变换控件 勾选，然后将图片缩小，在变形框内拖曳光标，将图片移动到文件的左上角位置。

STEP ◤**3**◥ 单击属性栏中的 ✓ 按钮，在属性栏中将 显示变换控件 勾选取消。

STEP ◤**4**◥ 按住 Ctrl 键，在【图层】面板中单击"图层 1"前面的缩览图，给图片添加选区。单击图层缩览图状态如图 4-18 所示，添加的选区如图 4-19 所示。

图 4-18 添加选区状态

图 4-19 添加的选区

STEP ◤**5**◥ 按住 Alt 键，将光标移动到选区内拖曳光标，移动复制选取的图片，状态如图 4-20 所示。

STEP ◤**6**◥ 释放鼠标左键后，选取的卡通图片即被移动复制到指定的位置，且在【图层】面板中也不会产生新的图层，【图层】面板如图 4-21 所示。

图 4-20 复制出的卡通图形

图 4-21 【图层】面板

STEP ◤**7**◥ 继续移动复制所选取的图片，在画面中排列复制出多个，如图 4-22 所示。

STEP ◤**8**◥ 再次按住 Ctrl 键，在【图层】面板中单击"图层 1"前面的缩览图，给图片添加选区。

STEP ◤**9**◥ 用移动复制方法，将图像向下再依次移动复制，然后按 Ctrl + D 组合键去除选区，移动复制出的卡通图片如图 4-23 所示。

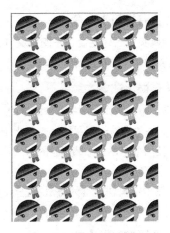

图 4-22　复制出的横向图形　　　　　　　　　　图 4-23　复制出的纵向图形

STEP **10**　按 Shift + Ctrl + S 组合键，将当前文件另命名为"移动复制练习 02.psd"保存。

4.1.4　剪切、拷贝与粘贴图像

图像的复制和粘贴主要包括【剪切】、【拷贝】和【粘贴】等命令，它们在实际工作中被频繁使用。在使用时要注意配合使用，如果要复制图像，就必需先将复制的图像通过【剪切】或【拷贝】命令保存到剪贴板上，然后再通过各种粘贴命令将剪贴板上的图像粘贴到指定的位置。

剪切、拷贝与
粘贴图像

1.【剪切】命令

【剪切】命令的作用是将图像中被选择的区域保存至剪贴板上，并删除原图像中被选择的图像，此命令适用于任何图形图像设计软件。

在 Photoshop CS6 中，剪切图像的方法有两种，菜单命令法和键盘快捷键输入法。

（1）使用菜单命令剪切图像的方法：在画面中绘制一个选区，然后执行【编辑】/【剪切】命令，即可将所选择的图像剪切到剪贴板中。

（2）使用键盘快捷键的方法：在画面中绘制一个选区，然后按 Ctrl + X 组合键，即可将选区中的图像剪切到剪贴板中。

2.【拷贝】命令

【拷贝】命令的作用是将图像中被选择的区域保存至剪贴板上，原图像保留，此命令适用于任何图形图像设计软件。

【拷贝】命令的两种操作方法介绍如下。

（1）使用菜单命令复制图像的方法：在画面中绘制一个选区，然后执行【编辑】/【拷贝】命令，即可将选区内的图像复制到剪贴板中。

（2）使用键盘快捷键的方法：在画面中绘制一个选区，然后按 Ctrl + C 组合键，即可将选区中的图像复制到剪贴板中。

 提示

【拷贝】命令与【剪切】命令相似，只是这两种命令复制图像的方法有所不同。【剪切】命令是将所选择的图像在原图像中剪掉后，复制到剪贴板中，原图像中删除选择的图像，原图像被破坏；而【拷贝】命令是在原图像不被破坏的情况下，将选择的图像复制到剪贴板中。

3. 【合并拷贝】命令

【合并拷贝】命令主要用于图层文件，其作用是将选区中所有图层的内容复制到剪贴板中，在粘贴时将其合并为一个图层进行粘贴。

4. 【粘贴】命令

【粘贴】命令的作用是将剪贴板中的内容作为一个新图层粘贴到当前图像文件中。

粘贴文件的方法也有两种，如下所述。

（1）使用菜单命令粘贴图像的方法：执行【编辑】/【粘贴】命令，可以将剪贴板中的图像粘贴到所需要的图像文件中。

（2）使用键盘快捷键的方法：按 Ctrl + V 组合键，同样可以将剪贴板中的图像粘贴到所需要的文件中。

5. 【选择性粘贴】命令

包括【原位粘贴】、【贴入】和【外部粘贴】命令，运用这些命令可将图像粘贴至原位置、指定的选区内或选区以外。

6. 【清除】命令

该命令可将选区中的图像删除。

4.1.5 【拷贝】和【贴入】命令应用

下面灵活运用【拷贝】和【贴入】命令来制作如图 4-24 所示的墙面广告。

范例操作 ——【拷贝】和【贴入】命令应用

STEP 1 打开素材"图库\第 04 章"目录下名为"SC_034.jpg"的文件，如图 4-25 所示。

图 4-24　制作的墙面广告效果　　　　　　　图 4-25　打开的图像文件

STEP 2 执行【选择】/【全部】命令（或按 Ctrl + A 组合键），选择打开的图像，即沿图像的边缘添加选区。

STEP 3 执行【编辑】/【拷贝】命令（或按 Ctrl + C 组合键），将选区中的图像复制。

STEP 4 打开素材"图库\第 04 章"目录下名为"SC_035.jpg"的图片文件，选取【魔棒】工具，在图像的白色区域单击，添加如图 4-26 所示的选区。

STEP 5 执行【编辑】/【选择性粘贴】/【贴入】命令（或按 Alt + Shift + Ctrl + V 组合键），将复制的图像贴入选区中，此时的画面效果及【图层】面板如图 4-27 所示。

图 4-26　创建的选区

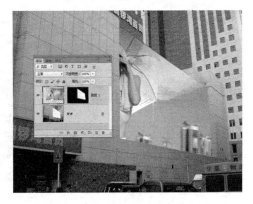

图 4-27　贴入图像效果

STEP 6 执行【编辑】/【自由变换】命令，为图像添加如图 4-28 所示的自由变形框。

STEP 7 按住 Ctrl 键，将光标放置变形框右上角的控制点上按下并向左下方拖曳，将图像调整至如图 4-29 所示的形态。

图 4-28　显示的变形框

图 4-29　变形状态

STEP 8 释放鼠标后，继续按住 Ctrl 键调整其他的控制点，使广告画面适合下方的白色区域，即可完成墙面广告的制作。

STEP 9 按 Shift + Ctrl + S 组合键，将此文件另命名为"墙面广告 .psd"保存。

4.2　图像的变换与变形操作

图像变换是图像处理工作必不可少的操作，其中包括图像大小、角度及透视等的变换。选取【移动】工具后在其对应的属性栏中有一个【显示变换控件】选项，当勾选该选项后就可以根据需要来对图像进行各种形态的变换操作。本节利用两个典型的案例主要针对该项功能来学习其使用方法。

4.2.1　图像变换操作

选取【移动】工具后勾选属性栏中的【显示变换控件】选项，在背景层中的选区或图层中的图片周围将出现虚线形态的变换框，通过调整变换框可以调整图片的大小或透视变形。本节利用给包装盒贴上设计的包装平面图制作立体效果图为例，来学习该功能的使用方法，案例效果如图 4-30 所示。

图像变换操作

图 4-30　包装立体效果图

范例操作 ——图像变形操作

STEP ➊ 打开素材"图库 \ 第 04 章"目录下名为"SC_037.jpg 及 SC_038.jpg"文件，如图 4-31 所示。

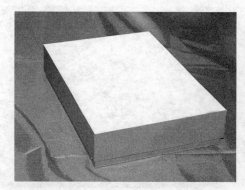 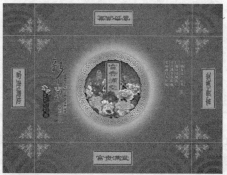

图 4-31　包装盒及月饼包装

STEP ➋ 利用 ▢ 工具根据参考线选取包装平面图中的正面，如果读者打开的包装平面中没有显示参考线，可以通过执行【视图】/【显示】/【参考线】命令将参考线显示，如图 4-32 所示。

STEP ➌ 选取【移动】▸₊ 工具，将选取的正面移动复制到"包装盒"文件中，如图 4-33 所示。

图 4-32　选取的面　　　　　　　　　　　　　图 4-33　正面图形

STEP ➍ 在属性栏中勾选【显示变换控件】选项，在图形的周围出现如图 4-34 所示虚线形态的变换框。

STEP 05 按住 Ctrl 键拖动左上角的控制点，虚线形态的变换框变成了实线形态的变形框，如图 4-35 所示。

图 4-34 显示的变换框

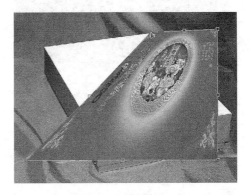

图 4-35 调整透视

STEP 06 按住 Ctrl 键拖动左下角的控制点，将其调整到如图 4-36 所示的位置。

STEP 07 使用相同的方法，将右侧下边的控制点调整到如图 4-37 所示的位置。

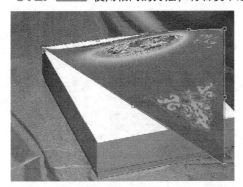

图 4-36 调整透视

图 4-37 调整透视

STEP 08 将最后一个控制点调整到如图 4-38 所示的位置。

STEP 09 每个控制点都大体调整好各自的位置后按 Ctrl + + 组合键，把包装盒的局部放大显示来检查一下是否对齐了，如果没对齐，再稍微调整一下，如图 4-39 所示。

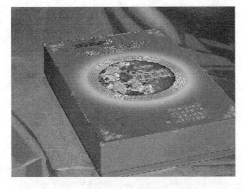

图 4-38 调整透视

图 4-39 调整透视

STEP 10 按 Enter 键确定透视调整，然后把包装盒平面图中右边的侧面选取后移动复制到立体包装画面中，如图 4-40 所示。

STEP 11 使用相同的调整方法，将其调整成如图 4-41 所示的透视形态。

图 4-40　复制的侧面

图 4-41　调整透视

STEP 12 按 Enter 键确定透视调整，然后把包装盒平面图中下边的侧面选取后移动复制到立体包装画面中并调整成如图 4-42 所示透视。

STEP 13 按住 Ctrl 键单击"图层 3"的图层缩览图添加选区，如图 4-43 所示。

图 4-42　调整后的透视

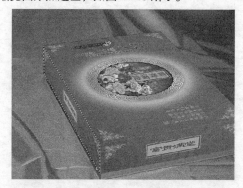

图 4-43　添加的选区

STEP 14 在"图层 3"下面新建"图层 4"并填充黑色，然后将"图层 3"的【不透明度】参数设置为"70%"，降低侧面的明度，效果如图 4-44 所示。

STEP 15 使用相同的方法，将前侧面也降低明度，效果如图 4-45 所示。

图 4-44　降低侧面的明度效果

图 4-45　降低前侧面的明度

STEP 16 选取 ✎ 工具，在属性栏中选择 像素 选项，设置【粗细】参数为 5 像素，在"图层 3"上面新建"图层 6"，在盒子的棱角位置绘制如图 4-46 所示的红色线。

STEP 17 执行【滤镜】/【模糊】/【高斯模糊】命令，设置【半径】参数为 2 像素，单击 确定 按钮，将线形模糊处理，效果如图 4-47 所示。

图 4-46　绘制的红色线

图 4-47　模糊后的效果

STEP 18 按 Shift + Ctrl + S 组合键，将文件命名为"包装盒贴图 .psd"保存。

4.2.2　图像变形操作

利用【移动】工具属性栏中的按钮可以给图片调整各种形态的变形或透视，本节利用一个简单的案例来介绍该功能的使用方法，案例效果如图 4-48 所示。

图像变形操作

图 4-48　图片素材及效果

范例操作——**图像变换操作**

STEP 1 打开素材"图库\第 04 章"目录下名为"SC_039.jpg 及 SC_040.jpg"文件。

STEP 2 利用【移动】工具将卡通娃娃移动复制到瓶子画面中。

STEP 3 在属性栏中勾选【显示变换控件】选项，然后按住 Shift 键，将卡通图片调整到与瓶子贴相同的高度，如图 4-49 所示。

STEP 4 单击按钮，变形框变成如图 4-50 所示的变形控制网格。

STEP 5 通过拖动或调整网格上的控制点和控制柄，可以调整图片变形。

STEP 6 根据瓶贴的形态把卡通图片调整成如图 4-51 所示的透视形态。

STEP 7 单击属性栏中的按钮，确定调整，然后取消【显示变换控件】选项的勾选，即可完成瓶贴的添加。

STEP 8 按 Shift + Ctrl + S 组合键，将文件命名为"添加瓶贴 .psd"保存。

图 4-49　调整大小

图 4-50　出现的变形控制网格

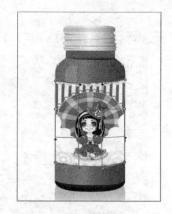

图 4-51　调整透视

4.3 图像的裁剪与透视操作

　　在作品绘制及照片处理过程中，【裁剪】工具是调整图像大小必不可少的。使用此工具可以对图像进行重新构图裁剪、按照固定的大小比例裁剪、旋转裁剪及透视裁剪等操作。

　　在 Photoshop CS6 软件中，将以往版本的【裁剪】工具分为了两个工具：【裁剪】工具 ［ ］ 和【透视裁剪】工具 ［ ］。

　　（1）使用【裁剪】工具裁切图像

　　使用裁剪工具对图像进行裁切的操作步骤为：打开需要裁切的图像文件，然后选择【裁剪】工具 ［ ］ 或【透视裁剪】工具 ［ ］，在图像文件中要保留的图像区域按住左键拖曳鼠标创建裁剪框，并对裁剪框的大小、位置及形态进行调整。确认后，单击属性栏中的 ☑ 按钮即可完成裁切操作。

 提示

　　确认裁切操作，除了单击 ☑ 按钮外，还可以通过按 Enter 键或在裁剪框内双击鼠标左键。若要取消裁切操作，可以按 Esc 键或者单击属性栏中的 ◌ 按钮。

　　（2）调整裁剪框

　　在图像文件中创建裁剪框后，可对其进行调整，具体操作如下。

- 将鼠标指针放置在裁剪框内，按住左键拖曳鼠标可调整裁剪框的位置。
- 将鼠标指针放置到裁剪框的各角控制点上，按住左键拖曳可调整裁剪框的大小；如按住 Shift 键，将鼠标指针放置到裁剪框各角的控制点上，按住左键拖曳可等比例缩放裁剪框；如按住 Alt 键，可按照调节中心为基准对称缩放裁剪框；如按住 Shift + Alt 组合键，可按照调节中心为基准等比例缩放裁剪框。
- 将鼠标指针放置在裁剪框外，当鼠标指针显示为旋转符号时按住左键拖曳鼠标，可旋转裁剪框。将鼠标指针放置在裁剪框内部的中心点上，按住左键拖曳可调整中心点的位置，以改变裁剪框的旋转中心。注意，如果图像的模式是位图模式，则无法旋转裁切选框。

 提示

　　将鼠标指针放置到透视裁剪框各角点位置，按住左键并拖曳可调整裁剪框的形态。在调整透视裁剪框时，无论裁剪框调整得多么不规则，在确认后，系统都会自动将保留下来的图像调整为规则的矩形图像。

4.3.1 重新构图裁剪图像

1. 重新构图裁剪照片

在照片处理过程中，当遇到主要景物太小，而周围的多余空间较大时，就可以利用【裁剪】工具对其进行裁剪处理，使照片的主题更为突出。

照片裁剪前后的对比效果如图 4-52 所示。

重新构图裁剪图像

图 4-52　原素材图片及裁剪后的效果对比

范例操作 ——　重新构图裁剪照片

STEP 1　打开素材"图库\第 04 章"目录下名为"照片 01.jpg"的文件。

STEP 2　选取【裁剪】工具，单击属性栏中的 按钮，在弹出的面板中设置选项如图 4-53 所示。

STEP 3　将鼠标指针移动到画面中的人物周围拖曳鼠标，即可绘制出裁剪框，如图 4-54 所示。

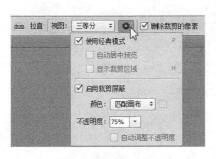

图 4-53　设置的选项　　　　　　　　　　　　图 4-54　绘制的裁剪框

提示

如果不勾选属性栏中的【删除裁剪的像素】选项，裁切图像后并没有真正将裁切框外的图像删除，只是将其隐藏在画布之外，如果在窗口中移动图像还可以看到被隐藏的部分。这种情况下，图像裁切后，背景层会自动转换为普通层。

STEP 4　对裁剪框的大小进行调整，效果如图 4-55 所示。

STEP 5 单击属性栏中的☑按钮，确认图片的裁剪操作，裁剪后的画面如图 4-56 所示。

图 4-55　调整后的裁剪框　　　　　　　　　　　图 4-56　裁剪后的图像文件

STEP 6 按Shift + Ctrl + S组合键将此文件另命名为"裁剪 01.jpg"保存。

2. 固定比例裁剪照片

照相机及照片冲印机都是按照固定的尺寸来拍摄和冲印的，所以当对照片进行后期处理时其照片的尺寸也要符合冲印机的尺寸要求，而在【裁剪】工具 的属性栏中可以按照固定的比例对照片进行裁剪。

下面将图片调整为竖向 10 寸大小的冲洗比例，照片裁剪前后的对比效果如图 4-57 所示。

图 4-57　照片裁剪前后的对比效果

范例操作 —— 固定比例裁剪照片

STEP 1 打开素材"图库\第 04 章"目录下名为"照片 02.jpg"的照片文件。

STEP 2 选取【剪切】 工具，单击属性栏中的 不受约束 按钮，在弹出的列表中选择【4×5（8×10）】选项，此时在图像文件中会自动生成该比例的裁剪框，如图 4-58 所示。

STEP 3 单击属性栏中的 按钮，可将裁剪框旋转角度，如图 4-59 所示。注意，裁剪框旋转后仍然会保持设置的比例，不需要再重新设置。

STEP 4 将鼠标指针移动到裁剪框内按下并向右移动位置，使人物在裁剪框内居中，然后按Enter键，确认图像的裁剪，即可完成按比例裁剪图像。

STEP 5 按Shift + Ctrl + S组合键，将此文件另命名为"裁剪 02.jpg"保存。

图 4-58　自动生成的裁剪框

图 4-59　旋转后的裁剪框

4.3.2　裁剪矫正倾斜的照片

1．旋转裁剪倾斜的图像

在拍摄或扫描照片时，可能会由于某种失误而导致画面中的主体物出现倾斜的现象，此时可以利用【裁剪】工具 来进行旋转裁剪修整，图片裁剪前后的对比效果如图 4-60 所示。

裁剪矫正倾斜的照片

图 4-60　原素材图片与裁剪后的效果对比

范例操作 —— 旋转裁剪倾斜的图像

STEP **1** 打开素材"图库\第 04 章"目录下名为"照片 03.jpg"的文件。

STEP **2** 选取【剪切】工具，单击属性栏中的 不受约束 按钮，在弹出的列表中选择"原始比例"选项。

STEP **3** 此时在图像周围即自动生成一个裁剪框，将鼠标指针移动到裁剪框外，当光标显示为旋转符号时，按住左键并向右下方拖曳鼠标，将裁剪框旋转到与图像中的地平线位置平行，如图 4-61 所示。

STEP **4** 将鼠标指针移动到裁剪框内按下并向右下方稍微移动位置，使人物头部上方不显示杂乱的图像，如图 4-62 所示。

STEP 5 单击属性栏中的 ☑ 按钮，确认图片的裁剪操作，然后按 Shift + Ctrl + S 组合键，将此文件另命名为"裁剪 03.jpg"保存。

图 4-61　旋转裁剪框形态

图 4-62　裁剪后的效果

2. 拉直倾斜的照片

在 Photoshop CS6 中，【裁剪】工具又增加了一个新的"拉直"功能，可以直接将倾斜的照片进行旋转矫正，以达到更加理想的效果。

原素材图片与拉直后的效果对比如图 4-63 所示。

图 4-63　图片拉直前后的对比效果

范例操作——拉直倾斜的照片

STEP 1 打开素材"图库\第 04 章"目录下名为"海边 .jpg"的照片文件。

STEP 2 选取【剪切】 工具，并激活属性栏中的 按钮，然后沿着海平线位置拖曳出如图 4-64 所示的裁剪线。

STEP 3 释放鼠标后，即根据绘制的裁剪线生成如图 4-65 所示的裁剪框。

STEP 4 单击属性栏中的 ☑ 按钮，确认图片的裁剪操作，此时倾斜的海平面即被矫正过来了。

STEP 5 按 Shift + Ctrl + S 组合键，将此文件另命名为"裁剪 04.jpg"保存。

图 4-64　绘制的裁剪线

图 4-65　生成的裁剪框

4.3.3　裁剪透视照片

在拍摄照片时，由于拍摄者所站的位置或角度不合适而经常会拍摄出具有严重透视的照片，对于此类照片可以通过【透视裁剪】工具 🔲 进行透视矫正。照片裁剪前后的对比效果如图 4-66 所示。

裁剪透视照片

图 4-66　照片裁剪前后的对比效果

范例操作 ——　**裁剪透视照片**

STEP 🔲1 打开素材"图库\第 04 章"目录下名为"SC_043.jpg"的图片文件。

STEP 🔲2 选取【透视裁剪】工具 🔲，然后将鼠标指针移动到画面的左上角位置按下并向右下方拖曳，绘制裁剪框。

STEP 🔲3 将鼠标指针放置到左上角的控制点上按下并向下拖曳，根据透视调整裁剪框，状态如图 4-67 所示。

STEP 🔲4 用相同的方法，对左下角的控制点和右上角的控制点进行调整，使裁剪框与要选区域的边缘线平行，如图 4-68 所示。

图 4-67　绘制的裁剪框　　　　　　　　　　　　图 4-68　调整透视裁剪框

STEP ⚡5️⃣ 按Enter键确认图片的裁剪操作，即可对图像的透视进行矫正。

STEP ⚡6️⃣ 按Shift + Ctrl + S组合键，将此文件另命名为"裁剪05.jpg"保存。

4.3.4 切片工具

切片工具包括【切片】工具 ✄ 和【切片选择】工具 ✄ 。【切片】工具主要用于分割图像，【切片选择】工具主要用于编辑切片。

切片工具

1. 创建切片

选择【切片】 ✄ 工具，将鼠标指针移动到图像文件中拖曳，释放鼠标左键后，即在图像文件中创建了切片，形状如图 4-69 所示。

2. 调整切片

将鼠标指针放置到选择切片的任一边缘位置，当鼠标指针显示为双向箭头时按下鼠标左键并拖曳，可调整切片的大小，如图 4-70 所示。将鼠标指针移动到选择的切片内，按下鼠标左键并拖曳，可调整切片的位置，释放鼠标左键后，图像文件中将产生新的切片效果。

图 4-69 创建切片后的图像文件

图 4-70 切片调整时的形态

3. 选择切片

选择【切片选择】 ✄ 工具，将鼠标指针移动到图像文件中的任意切片内单击，可选择该切片。按住 Shift 键依次单击用户切片，可选择多个切片。在选择的切片上单击鼠标右键，在弹出的快捷菜单中选择【组合切片】命令，可组合选择的切片。

系统默认被选择的切片边线显示为橙色，其他切片边线显示为蓝色。利用【切片选择】 ✄ 工具选择图像文件中切片名称显示为灰色的切片，然后单击属性栏中的 提升 按钮，可以将当前选择的切片激活，此时左上角的切片名称显示为蓝色。

切片选择工具

4. 显示 / 隐藏自动切片

创建切片后，单击【切片选择】 ✄ 工具属性栏中的 隐藏自动切片 按钮，即可将自动切片隐藏。此时， 隐藏自动切片 按钮显示为 显示自动切片 按钮。单击 显示自动切片 按钮，即可再次显示自动切片。

5. 设置切片堆叠顺序

切片重叠时，最后创建的切片位于最顶层，如果要查看底层的切片，可以更改切片的堆叠顺序，将选择的切片置于顶层、底层或上下移动一层。当需要调整切片的堆叠顺序时，可以通过单击属性栏中的堆叠按钮来完成。

- 【置为顶层】按钮 ▤：单击此按钮，可以将选中的切片调整至所有切片的最顶层。
- 【前移一层】按钮 ▤：单击此按钮，可以将选中的切片向上移动一层。
- 【后移一层】按钮 ▤：单击此按钮，可以将选中的切片向下移动一层。
- 【置为底层】按钮 ▤：单击此按钮，可以将选中的切片调整至所有切片的最底层。

6. 平均分割切片

读者可以将现有的切片进行平均分割。在工具箱中选择【切片选择】工具，在图像窗口中选择一个切片，单击属性栏中的按钮，弹出的【划分切片】对话框如图 4-71 所示。

- 勾选【水平划分为】复选框，可以通过添加水平分割线将当前切片在高度上进行分割。

设置【个纵向切片，均匀分隔】值，决定当前切片在高度上分为几份。

设置【像素 / 切片】值，决定每几个像素的高度分为一个切片。如果剩余切片的高度小于【像素 / 切片】值，则停止切割。

图 4-71 【划分切片】对话框

- 勾选【垂直划分为】复选框，可以通过添加垂直分割线将当前切片在宽度上进行分割。

设置【个横向切片，均匀分隔】值，决定将当前切片宽度上平均分为几份。

设置【像素 / 切片】值，决定每几个像素的宽度分为一个切片。如果剩余切片的宽度小于【像素 / 切片】值，则停止切割。

- 勾选【预览】复选框，可以在图像窗口中预览切割效果。

7. 设置切片选项

切片的功能不仅是可以使图像分为较小的部分以便于在网页上显示，还可以适当设置切片的选项，来实现链接及信息提示等功能。

在工具箱中选择【切片选择】工具，在图像窗口中选择一个切片，单击属性栏中的【为当前切片设置选项】按钮，弹出的【切片选项】对话框，如图 4-72 所示。

图 4-72 【切片选项】对话框

- 【切片类型】选项：选择【图像】选项表示当前切片在网页中显示为图像。选择【无图像】选项，表明当前切片的图像在网页不显示，但可以设置显示一些文字信息。选择【表】选项可以在切片中包含嵌套表，这涉及 ImageReady 的内容，本书暂不进行介绍。
- 【名称】选项：显示当前切片的名称，也可自行设置。例如名称"向日葵 –03"，表示当前打开的图像文件名称为"向日葵"，当前切片的编号为"03"。
- 【URL】选项：设置在网页中单击当前切片可链接的网络地址。
- 【目标】选项：可以决定在网页中单击当前切片时，是在网络浏览器中弹出一个新窗口打开链接网页，还是在当前窗口中直接打开链接网页。其中，输入"–self"表示在当前窗口中打开链接网页，输入"–Blank"表示在新窗口打开链接网页，如果在【目标】框不输入内容，默认为在新窗口打开链接网页。
- 【信息文本】选项：设置当鼠标指针移动到当前切片上时，网络浏览器下方信息行中显示的内容。
- 【Alt 标记】选项：设置当鼠标指针移动到当前切片上时弹出的提示信息。当网络上不显示图片时，图片位置将显示【Alt 标记】框中的内容。
- 【尺寸】选项：其下的【X】和【Y】值为当前切片的坐标，【W】和【H】值为当前切片的宽度和高度。
- 【切片背景类型】选项：可以设置切片背景的颜色。如果切片图像不显示时，网页上该切片相应的位置上显示背景颜色。

8. 锁定切片和清除切片

执行【视图】/【锁定切片】命令，可将图像中的所有切片锁定，此时将无法对切片进行任何操作。

再次执行【视图】/【锁定切片】命令，可将切片解锁。

利用【切片选择】工具选择一个用户切片，按Backspacer键或Delete键即可将该用户切片删除。删除了用户切片后，系统将会重新生成自动切片以填充文档区域。如要删除所有用户切片和基于图层的切片（注意：无法删除自动切片），可执行【视图】/【清除切片】命令。将所有切片清除后，系统会生成一个包含整个图像的自动切片。

 提 示

删除基于图层的切片并不会删除相关的图层，但是删除图层会删除基于图层生成的切片。

4.4 吸管工具组

下面来简单介绍一下吸管工具组中的工具，包括【吸管】工具、【颜色取样器】工具、【标尺】工具、【注释】工具和【计数】工具的使用方法。

4.4.1 【吸管】工具

【吸管】工具主要用于吸取颜色，并将其设置为前景色或背景色。具体操作为：选择【吸管】工具，然后在图像中的任意位置单击，即可将该位置的颜色设置为前景色；如果按住Alt键单击，单击处的颜色将被设置为背景色。

【吸管】工具的属性栏如图4-73所示。其中【取样大小】下拉列表用于设置吸管工具的取样范围，在该下拉列表中选择【取样点】，可将鼠标指针所在位置的精确颜色吸取为前景色或背景色；选择【3×3平均】等其他选项时，可将鼠标指针所在位置周围3个（或其他选项数值）区域内的平均颜色吸取为前景色或背景色。

图4-73 【吸管】工具的属性栏

利用【吸管】工具吸取颜色后，可选择【油漆桶】工具，然后将鼠标指针移动到要填充该颜色的图形中单击，即可将吸取的颜色填充至单击的图形中。

4.4.2 颜色取样器工具

【颜色取样器】工具是用来在图像文件中提取多个颜色样本的工具，它最多可以在图像文件中定义4个取样点。

颜色取样器工具的属性栏比【吸管】工具的属性栏只多了一个 清除 按钮，在图像文件中选取了色样点以后，此按钮才可用，单击此按钮可以删除图像中的色样点。

选择【颜色取样器】工具后，将光标移动到图像文件中依次单击创建取样点，此时【信息】面板中将显示鼠标单击处的颜色信息，如图4-74所示。

颜色取样器工具

图4-74 选择多个样点时【信息】面板显示的颜色信息

4.4.3 标尺工具

【标尺】工具 ▭ 是测量图像中两点之间的距离、角度等数据信息的工具。

标尺工具

1. 测量长度

在图像中的任意位置拖曳鼠标指针，即可创建出测量线，如图 4-75 所示。将鼠标指针移动至测量线、测量起点或测量终点上，当鼠标指针显示为 ✥ 形状时，拖曳鼠标可以移动它们的位置。

图 4-75 创建的测量线

此时，属性栏中会显示测量的结果，如图 4-76 所示。

| ▭ ▾ | X: 155.92 | Y: 855.36 | W: 1331... | H: 15.99 | A: -0.7° | L1: 1331... | L2: | ☐ 使用测量比例 | 拉直图层 | 清除 |

图 4-76 【标尺】工具测量长度时的属性栏

- 【X】值、【Y】值为测量起点的坐标值。
- 【W】值、【H】值为测量起点与终点的水平、垂直距离。
- 【A】值为测量线与水平方向的角度。
- 【L1】值为当前测量线的长度。
- 【使用测量比例】：勾选此选项，将使用测量比例计算标尺数值。该选项没有实质性的作用，只是选择后，就可以用选定的比例单位测量并接收、计算和记录结果。
- 拉直图层 按钮：利用标尺工具在画面中绘制标线后，单击此按钮可将图层变换，使图像与标尺工具拉出的直线平行。
- 单击 清除 按钮，可以把当前测量的数值和图像中的测量线清除。

 提示

按住 Shift 键在图像中拖曳鼠标指针，可以建立角度以 45° 为单位的测量线，也就是可以在图像中建立水平测量线、垂直测量线以及与水平或垂直方向成 45° 角的测量线。

2. 测量角度

在图像中的任意位置拖曳鼠标指针创建一条测量线，然后按住 Alt 键将鼠标指针移动至刚才创建测量线的端点处，当鼠标指针显示为带加号的角度符号时，拖曳鼠标指针创建第二条测量线，如图 4-77 所示。

此时，属性栏中即会显示测量角的结果，如图 4-78 所示。

- 【X】值、【Y】值为两条测量线的交点，即测量角的顶点坐标。

图 4-77 创建的测量角

- 【A】值为测量角的角度。
- 【L1】值为第一条测量线的长度。
- 【L2】值为第二条测量线的长度。

| ▭ ▾ | X: 211.6 | Y: 123.0 | W: | H: | A: 20.4° | L1: 180.5 | L2: 183.0 | ☐ 使用测量比例 | 拉直图层 | 清除 |

图 4-78 【标尺】工具测量角度时的属性栏

按住 Shift 键在图像中拖曳鼠标指针，可以创建水平、垂直或成 45° 倍数的测量线。按住 Shift + Alt 组合键，可以测量以 45° 为单位的角度。

4.4.4　注释工具

注释工具

选择【注释】工具 ，将鼠标指针移动到图像文件中，鼠标指针将显示为 形状，单击鼠标左键，即可创建一个注释，此时会弹出【注释】面板，如图 4-79 所示。在属性栏中设置注释的【作者】以及注释框的【颜色】，然后在【注释】面板中输入要说明的文字，如图 4-80 所示。

图 4-79　创建的注释框

图 4-80　添加的注释文字内容

（1）单击【注释】面板右上角的关闭按钮，可以关闭打开的【注释】面板。

（2）双击要打开的注释图标 ，或在要打开的注释图标 上单击鼠标右键，在弹出的快捷菜单中选择【打开注释】命令，或执行【窗口】/【注释】命令，都可以将关闭的【注释】面板展开。

（3）确认注释图标 处于选择状态 ，按 Delete 键可将选择的注释删除。

将鼠标指针放置在注释图标上，按下鼠标左键并拖曳可移动注释的位置。确认注释图标处于选择状态，按 Delete 键可将选择的注释删除；如果想同时删除图像文件中的很多个注释，单击属性栏中的 清除全部 按钮即可。

4.4.5　计数工具

【计数】工具 用于在文件中按照顺序标记数字符号，也可用于统计图像中对象的个数。

计数工具的属性栏如图 4-81 所示。

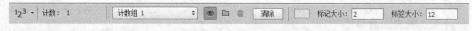

图 4-81　【计数】工具的属性栏

- 【计数】：显示总的计数数目。
- 【计数组】：类似于图层组，可包含计数，每个计数组都可以有自己的名称、标记、标签、大小以及颜色。单击 按钮可以创建计数组；单击 按钮可显示或隐藏计数组；单击 按钮可以删除创建的计数组。

- 清除：单击该按钮，可将当前计数组中的计数全部清除。
- 【颜色块】：单击颜色块，可以打开【拾色器】对话框设置计数组的颜色。
- 【标记大小】：可输入 1 ～ 10 的值，定义计数标记的大小。
- 【标签大小】：可输入 8 ～ 72 的值，定义计数标签的大小。

4.5 课后习题

1. 打开素材"图库\第 04 章"目录下名为"儿童 .jpg"的图片文件。灵活运用本章学习的【裁剪】工具对图像进行裁剪，裁剪前后的效果对比如图 4-82 所示。

图 4-82 图像裁剪前后的效果对比

2. 打开素材"图库\第 04 章"目录下名为"宝贝照片 .psd"和"相册 .psd"图片文件。灵活运用图像的【拷贝】命令和【贴入】命令将照片贴入照片模版中，排版设计出如图 4-83 所示的相册版面。

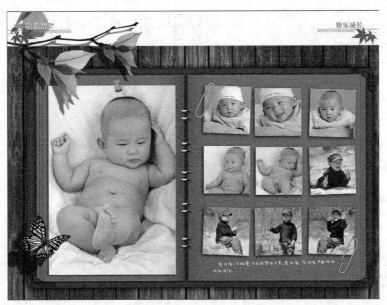

图 4-83 设计相册版面效果

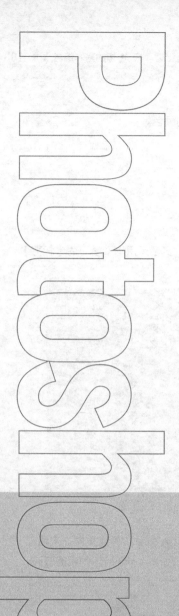

Chapter

5

第5章
图　层

图层是利用Photoshop CS6进行图形绘制和图像处理的最基础、最重要的命令，可以说每一幅图像的处理都离不开图层的应用。灵活运用图层可以提高作图速度和效率，还可以制作出很多意想不到的特殊艺术效果，所以希望读者要认真学习，并掌握本章介绍的内容。

学习目标

- 掌握图层概念基础知识。

- 掌握图层面板及图层各种命令的应用。

- 掌握图层样式命令。

- 掌握图层类型。

- 掌握图层蒙版。

5.1 认识图层

在实际工作中，图层的运用非常广泛，通过新建图层，可以将当前所要编辑和调整的图像独立出来，然后在各个图层中分别编辑图像的每个部分，从而使图像更加丰富。

5.1.1 认识图层

图层可以说是 Photoshop 工作的基础。那么什么是图层呢？

可以打一个简单的比方来说明。比如要在纸上绘制一幅儿童画，首先要在纸上绘制出儿童画的背景（这个背景是不透明的），然后在纸的上方添加一张完全透明的纸绘制儿童画的草地，绘制完成后，在纸的上方再添加一张完全透明的纸绘制儿童画的其余图形……，以此类推。在绘制儿童画的每一部分之前，都要在纸的上方添加一张完全透明的纸，然后在添加的透明纸上绘制新的图形。绘制完成后，通过纸的透明区域可以看到下面的图形，从而得到一幅完整的作品。在这个绘制过程中，添加的每一张纸就是一个图层。

认识图层

图层原理说明图如图 5-1 所示。

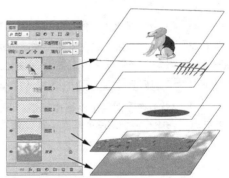

图 5-1　图层原理说明图

上面讲解了图层的概念，那么在绘制图形时为什么要建立图层呢？仍以上面的例子来说明。如果在一张纸上绘制儿童画，当全部绘制完成后，突然发现草地效果不太合适，这时只能选择重新绘制这幅作品，这种修改非常麻烦。而如果是分层绘制的，遇到这种情况就不必重新绘制了，只需找到绘制草地图形的透明纸（图层），将其删除，然后重新添加一个图层，绘制一幅合适的草地图形，放到刚才删除图层的位置即可，这样可以节省绘图时间。另外，除了易修改的优点外，还可以在一个图层中随意移动、复制和粘贴图形，并能对图层中的图形制作各种特效，而这些操作都不会影响其他图层中的图形。

5.1.2 图层应用：制作环环相扣图形

下面通过制作环环相扣的手镯来学习图层的基本应用方法，图片素材及效果如图 5-2 所示。

图层应用：制作环环相扣图形

图 5-2　图片素材及效果

范例操作 —— **制作环环相扣图形**

STEP 1 打开素材"图库\第05章"目录下名为"玉手镯.jpg"的图片文件。

STEP 2 选取【魔棒】工具 ，取消属性栏中 □连续 复选项的勾选，设置 容差：50 的参数为"50"，在图片黑色背景位置单击建立选区。

STEP 3 执行【选择】/【反向】命令将选区反选，如图 5-3 所示。

STEP 4 执行【图层】/【新建】/【通过拷贝的图层】命令，将手镯复制为"图层 1"。

STEP 5 选择【矩形选框】工具 ，绘制出如图 5-4 所示的矩形选框，选择右边的玉手镯。

图 5-3 创建的选区

图 5-4 绘制的选区

STEP 6 执行【图层】/【新建】/【通过剪切的图层】命令（快捷键为 Shift + Ctrl + J 组合键），将手镯剪切生成"图层 2"。

STEP 7 分别按键盘中的 D 键和 X 键，将工具箱中的背景色设置成黑色。

STEP 8 将"背景"层设置为工作层，执行【图像】/【画布大小】命令，在弹出的【画布大小】对话框中设置如图 5-5 所示的参数，单击 确定 按钮。

STEP 9 按 Ctrl + Delete 组合键，将"背景"层重新填充上黑色，覆盖掉"背景"层中的杂色。

STEP 10 在【图层】面板中单击"图层 1"然后按住 Shift 键单击"图层 2"，同时选择两个图层，然后将手镯图片移动到画面的左下角位置，如图 5-6 所示。

图 5-5 【画布大小】对话框

图 5-6 手镯放置的位置

STEP 11 设置"图层 2"为工作层，然后利用【移动】工具 移动手镯图形，将其调整至如图 5-7 所示的交叉摆放状态。

STEP 12 按住 Ctrl 键，单击"图层 1"左侧的图层缩览图将手镯选择，如图 5-8 所示。

图 5-7 手镯放置的位置

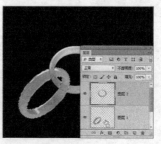

图 5-8 添加选区

STEP 13 选取【多边形套索】工具 ⫢，并激活属性栏中的【从选区减去】按钮 ⫢，然后在如图 5-9 所示的位置绘制选区，使其与原选区相减，释放鼠标后生成的新选区如图 5-10 所示。

图 5-9　绘制的选区

图 5-10　生成的新选区

STEP 14 按 Delete 键，删除"图层 2"中被选择的部分，得到如图 5-11 所示的效果，再按 Ctrl + D 组合键，将选区去除。

STEP 15 将光标移动【图层】面板中的"图层 1"上按下并向下拖曳至【创建新图层】按钮 ⫢，如图 5-12 所示。

图 5-11　删除后的效果

图 5-12　复制图层状态

STEP 16 释放鼠标后，即可将"图层 1"复制为"图层 1 拷贝"层，如图 5-13 所示。

STEP 17 将光标移动到复制出的"图层 1 拷贝"层上按下并向上拖曳，至"图层 2"的上方位置时释放鼠标，将"图层 1 拷贝"层调整至"图层 2"的上方，状态如图 5-14 所示。

图 5-13　复制出的图层

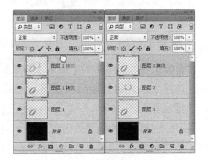

图 5-14　调整图层堆叠顺序

STEP 18 利用【移动】工具 ⫢ 将复制出的手镯移动到如图 5-15 所示的位置。

STEP 19 按住 Ctrl 键单击"图层 2"的缩览图，加载如图 5-16 所示的选区。

STEP 20 选取【多边形套索】工具 ⫢，并激活属性栏中的【从选区减去】按钮 ⫢，然后在如图 5-17 所示的位置绘制选区，使其与原选区相减。

STEP 21 按Delete键，删除“图层 1 拷贝”层中被选择的部分，得到如图 5-18 所示的效果，再按Ctrl + D组合键，将选区去除。

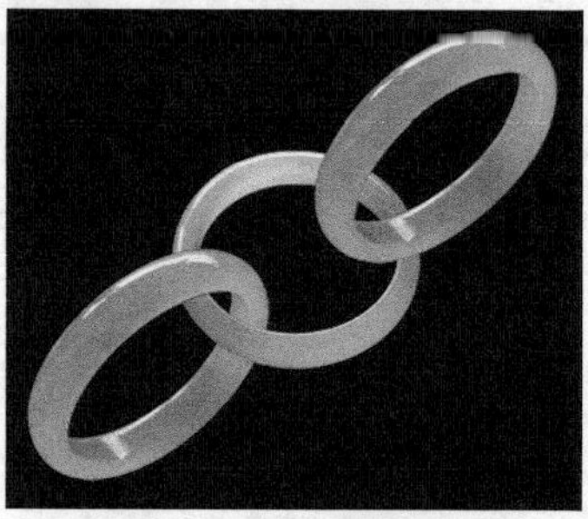

图 5-15 复制手镯调整的位置

图 5-16 加载的选区

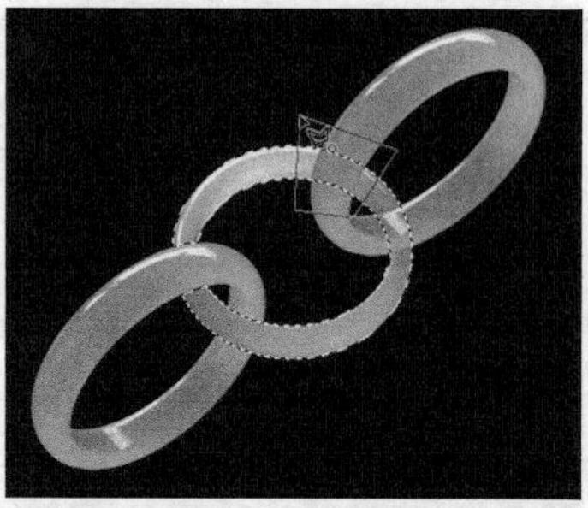

图 5-17 修剪选区状态

图 5-18 删除后的效果

STEP 22 至此，环环相扣效果制作完成，按Shift + Ctrl + S组合键，将此文件另命名为“环环相扣 .psd”保存。

5.2 熟悉图层面板

【图层】面板主要用于管理图像文件中的所有图层、图层组和图层效果。在【图层】面板中可以方便地调整图层的混合模式和不透明度，并可以快速地创建、复制、删除、隐藏、显示、锁定、对齐或分布图层。

熟悉图层面板

1.【图层】面板

新建图像文件后，默认的【图层】面板如图 5-19 所示。

图 5-19 【图层】面板

- 【图层面板菜单】按钮：单击此按钮，可弹出【图层】面板的下拉菜单。
- 【图层混合模式】正常：用于设置当前图层中的图像与下面图层中的图像以何种模式进行混合。
- 【不透明度】：用于设置当前图层中图像的不透明程度，数值越小，图像越透明；数值越大，图像越不透明。
- 【锁定透明像素】按钮：单击此按钮，可使当前层中的透明区域保持透明。
- 【锁定图像像素】按钮：单击此按钮，在当前图层中不能进行图形绘制或其他命令操作。
- 【锁定位置】按钮：单击此按钮，可以将当前图层中的图像锁定不被移动。

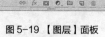

- 【锁定全部】按钮 🔒：单击此按钮，在当前层中不能进行任何编辑修改操作。
- 【填充】：用于设置图层中图形填充颜色的不透明度。
- 【显示／隐藏图层】图标 👁：👁 表示此图层处于可见状态。单击此图标，图标中的眼睛将被隐藏，表示此图层处于不可见状态。
- 图层缩览图：用于显示本图层的缩略图，它随着该图层中图像的变化而随时更新，以便用户在进行图像处理时参考。
- 图层名称：显示各图层的名称。

在【图层】面板底部有 7 个按钮，下面分别进行介绍。

- 【链接图层】按钮 🔗：通过链接两个或多个图层，可以一起移动链接图层中的内容，也可以对链接图层执行对齐与分布以及合并图层等操作。
- 【添加图层样式】按钮 *fx.*：可以对当前图层中的图像添加各种样式效果。
- 【添加图层蒙版】按钮 ▢：可以给当前图层添加蒙版。如果先在图像中创建适当的选区，再单击此按钮，可以根据选区范围在当前图层上建立适当的图层蒙版。
- 【创建新的填充或调整图层】按钮 ◐.：可在当前图层上添加一个调整图层，对当前图层下边的图层进行色调、明暗等颜色效果调整。
- 【创建新组】按钮 ▢：可以在【图层】面板中创建一个图层组。图层组类似于文件夹，以便图层的管理和查询，在移动或复制图层时，图层组里面的内容可以同时被移动或复制。
- 【创建新图层】按钮 🗔：可在当前图层上创建新图层。
- 【删除图层】按钮 🗑：可将当前图层删除。

2. 图层类型

在【图层】面板中包含多种图层类型，每种类型的图层都有不同的功能和用途。利用不同的类型可以创建不同的效果，它们在【图层】面板中的显示状态也不同。

图层类型说明图如图 5-20 所示。

图 5-20　图层类型说明图

- 背景层：相当于绘画中最下方不透明的纸。在 Photoshop CS6 中，一个图像文件中只有一个背景图层，它可以与普通图层进行相互转换，但无法交换堆叠次序。如果当前图层为背景图层，执行【图层】/【新建】/【背景图层】命令，或在【图层】面板的背景图层上双击，便可以将背景图层转换为普通图层。
- 普通层：相当于一张完全透明的纸，是 Photoshop CS6 中最基本的图层类型。单击【图层】面

板底部的【创建新图层】按钮 ▢，或执行【图层】/【新建】/【图层】命令，即可在【图层】
面板中新建一个普通图层。

- 文本层：在文件中创建文字后，【图层】面板中会自动生成文本层，其缩览图显示为 T 图标。
  当对输入的文字进行变形后，文本图层将显示为变形文本图层，其缩览图显示为 图标。
- 形状层：使用工具箱中的矢量图形工具在文件中创建图形后，【图层】面板中会自动生成形状图
  层。在执行【图层】/【栅格化】/【形状】命令后，形状图层将被转换为普通图层。
- 效果层：为普通图层应用图层效果（如阴影、投影、发光、斜面和浮雕以及描边等）后，右侧
  会出现一个 fx （效果层）图标，此时，这一图层就是效果图层。注意，背景图层不能转换为效
  果图层。单击【图层】面板底部的【添加图层样式】按钮 fx.，在弹出的菜单命令中选择任意一
  个选项，即可创建效果图层。
- 填充层和调整层：填充层和调整层是用来控制图像颜色、色调、亮度和饱和度等的辅助图层。
  单击【图层】面板底部的【创建新的填充或调整图层】按钮 ◉.，在弹出的菜单命令中选择任意
  一个选项，即可创建填充图层或调整图层。
- 蒙版层：蒙版层是加在普通图层上的一个遮盖层，通过创建图层蒙版来隐藏或显示图像中的部
  分或全部。在图像中，图层蒙版中颜色的变化会使其所在图层的相应位置产生透明效果。其中，
  该图层中与蒙版的白色部分相对应的图像不产生透明效果，与蒙版的黑色部分相对应的图像完
  全透明，与蒙版的灰色部分相对应的图像根据其灰度产生相应程度的透明效果。

5.3 操作图层

下面来具体讲解图层的新建、复制、删除、选择、顺序调整、对齐与分布以及合并等操作。

5.3.1 新建图层

执行【图层】/【新建】命令，弹出如图 5-21 所
示的子菜单。

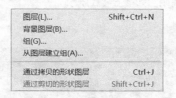

新建图层

- 在选择【图层】命令时，系统将弹出如图 5-22
  所示的【新建图层】对话框。在此对话框中，
  可以对新建图层的【颜色】、【模式】和【不
  透明度】进行设置。

图 5-21 【图层】/【新建】命令子菜单

- 当选择【背景图层】命令时，可以将背景图层改为一个普通图层，此时【背景图层】命令会变
  为【图层背景】命令；选择【图层背景】命令，可以将当前图层更改为背景图层。
- 当选择【组】命令时，将弹出如图 5-23 所示的【新建组】对话框。在此对话框中可以创建图
  层组，相当于图层文件夹。

图 5-22 【新建图层】对话框

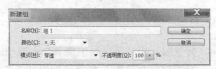

图 5-23 【新建组】对话框

- 当【图层】面板中有链接图层时，【从图层建立组】命令才可用，选择此命令，可以新建一个图
  层组，并将当前链接的图层（除背景图层外的其余图层）放置在新建的图层组中。
- 选择【通过拷贝的图层】命令，可以将当前画面或选区中的图像通过复制生成一个新的图层，

且原画面不会被破坏。

- 选择【通过剪切的图层】命令，可以将当前选区中的图像通过剪切生成一个新的图层，且原画面被破坏。

5.3.2　复制与删除图层

（1）图层的复制

复制与删除图层

将鼠标指针放置在要复制的图层上，按下鼠标左键向下拖曳至【创建新图层】按钮 ⬚ 上释放，即可将所拖曳的图层复制并生成一个"副本"层。另外，执行【图层】/【复制图层】命令也可以复制当前选择的图层。

提示

图层可以在当前文件中复制，也可以将当前文件的图层复制到其他打开的文件中或新建的文件中。将鼠标指针放置在要复制的图层上，按下鼠标左键向要复制的文件中拖曳，释放鼠标左键后，所选择图层中的图像即被复制到另一文件中。

（2）图层的删除

将鼠标指针放置在要删除的图层上，按下鼠标左键向下拖曳至【删除】【删除图层】按钮 🗑 上释放，即可将所拖曳的图层删除。另外，确认要删除的图层处于当前工作图层，在【图层】面板中单击【删除图层】按钮 🗑 或执行【图层】/【删除】/【图层】命令，同样可以将当前选择的图层删除。

5.3.3　选择图层

选择图层

在对某一图层中的图像进行编辑时，首先要选择该图层，即设置工作层。具体操作为：在【图层】面板中单击某一个图层即可将其设置为工作层；利用【移动】工具 ⊹ 在要选择的对象上单击鼠标右键，可以显示该单击处所有对象所在的图层，单击要选择的图层即可将其设置为工作层。

另外，在实际工作过程中，经常需要选择多个图层一同编辑，如移动位置或调整大小等；也可选择类似的图层，如文字层，一同修改文字的字体、大小和颜色等。选择多个图层的具体操作分别如下。

（1）选择多个图层

如要选择连续的图层，可在最下方或最上方的图层上单击将其选中，然后按住 Shift 键单击最后一个图层，即可将两个图层间的所有图层选取；如要选择不连续的图层，可以按住 Ctrl 键依次单击要选择的图层。

（2）选择所有图层

执行【选择】/【所有图层】命令，即可将所有图层选取。

（3）选择相似图层

要选择某一图层的相似图层时，可以选择一个图层，然后执行【选择】/【选择相似图层】命令，即可将相似的图层一同选取。

（4）选择链接的图层

执行【图层】/【选择链接的图层】命令即可将链接的图层一同选取。

（5）取消选择图层

在面板的空白处单击即可取消图层的选择；另外，执行【选择】/【取消选择图层】命令，也可将选择的图层取消。

5.3.4　图层堆叠顺序

图层的叠放顺序对作品的效果有着直接的影响，因此在实例制作过程中，必须准确调整各图层在画面中的叠放位置，其调整方法有以下两种。

1. 菜单法

执行【图层】/【排列】命令，将弹出如图 5-24 所示的【排列】子菜单。执行其中的相应命令，可以调整图层的位置。

图层堆叠顺序

图 5-24 【图层】/【排列】命令子菜单

- 【置为顶层】命令：可以将工作层移动至【图层】面板的最顶层，快捷键为 Ctrl + Shift +] 组合键。
- 【前移一层】命令：可以将工作层向前移动一层，快捷键为 Ctrl +] 组合键。
- 【后移一层】命令：可以将工作层向后移动一层，快捷键为 Ctrl + [组合键。
- 【置为底层】命令：可以将工作层移动至【图层】面板的最底层，即背景层的上方，快捷键为 Ctrl + Shift + [组合键。
- 【反向】命令：在【图层】面板中选择多个图层时，选择此命令，可以将当前选择的图层反向排列。

2. 手动法

在【图层】面板中要调整叠放顺序的图层上按下鼠标左键，然后向上或向下拖曳鼠标，此时【图层】面板中会有一个线框跟随鼠标指针移动，当线框调整至要移动的位置后释放鼠标左键，当前图层即会调整至释放鼠标的图层位置。

5.3.5 对齐与分布图层

使用图层的对齐和分布命令，可以按当前工作图层中的图像为依据，对【图层】面板中所有与当前工作图层同时选取或链接的图层进行对齐与分布操作。

对齐与分布图层

- 图层的对齐：当【图层】面板中至少有两个同时被选取或链接的图层，且背景图层不处于链接状态时，图层的对齐命令才可用。执行【图层】/【对齐】命令，将弹出【对齐】子菜单，执行其中的相应命令，即可将选择的图层进行顶对齐、垂直居中对齐、底对齐、左对齐、水平居中对齐或右对齐操作。
- 图层的分布：在【图层】面板中至少有 3 个同时被选取或链接的图层，且背景图层不处于链接状态时，图层的分布命令才可用。执行【图层】/【分布】命令，将弹出【分布】子菜单，执行其中的相应命令，即可将选择的图层在垂直方向上按顶端、垂直中心或底部平均分布，或者在水平方向上按左边、水平居中和右边平均分布。

5.3.6 图层的链接与合并

在复杂实例制作过程中，一般将已经确定不需要再调整的图层合并，这样有利于下面的操作。图层的合并命令主要包括【向下合并】、【合并可见图层】和【拼合图像】。

- 执行【图层】/【向下合并】命令，可以将当前工作图层与其下面的图层合并。在【图层】面板中，如果有与当前图层链接的图层，此命令将显示为【合并链接图层】，执行此命令可以将所有链接的图层合并到当前工作图层中。如果当前图层是序列图层，执行此命令可以将当前序列中的所有图层合并。
- 执行【图层】/【合并可见图层】命令，可以将【图层】面板中所有的可见图层合并，并生成背景图层。
- 执行【图层】/【拼合图像】命令，可以将【图层】面板中的所有图层拼合，拼合后的图层生成为背景图层。

5.4 图层样式应用

利用【图层样式】命令可以对图层中的图像快速应用投影、阴影、发光、斜面和浮雕以及描边等效果，灵活运用【图层样式】命令可以制作许多意想不到的效果。

执行【图层】/【图层样式】/【混合选项】命令，弹出【图层样式】对话框，如图 5-25 所示，在此对话框中可自行为图形、图像或文字添加需要的样式。

【图层样式】对话框的左侧是【样式】选项区，用于选择要添加的样式类型；右侧是参数设置区，用于设置各种样式的参数及选项。

图 5-25 【图层样式】对话框

1.【斜面和浮雕】

通过【斜面和浮雕】选项的设置可以使工作层中的图像或文字产生各种样式的斜面浮雕效果，同时选择【纹理】选项，然后在【图案】选项面板中选择应用于浮雕效果的图案，还可以使图形产生各种纹理效果。利用此选项添加的浮雕效果如图 5-26 所示。

2.【描边】

通过【描边】选项的设置可以为工作层中的内容添加描边效果，描绘的边缘可以是一种颜色、一种渐变色或者图案。为图形描绘紫色的边缘的效果如图 5-27 所示。

图 5-26 浮雕效果

图 5-27 描边效果

3.【内阴影】

通过【内阴影】选项的设置可以在工作层中的图像边缘向内添加阴影，从而使图像产生凹陷效果。在右侧的参数设置区中可以设置阴影的颜色、混合模式、不透明度、光源照射的角度、阴影的距离和大小等参数。利用此选项添加的内阴影效果如图 5-28 所示。

4.【内发光】

通过【内发光】选项的设置可以在工作层中图像边缘的内部产生发光效果。在右侧的参数设置区中可以设置内发光的混合模式、不透明度、添加的杂色数量、发光颜色（或渐变色）、扩展程度、大小和品质等。利用此选项添加的内发光效果如图 5-29 所示。

图 5-28 内阴影效果

图 5-29 内发光效果

5.【光泽】

通过【光泽】选项的设置可以根据工作层中图像的形状应用各种光影效果，从而使图像产生平滑过渡的光泽效果。选择此项后，可以在右侧的参数设置区中设置光泽的颜色、混合模式、不透明度、光线角度、距离和大小等参数。利用此选项添加的光泽效果如图 5-30 所示。

6.【颜色叠加】

【颜色叠加】样式可以在工作层上方覆盖一种颜色，并通过设置不同的混合模式和不透明度使图像产生类似于纯色填充层的特殊效果。为白色图形叠加洋红色的效果如图 5-31 所示。

图 5-30 添加的光泽效果

图 5-31 颜色叠加

7.【渐变叠加】

【渐变叠加】样式可以在工作层的上方覆盖一种渐变叠加颜色，使图像产生渐变填充层的效果。为白色图形叠加渐变色的效果如图 5-32 所示。

8.【图案叠加】

【图案叠加】样式可以在工作层的上方覆盖不同的图案效果，从而使工作层中的图像产生图案填充层的特殊效果。为白色图形叠加图案后的效果如图 5-33 所示。

图 5-32 渐变叠加

图 5-33 图案叠加

9.【外发光】

通过【外发光】选项的设置可以在工作层中图像的外边缘添加发光效果。在右侧的参数设置区中可以设置外发光的混合模式、不透明度、添加的杂色数量、发光颜色（或渐变色）、扩展程度、大小和品质等。利用此选项添加的外发光效果如图 5-34 所示。

10.【投影】

通过【投影】选项的设置可以为工作层中的图像添加投影效果，并可以在右侧的参数设置区中设置投影的颜色、与下层图像的混合模式、不透明度、是否使用全局光、光线的投射角度、投影与图像的距离、投影的扩散程度和投影大小等，还可以设置投影的等高线样式和杂色数量。利用此选项添加的投影效果如图 5-35 所示。

图 5-34 外发光效果

图 5-35 投影效果

5.4.1 添加图层样式

下面以实例的形式来学习图层样式的应用，原文字及添加图层样式后的效果如图 5-36 所示。

添加图层样式

图 5-36 原文字及添加图层样式后的效果

范例操作 —— 添加图层样式

STEP 1 打开素材"图库\第 05 章"目录下名为"文字 .psd"的图片文件。

STEP 2 执行【图层】/【图层样式】/【斜面和浮雕】命令，在弹出的【图层样式】对话框中设置选项参数如图 5-37 所示。

STEP 3 单击【斜面和浮雕】选项下面的【等高线】，然后在右侧的参数设置区中单击【等高线】右侧的线形图，在弹出的【等高线编辑器】对话框中设置线形形态如图 5-38 所示。

图 5-37 设置的斜面和浮雕选项

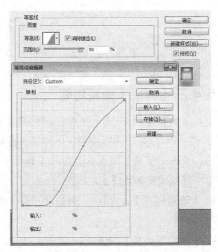

图 5-38 调整的等高线形态

STEP 04 单击 确定 按钮，添加斜面和浮雕后的文字效果如图 5-39 所示。
接下来，利用【图层样式】命令来修改文字的颜色，并制作发光及阴影效果。

STEP 05 将鼠标指针移动到【图层】面板中如图 5-40 所示的位置双击，可再次弹出【图层样式】面板。

图 5-39　文字添加图层样式后的效果

图 5-40　光标放置的位置

STEP 06 分别为不同的选项设置参数，各选项参数设置及颜色设置如图 5-41 所示。

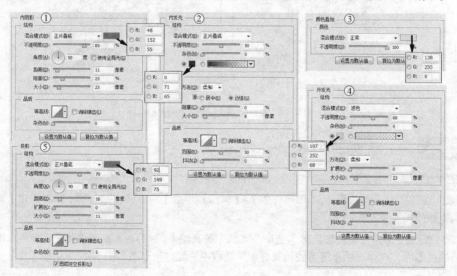

图 5-41　各选项参数设置

STEP 07 单击 确定 按钮，即可完成文字样式的添加。

STEP 08 按 Shift + Ctrl + S 组合键，将此文件另命名为"图层样式 .psd"保存。

5.4.2 【样式】面板功能

执行【窗口】/【样式】命令，即可将【样式】面板调出，
如图 5-42 所示。单击面板中的任一样式，即可将其添加至当前
图层中。单击【样式】面板右上角的【选项】按钮 ，在弹出
的菜单中可以加载其他样式。

图 5-42 【样式】面板

【样式】面板
功能

- 【清除样式】按钮 ：单击此按钮，可以将应用的样式
  删除。

- 【创建新样式】按钮 ：单击此按钮，将弹出【新建样式】对话框。

- 【删除样式】按钮 ：将需要删除的样式拖曳到此按钮上，即可删除选择的样式。

5.4.3　载入图层样式

除了【样式】面板中显示的默认样式外，还可以将系统自带的其他图层样式或在网上下载的图层样式载入到该面板中，供快速应用，具体操作如下。

载入图层样式

（1）单击【样式】面板右上角的【选项】按钮 ，在面板菜单底部会显示 Photoshop CS6 提供的样式，单击某一样式，如图 5-43 所示，即可弹出如图 5-44 所示的对话框。单击 追加(A) 按钮即可将选中的样式载入，如图 5-45 所示。

图 5-43　选择载入的样式　　　　图 5-44　载入样式对话框　　　　图 5-45　载入后的样式

（2）在面板菜单中选择【载入样式】命令，将弹出【载入】对话框，在此对话框中可选择外部的 ALS 文件将其作为样式库载入。

5.4.4　利用混合选项命令合成图像

利用【图层样式】对话框中的【混合选项】制作出如图 5-46 所示的图片合成效果。

范例操作——**利用混合选项命令合成图像**

图 5-46　制作的图片合成效果

STEP 1 打开素材"图库\第 05 章"目录下名为"云彩 .jpg"和"鱼缸 .jpg"的图片文件，如图 5-47 所示。

利用混合选项
命令合成图像

图 5-47　打开的图片文件

STEP 2 按住 Shift 键，并利用【移动】工具 将"鱼缸"图像移动复制到"云彩 .jpg"文件的中心位置。

STEP 3 单击【图层】面板底部的【添加图层样式】按钮 fx.，在弹出的下拉菜单中选择【混合选项】命令，弹出【图层样式】对话框。

STEP 4 按住 Alt 键，将鼠标指针放置在如图 5-48 所示的三角形按钮上，按住鼠标左键并拖曳，将三角形按钮向左移动。

STEP 5 用相同的方法，按住 Alt 键，对其他三角形按钮的位置也进行调整，如图 5-49 所示。读者在调整时要注意画面的效果变化。

图 5-48　拖曳鼠标调整三角形位置

图 5-49　调整后的三角形位置

STEP 6 单击 确定 按钮，将图像混合后的效果如图 5-50 所示。

对图像进行混合处理后，可以看出图像的轮廓还清晰可见，下面利用【画笔】工具和蒙版进行融合处理。

STEP 7 单击【图层】面板底部的【添加图层蒙版】按钮 □，为图层添加蒙版，然后设置工具箱中的前景色为黑色。

STEP 8 选择【画笔】工具 ✎，设置合适大小的笔头，然后在鱼缸边缘轮廓位置喷绘黑色编辑蒙版，编辑后的效果如图 5-51 所示。

图 5-50　混合后的图像效果

图 5-51　编辑蒙版后的效果

STEP 9 按 Shift + Ctrl + S 组合键，将此文件另命名为"白云上的金鱼 .psd"保存。

5.4.5　编辑图层样式命令

如果图像文件中有好多图形需要应用同一种图层样式，在 Photoshop CS6 中也可以灵活运用复制与粘贴操作；如果对添加的图层样式不满意，还可以将其删除。

编辑图层样式
命令

1．复制图层样式

选择添加了图层样式的图层后，执行【图层】/【图层样式】/【拷贝图层样式】命令或在该图层上单击鼠标右键，在弹出的快捷菜单中选择【拷贝图层样式】命令，即可将当前选中的图层样式进行复制；选择其他的图层，执行【图层】/【图层样式】/【粘贴图层样式】命令，或在该图层上单击鼠标右键，在弹出的快捷菜单中选择【粘贴图层样式】命令，即可将当前的图层样式粘贴到新的图层中。

2．删除图层样式

将图层样式拖曳到【图层】面板下方的【删除图层】按钮 🗑 上，即可将其删除；也可以选中要删除的图层样式，然后执行【图层】/【图层样式】/【清除图层样式】命令将其删除。

5.5　编辑图层类型

填充层和调整层是一种特殊的图层，利用此图层可以将颜色和色调调整应用于图像，但不会改变图像的像素也不会对图像产生实质的破坏，因此属于非破坏性编辑。

5.5.1　新建填充层

创建填充层的方法主要有两种，一种是通过【图层】面板下方的【创建新的填充或调整图层】按钮 ●.创建，另一种是通过菜单命令创建。

新建填充层

1. 通过面板按钮创建填充层

单击【图层】面板底部的【创建新的填充或调整图层】按钮 ●.，在弹出的下拉菜单中选择一种图层填充的内容（【纯色】、【渐变】或【图案】，其余选项是用来调整图层效果的），如图 5-52 所示。

（1）纯色填充

选择此命令，将打开【拾色器】对话框，在对话框中可以设置一种颜色对图层进行填充。

（2）渐变填充

选择此命令，将打开【渐变填充】对话框，在对话框中可以选择和编辑渐变颜色。

（3）图案填充

选择此命令，将打开【图案填充】对话框，在对话框中可以进行图案的选择及缩放设置。

2. 通过菜单命令创建填充层

执行【图层】/【新建填充图层】/【纯色】、【渐变】或【图案】命令，将会弹出【新建图层】对话框，在对话框中设置新建图层的名称及各属性后，单击 确定 按钮，即可创建出新的填充层。新的填充层会自动带有图层蒙版，如图 5-53 所示。

图 5-52　图层填充或图层调整的下拉菜单　　　　　图 5-53　新建填充层后的面板效果

5.5.2　新建调整层

默认的【调整】面板如图 5-54 所示。

单击某个调整图层按钮，将会显示相应按钮的设置选项，当光标放到调整图层按钮上时，在【调整】面板的左上角将会显示相应按钮的名称，如图 5-55 所示。

新建调整层

图 5-54　【调整】面板说明图　　　　　　　图 5-55　预设的下拉列表

● 通过面板创建调整层

单击【图层】面板底部的【创建新的填充或调整图层】按钮 ●.，在弹出的下拉菜单中选择调整的

类型，即可弹出相应的【调整】面板，在【图层】面板中也会出现相应
的调整层。如选择【色相/饱和度】命令，弹出的【调整】面板如图 5-56
所示。

（1）【此调整剪切到此图层（单击可影响下面的所有图层）】按钮 ：
该选项用来设置新的调整是影响下面的一个图层还是所有图层。

（2）查看上一状态 ：该按钮用来查看上一状态，以便比较调整前
后两种状态的效果。

（3）复位到调整默认值 ：可以将参数恢复为默认值。

（4）切换图层可见性 ：单击该按钮可以隐藏或显示调整图层。

（5）删除此调整图层：可以将调整图层删除。

图 5-56 【色相/饱和度】调整面板

- 通过命令创建调整层

执行【图层】/【新建调整图层】命令，然后在弹出的菜单中选择相应的调整选项，也可以创建出调
整层。

5.5.3 填充层与调整层应用技巧

灵活运用填充层与调整层可制作出很多特殊的效果，具体操作分别如下。

- 利用选区限定范围调整图层

在为包含选区的图像添加调整层时，选区会自动转换到调整层的图层蒙版中，调整的范围也将被限定为
选区范围内的图像，通过这种方法可以调整图像的局部，还可以利用这种方法限定多个图层的调整范围。

- 利用路径限定范围调整图层

在创建调整层时，如果选择了闭合路径，则创建的调整层效果将被限定在路径区域之内。系统会自
动由闭合的路径创建出一个由矢量蒙版来限制的调整层。

- 利用剪贴蒙版限定调整对象

当需要调整图层中所有不透明区域的像素时，就可以使用剪贴蒙版将调整限定作用于所有图层；当
需要将调整图层的效果限定在一个组内时，可以创建由这些图层组成的剪贴蒙版。

- 利用图层组限定调整的对象

对一组图层创建调整层，除上一种方法外，还可以将需要调整的图层创建到一个图层组中，然后为
其添加调整层，并将调整层的混合模式改为"正常"，即可将调整的范围限制到图层组内。

图层组的默认混合模式为【穿透】，表示它没有混合属性，因此在图层组中创建调整层会作用于下面的
所有图层。

- 利用不透明度控制调整层的效果

在添加了调整层后，可以通过降低或增加图层的不透明度来降低或加强图像的效果。

- 利用混合滑块控制调整的强度

【混合选项】中的混合滑块可以有选择性地调整图像的暗部和亮部，该项可以依据图像的亮部范围
进行调节，因此该项比利用不透明度进行调节更灵活。

5.5.4 利用调整层调整图片

下面以调整图片的颜色为例来讲解调整层的运用。原图片及调整后的效果对比如图 5-57 所示。

图 5-57 原图片及调整后的效果对比

范例操作 —— **利用调整层调整图片**

STEP 1 打开附盘中"图库\第 05 章"目录下名为"草原 .jpg"的图片文件。

STEP 2 单击【图层】面板底部的【创建新的填充或调整图层】按钮 ，在弹出的下拉列表中选择【色阶】选项，弹出【调整】面板，设置选项参数如图 5-58 所示。

在利用【色阶】命令对图像色阶进行调整时，要按照直方图将草地的影调调整得亮一些，使草地上的马能够清晰可见为好，效果如图 5-59 所示。

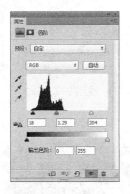

图 5-58 设置的色阶参数

图 5-59 调整色阶后的效果

接下来，我们利用【色相 / 饱和度】命令为画面添加颜色亮丽的效果。

STEP 3 单击【图层】面板底部的【创建新的填充或调整图层】按钮 ，在弹出的下拉菜单中选择【色相 / 饱和度】选项，弹出【调整】面板，分别选择【编辑】选项中不同的颜色选项后进行参数调整，如图 5-60 所示。效果如图 5-61 所示。

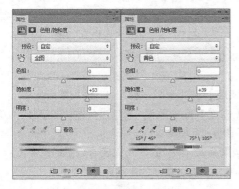

图 5-60 设置的饱和度参数

图 5-61 调整饱和度后的效果

为了使地面的反差增大，下面利用【曲线】命令进行调整。

STEP 4 单击【图层】面板底部的【创建新的填充或调整图层】按钮 ⊙，在弹出的下拉菜单中选择【曲线】选项，弹出【调整】面板，将曲线调整成如图 5-62 所示的形态，图片调整后的最终效果如图 5-63 所示。

图 5-62　调整的曲线形态

图 5-63　图片调整后的效果

STEP 5 按 Shift + Ctrl + S 组合键，将此文件另命名为"调整层练习 .psd"保存。

5.5.5　图层蒙版

在进行图像合成时，蒙版的运用很重要，它可以控制图像的显示区域，还可以利用蒙版将几个图像合在一起，生成羽化图像的合成效果，且图层中的图像不会遭到破坏，仍能保留原有的效果。

图层蒙版

下面利用蒙版的基本操作来制作双胞胎合成效果，照片原图与合成后的效果如图 5-64 所示。

图 5-64　合成效果

范例操作——制作双胞胎合成效果

STEP 1 打开素材"图库\第 05 章"目录下名为"人物 01.jpg"和"人物 02.jpg"的文件。

STEP 2 选取【移动】工具 ⊞，将"人物 02.jpg"文件移动复制到"人物 01.jpg"文件中，并调整一下照片的位置，如图 5-65 所示。

STEP 3 单击【图层】面板底部的【添加图层蒙版】按钮 ◻ 给"图层 1"添加蒙版。

STEP 4 选取【画笔】工具 ✐，设置画笔的【硬度】为"0%"，利用黑色在"图层 1"中绘制来编辑蒙版，将盖住下方图像的区域隐藏，最终效果如图 5-66 所示。

在人物的轮廓边缘位置可以将画笔笔头设置的小一些来编辑蒙版，这样可以使合成后的图像更加真实，不会出现衔接不自然的感觉。本章只简单介绍蒙版的功能，有关蒙版的运用详见第 10 章。

图 5-65　移动复制入的图片

图 5-66　添加蒙版后的效果

STEP 15　按 Shift + Ctrl + S 组合键，将此文件另命名为"双胞胎效果 .psd"保存。

5.6　课后习题

1. 打开素材"图库\第 05 章"目录下名为"城市 .jpg"和"海景 .jpg"的图片文件。灵活运用【图层样式】对话框中的混合选项以及图层蒙版，将两幅图片进行合成，原图及合成后的效果如图 5-67 所示。

图 5-67　原图及合成的图像效果

2. 打开素材"图库\第 05 章"目录下名为"苹果 .jpg"和"卡通形象 .jpg"的图片文件。灵活运用图层蒙版及图层混合模式来合成创意图像，原图及合成后的效果如图 5-68 所示。

图 5-68　原图及合成的创意图像

Chapter

6

第6章
修复与编辑图像工具

本章主要介绍图像修复工具及各种编辑图像工具。利用图像修复工具可以轻松修复破损或有缺陷的图像，如果想去除照片中多余或不完整的区域，利用相应的修复工具也可以轻松完成。编辑图像工具是为照片制作各种特效比较快捷的工具，包括历史记录工具、图章工具、橡皮擦工具以及模糊、锐化、减淡和加深处理等。

学习目标

● 掌握图像修复工具的基本应用方法。

● 掌握各种编辑图像工具的使用方法。

● 掌握照片的修饰和修复技巧。

6.1 修复图像工具

修复工具主要包括【污点修复画笔】工具 、【修复画笔】工具 、【修补】工具 、【内容感知移动】工具 和【红眼】工具 。

6.1.1 污点修复画笔工具

【污点修复画笔】工具 可以快速删除照片中的污点，尤其是对人物面部的疤痕、雀斑等小面积内的缺陷修复最为有效，其修复原理是在所修饰图像位置的周围自动取样，然后将其与所修复位置的图像融合，得到理想的颜色匹配效果。其使用方法非常简单，选择【污点修复画笔】 工具，在属性栏中设置合适的画笔大小和选项后，在图像的污点位置单击即可删除污点。

污点修复画笔
工具

【污点修复画笔】工具的属性栏如图 6-1 所示。

图 6-1 【污点修复画笔】工具的属性栏

- 【类型】：点选【近似匹配】单选项，将自动选择相匹配的颜色来修复图像的缺陷；点选【创建纹理】单选项，在修复图像缺陷后会自动生成一层纹理。
- 【对所有图层取样】：勾选此复选框，可以在所有可见图层中取样；不勾选此项，则只能在当前图层中取样。

下面通过范例来进一步学习【污点修复画笔】工具 的使用方法。

范例操作 —— 修复面部疤痕

STEP 1 打开素材"图库\第 06 章"目录下名为"SC_058.jpg"的文件，如图 6-2 所示。

这幅图像的人物面部有条疤痕，下面我们通过【污点修复画笔】工具将其去除。

STEP 2 选取【缩放】工具 ，将光标放置在人物面部位置拖曳光标，将照片中需要修复的位置局部放大显示，以便更加精确地查看和修复图像。

STEP 3 选取【污点修复画笔】工具 ，在属性栏中设置一个合适的笔头（比要修复的区域稍大一点的画笔最为适合），然后在要修复的位置单击或拖曳光标，即可修复面部的缺陷，如图 6-3 所示。

图 6-2 打开的图像

STEP 4 继续在要修复的位置拖曳鼠标，即可完成图像的修复，效果如图 6-4 所示。

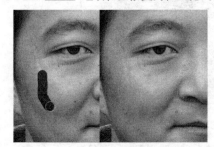

图 6-3 修复过程

图 6-4 修复后的效果

提示

在修复不同大小的区域时，要注意画笔笔头大小的调整，读者只要细心地修复，是非常容易完成此项工作的。

STEP 5️⃣ 按 Shift + Ctrl + S 组合键，将此文件另命名为 "修复疤痕 .jpg" 保存。

6.1.2 红眼工具

在夜晚或光线较暗的房间里拍摄人物照片时，由于视网膜的反光作用，往往会出现红眼效果。利用【红眼】工具 🔴 可以迅速地修复这种红眼效果。其使用方法非常简单，选择【红眼】🔴 工具，在属性栏中设置合适的【瞳孔大小】和【变暗量】参数后，在人物的红眼位置单击即可校正红眼。

红眼工具

【红眼】工具的属性栏如图 6-5 所示。

* 【瞳孔大小】：用于设置增大或减小受红眼工具影响的区域。

* 【变暗量】：用于设置校正的暗度。

下面通过范例来进一步学习【红眼】工具 🔴 的使用方法。

图 6-5 【红眼】工具的属性栏

范例操作 —— **去除红眼**

STEP 1️⃣ 打开素材 "图库 \ 第 06 章" 目录下名为 "SC_062.jpg" 的文件，然后利用【缩放】工具 🔍 将红眼区域放大显示，如图 6-6 所示。

STEP 2️⃣ 选择【红眼】工具 🔴，将光标移动到眼睛上要修复的红色区域单击，即可将眼睛中的红色修复，效果如图 6-7 所示。

图 6-6 放大显示的图像

图 6-7 修复一个眼睛效果

STEP 3️⃣ 用相同的方法，在另一只眼睛上单击，将红眼效果修复，图像修复前后的对比效果如图 6-8 所示。

图 6-8 图像修复前后的对比效果

STEP 4️⃣ 按 Shift + Ctrl + S 组合键，将此文件命名为 "去除红眼 .jpg" 另存。

6.1.3 自动感知移动工具

【内容感知移动】工具 可以将局部图像在整个画面中移动位置，并很好地与移动后的画面相融合。具体操作为，利用此工具选择要移动的图像，然后将其移动位置，释放鼠标后，系统会自动进行合成，生成完美的移动效果。

自动感知移动工具

【内容感知移动】工具的属性栏如图 6-9 所示。

- 【模式】：用于设置图像在移动过程中是移动还是复制。

图 6-9 【内容感知移动】工具的属性栏

- 【适应】：用于设置图像合成的完美程度，包括【非常严格】、【严格】、【中】、【松散】和【非常松散】选项。

6.1.4 修补工具

【修补】工具 可以用图像中相似的区域或图案来修复有缺陷的部位或制作合成效果。与【修复画笔】工具 一样，【修补】工具可将设定的样本纹理、光照和阴影与被修复图像区域进行混合以得到理想的效果。

修补工具

【修补】工具的属性栏如图 6-10 所示。

图 6-10 【修补】工具的属性栏

- 【修补】：点选【源】单选项，将用图像中指定位置的图像来修复选区内的图像，即将鼠标指针放置在选区内，将其拖曳到用来修复图像的指定区域，释放鼠标左键后会自动用指定区域的图像来修复选区内的图像；点选【目标】单选项，将用选区内的图像修复图像中的其他区域，即将鼠标指针放置在选区内，将其拖曳到需要修补的位置，释放鼠标左键后会自动用选区内的图像来修复鼠标释放处的图像。
- 【透明】：勾选此复选框，在复制图像时，复制的图像将产生透明效果；不勾选此项，复制的图像将覆盖原来的图像。
- 使用图案 按钮：创建选区后，在右侧的图案列表 中选择一种图案类型，然后单击此按钮，可以用指定的图案修补源图像。

利用【修补】工具 可以用其他区域或图案中的色彩来修复选中的图像，与【修复画笔】工具 一样，【修补】工具会将设定的样本纹理、光照和阴影等与源图像区域进行混合后得到理想的色彩效果。下面介绍利用【修补】工具去掉照片中的电线，去除前后的效果对比如图 6-11 所示。

图 6-11 去除电线前后的效果对比

范例操作——**去除电线**

STEP 1 将素材"图库\第 06 章"目录下名为"人物 01.jpg"的图片打开。

STEP 2 利用【缩放】⚲工具将图像文件放大显示，然后利用将要去除的电线区域显示。

STEP 3 选取【修补】⬚工具，根据电线的轮廓绘制出如图 6-12 所示的选区。

STEP 4 确认属性栏中点选的是【源】选项，将光标移动到选取内，按住鼠标左键向左下方拖动，此时即可用左边的图像替换选区内的图像，状态如图 6-13 所示。

图 6-12　绘制的选区

图 6-13　移动选区时的状态

STEP 5 拖曳至合适位置后释放鼠标，目标位置的图像即可覆盖掉电线，如图 6-14 所示。

STEP 6 用与步骤 3~5 相同的方法，将画面中其他的电线进行修复，最终效果如图 6-15 所示。

图 6-14　修复后的效果

图 6-15　完全修复后的效果

STEP 7 按 Shift + Ctrl + S 组合键，将文件另命名为"去除碍眼的电线 .psd"保存。

6.1.5　修复画笔工具

【修复画笔】工具✒与【污点修复画笔】工具的修复原理基本相似，都是将没有缺陷的图像部分与被修复位置有缺陷的图像进行融合后得到理想的匹配效果。但使用【修复画笔】工具时需要先设置取样点，即按住 Alt 键在取样点位置单击（单击的位置为复制图像的取样点），松开 Alt 键，然后在需要修复的图像位置按住鼠标左键拖曳，即可对图像中的缺陷进行修复，并使修复后的图像与取样点位置图像的纹理、光照、阴影和透明度相匹配，从而使修复后的图像不留痕迹地融入图像中，如图 6-16 所示。

修复画笔工具

图 6-16　修复脸部皮肤

【修复画笔】工具的属性栏如图 6-17 所示。

图 6-17　【修复画笔】工具的属性栏

- 【源】：点选【取样】单选项，然后按住 Alt 键在适当的位置单击，可以将该位置的图像定义为取样点，以便用定义的样本来修复图像；点选【图案】单选项，可以单击其右侧的图案按钮，然后在打开的图案列表中选择一种图案来与图像混合，得到图案混合的修复效果。

- 【对齐】：勾选此复选框，将进行规则图像的复制，即多次单击或拖曳鼠标指针，最终将复制出一个完整的图像，若想再复制一个相同的图像，必须重新取样；若不勾选此项，则进行不规则复制，即多次单击或拖曳鼠标指针，每次都会在相应位置复制一个新图像。

- 【样本】：设置从指定的图层中取样。选择【当前图层】选项时，是在当前图层中取样；选择【当前和下方图层】选项时，是从当前图层及其下方图层中的所有可见图层中取样；选择【所有图层】选项时，是从所有可见图层中取样；如激活右侧的【忽略调整图层】按钮，将从调整图层以外的可见图层中取样。选择【当前图层】选项时此按钮不可用。

6.1.6　利用修复工具处理图像

下面综合运用各种修复工具对照片进行处理，原照片与处理后的效果对比如图 6-18 所示。

图 6-18　原照片与处理后的效果对比

本例首先利用【修补】工具和【修复画笔】工具来删除照片中的路灯和多余的人物，然后利用【内容感知移动】工具将人物图像移动到照片的中央位置。

范例操作 —— 修复图像

STEP 1 打开素材"图库\第 06 章"目录下名为"母子 .jpg"的文件，如图 6-19 所示。

STEP 2 选择【修补】工具，点选属性栏中的 源 单选项，然后在照片背景中的路灯上方位置拖曳鼠标绘制选区，如图 6-20 所示。

图 6-19　打开的图片

图 6-20　绘制的选区

STEP 3 在选区内按住鼠标左键向左侧位置拖曳，状态如图 6-21 所示，释放鼠标左键，即可利用选区移动到位置的背景图像覆盖路灯杆位置。去除选区后的效果如图 6-22 所示。

图 6-21　修复图像时的状态

图 6-22　修复后的图像效果

STEP 4 用相同的方法将下方的路灯杆选择，然后用其左侧的背景图像覆盖，效果如图 6-23 所示。

STEP 5 选择【缩放】工具，将多余人物的区域放大显示，然后选择工具，并根据多余人物的轮廓绘制出如图 6-24 所示的选区，注意与另一人物相交处的选区绘制，要确保保留人物衣服的完整。

图 6-23　删除路灯杆后的效果

图 6-24　绘制的选区

STEP 6 选择【修补】工具，将鼠标指针放置到选区中按下鼠标左键并向右移动，状态如图 6-25 所示，释放鼠标左键后，选区的图像即被替换，效果如图 6-26 所示。

图 6-25　移动选区状态

图 6-26　替换图像后的效果

　　由于利用【修补】工具 得到的修复图像是利用目标图像来覆盖被修复的图像，且经过颜色重新匹配混合后得到的混合效果，因此有时会出现不能一次覆盖得到理想的效果的情况，这时可重复修复几次或利用其他工具进行弥补。

　　如图 6-26 所示，在人物衣服处，经过混合相邻的像素，出现了发白的效果，下面利用【修复画笔】工具 来进行处理。

　　STEP 7 选择【修复画笔】 工具，设置合适的笔头大小后，按住 Alt 键将鼠标指针移动到如图 6-27 所示的位置并单击，拾取此处的像素。

　　STEP 8 将鼠标指针移动到选区内发白的位置拖曳，状态如图 6-28 所示，释放鼠标左键，即可修复。

图 6-27　吸取像素的位置

图 6-28　修复图像状态

　　STEP 9 用与步骤 7 ～ 8 相同的方法对膝盖边缘处的像素进行修复，然后按 Ctrl + D 组合键去除选区。

　　STEP 10 选择【内容感知移动】工具，在画面中根据人物的边缘拖曳鼠标，绘制出如图 6-29 所示的选区。

　　STEP 11 按住 Shift 键，将鼠标指针移动到选区中按下并向左拖曳，状态如图 6-30 所示。

图 6-29　绘制的选区

图 6-30　移动图像状态

STEP 12 释放鼠标后，系统即可自动检测图像，生成如图 6-18 右图所示的图像效果。

STEP 13 按 Shift + Ctrl + S 组合键，将此文件另命名为"去除多余图像 .jpg"保存。

6.2 编辑图像工具

本节来详细讲解其他的编辑图像工具，包括历史记录画笔工具、历史记录画笔工具、图章工具、橡皮擦工具以及模糊和减淡工具组中的工具。

6.2.1 历史记录艺术画笔工具

利用历史记录
艺术画笔工具
绘制油画

【历史记录艺术画笔】工具 ✍ 的主要功能是用不同的色彩和艺术风格模拟绘画的纹理对图像进行处理，可以给图像加入绘画风格的艺术效果，表现出一种画笔的笔触质感。选取此工具，在图像上拖曳光标即可完成非常漂亮的艺术图像制作。

【历史记录艺术画笔】工具的属性栏如图 6-31 所示。

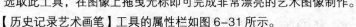

图 6-31 【历史记录艺术画笔】工具属性栏

- 【样式】选项：设置【历史记录艺术画笔】工具的艺术风格。选择各种艺术风格选项，绘制的图像效果如图 6-32 所示。

- 【区域】选项：指应用【历史记录艺术画笔】工具所产生艺术效果的感应区域。数值越大，产生艺术效果的区域越大；反之，区域越小。

- 【容差】选项：限定原图像色彩的保留程度。数值越大图像色彩与原图越接近。

图 6-32 选择不同的样式产生的不同效果

下面灵活运用【历史记录艺术画笔】工具来将图像制作成油画效果，原图像及制作的油画效果如图 6-33 所示。

图 6-33 原图像及制作的油画效果

范例操作 —— **制作油画效果**

STEP 1️⃣ 打开素材"图库\第 06 章"目录下名为"人物 02.jpg"的图片。

STEP 2️⃣ 按 Ctrl + J 组合键，将"背景"层通过复制生成"图层 1"，然后选取 🖌 工具，并设置属性栏中的选项及参数如图 6-34 所示。

图 6-34 【历史记录艺术画笔】工具的属性栏

STEP 3️⃣ 在画面中按住鼠标左键拖曳，将画面描绘成如图 6-35 所示的效果。

STEP 4️⃣ 打开素材"图库\第 06 章"目录下名为"笔触 .jpg"的图片，如图 6-36 所示。

图 6-35 描绘后的画面效果   图 6-36 打开的图片

STEP 5️⃣ 将笔触图像移动复制到"人物 02.jpg"文件中，生成"图层 2"，再按 Ctrl + T 组合键，为复制入的图片添加自由变换框，并将其调整至如图 6-37 所示的形态，然后按 Enter 键，确认图片的变换操作。

STEP 6️⃣ 将"图层 2"的【图层混合模式】选项设置为【柔光】模式，更改混合模式后的效果如图 6-38 所示。

图 6-37 调整后的图片形态   图 6-38 更改混合模式后的效果

STEP 07 按 Ctrl + U 组合键，在弹出的【色相/饱和度】对话框中设置参数如图 6-39 所示，然后单击 确定 按钮，调整后的图像效果如图 6-40 所示。

图6-39 【色相/饱和度】对话框

图6-40 调整后的图像效果

STEP 08 按 Shift + Ctrl + S 组合键，将文件另命名为"制作油画效果 .psd"保存。

6.2.2 历史记录画笔工具

【历史记录画笔】工具 是一个恢复图像历史记录的工具，可以将编辑后的图像恢复到在【历史记录】面板中设置的历史恢复点位置。当图像文件被编辑后，选择【历史记录画笔】工具，在属性栏中设置好笔尖大小、形状和【历史记录】面板中的历史恢复点，将光标移动到图像文件中按下鼠标左键拖曳，即可将图像恢复 历史记录画笔工具 至历史恢复点所在位置时的状态。注意，使用此工具之前，不能对图像文件进行图像大小的调整。

【历史记录画笔】工具的属性栏如图 6-41 所示。这些选项在前面介绍其他工具时已经全部讲过了，此处不再重复。

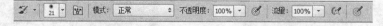

图6-41 【历史记录画笔】工具属性栏

下面以案例的形式来学习该工具的使用方法。利用【历史记录画笔】工具制作的朦胧艺术照效果如图 6-42 所示。

图6-42 朦胧艺术照效果

范例操作 —— 制作朦胧艺术照效果

STEP 01 打开素材中"图库\第06章"目录下名为"照片 .jpg"文件，如图 6-43 所示。

图 6-43 打开的图像

STEP 02 执行【滤镜】/【模糊】/【镜头模糊】命令,弹出【镜头模糊】对话框,参数设置如图 6-44 所示,单击 确定 按钮。

图 6-44 【镜头模糊】对话框

STEP 03 选取【历史记录画笔】工具 ,在属性栏中设置参数如图 6-45 所示。

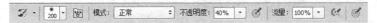

图 6-45 参数设置

STEP 04 利用设置的画笔在照片中的人物上按下鼠标涂抹,恢复出照片原来的效果,如图 6-46 所示。

STEP 05 利用较大的画笔在画面的下边继续涂抹,如图 6-47 所示。

图 6-46 恢复效果

图 6-47 恢复下面图像效果

STEP 06 按 Shift + Ctrl + S 组合键，将文件命名为"朦胧艺术照 .jpg"保存。

图章工具

6.2.3 图章工具

本节主要介绍图章工具的基本应用。图章工具包括【仿制图章】工具和【图案图章】工具，它们主要通过在图像中选择印制点或设置图案，对图像进行复制。

【仿制图章】工具和【图案图章】工具的快捷键为 S 键，反复按 Shift + S 组合键可以实现这两种图章工具间的切换。

1.【仿制图章】工具

【仿制图章】工具的操作方法与【修复画笔】工具相似，按住 Alt 键，在图像中要复制的部分单击鼠标左键，即可取得这部分作为样本，在目标位置处单击鼠标左键或拖曳鼠标，即可将取得的样本复制到目标位置。

【仿制图章】工具的属性栏如图 6-48 所示。

图 6-48 【仿制图章】工具的属性栏

- 在【模式】下拉列表中可设置复制图像与原图像混合的模式。
- 【不透明度】值设置复制图像的不透明度。
- 【流量】值决定画笔在绘画时的压力大小。
- 激活【喷枪】工具，可以使画笔模拟喷绘的效果。
- 勾选【对齐】复选框，将进行规则复制，即定义要复制的图像后，几次拖曳鼠标，得到的是一个完整的原图图像；不勾选【对齐】复选框，则进行不规则复制，即如果多次拖曳鼠标，每次从鼠标指针落点处开始复制定义的图像，拖曳鼠标复制与之相对应位置的图像，最后得到的是多个原图图像。
- 【样本】下拉列表：选择【当前图层】选项时，在当前图层中取样；选择【当前和下方图层】选项时，从当前图层及其下方图层中的所有可见图层中取样；选择【所有图层】选项时，从所有可见图层中取样。如激活右侧的【打开以在仿制时忽略调整图层】按钮，将从调整图层以外的可见图层中取样。选择【当前图层】选项时，此按钮不可用。

2.【图案图章】工具

【图案图章】工具可以将定义的图案复制到图像文件中。使用时需先定义图案，并在属性栏中选择定义的图案，然后在图像文件中按住左键拖曳鼠标，即可复制定义的图案。

在工具箱中选择工具，其属性栏如图 6-49 所示。工具选项与工具选项相似，在此只介绍二者不同的部分。

图 6-49 【图案图章】工具属性栏

- 【图案】按钮：单击此按钮，弹出【图案】选项面板，在此面板中可选择用于复制的图案。
- 【印象派效果】复选框：勾选此复选框，可以绘制随机产生的印象色块效果。

3. 定义图案

定义图案的具体操作为：在图像上使用【矩形选框】工具选择要作为图案的区域，执行【编辑】/【定义图案】命令，在弹出的【图案名称】对话框中输入图案的名称，单击 确定 按钮，即可将选区内的图像定义为图案。此时，在【图案】面板中即可显示定义的新图案。

在 Photoshop CS6 中打开一张图片，执行【编辑】/【定义图案】命令，在弹出的【图案名称】对话框中单击 确定 按钮，即可将图片定义为图案；也可以在画面中选取图像的一部分进行定义，如图 6-50、图 6-51 所示。

图 6-50　绘制的选区　　　　　　　　　　　　　　　　　图 6-51　【图案名称】对话框

将选取的图像定义为图案后，定义的图案即显示在【图案选项】窗口中。

新建一个文件，然后选取【图案图章】工具，并在工具选项栏的【图案选项】窗口中选择如图 6-52 所示刚定义的图案，勾选【对齐】选项，移动光标至文档窗口中拖动，即可绘制出如图 6-53 所示的图案效果。如不勾选【对齐】选项，可绘制出如图 6-54 所示的图案效果。

图 6-52　选择的图案　　　　　　　图 6-53　绘制出的对齐图案　　　　　　图 6-54　绘制出的不对齐图案

 提 示

在定义图案之前，也可以不绘制矩形选区直接将图像定义为图案，这样定义的图案是包含图像中所有图层内容的图案。另外，在利用【矩形选框】工具选择图像时，必须将属性栏中的【羽化】值设置为"0 px"，如果具有羽化值，则【定义图案】命令不可用。

下面灵活利用【仿制图章】工具来处理图像，将人物从画面的右侧移动到左侧位置，效果对比如图 6-55 所示。

图 6-55　原图及处理后的效果

范例操作 —— 处理图像

STEP ☑️1 打开素材"图库\第 06 章"目录下名为"小朋友 .jpg"的文件。

STEP ☑️2 选择【仿制图章】工具📷，按住 Alt 键，将鼠标指针移动到如图 6-56 所示的人物脸上单击设置取样点，然后将笔头大小设置为"90 像素"，并勾选【对齐】选项。

STEP ☑️3 将鼠标指针水平向左移动到大约和取样点相同高度的位置，按下鼠标左键并拖曳，此时将按照设定的取样点来复制人物图像，状态如图 6-57 所示。

图 6-56 设置取样点的位置

图 6-57 复制图像时的状态

STEP ☑️4 继续拖曳鼠标复制出人物的全部图像，效果如图 6-58 所示。

STEP ☑️5 利用▦工具创建如图 6-59 所示的矩形选区，然后执行【图像】/【裁剪】命令，将选区以外的图像裁剪掉。

图 6-58 复制出的全部图像

图 6-59 绘制的选区

STEP ☑️6 按 Ctrl + D 组合键去除选区，即可完成图像的处理。

STEP ☑️7 按 Shift + Ctrl + S 组合键，将此文件另命名为"处理图像 .jpg"保存。

6.2.4 橡皮擦工具

擦除图像工具主要是用来擦除图像中不需要的区域，共有 3 种工具，分别为【橡皮擦】工具✏️、【背景橡皮擦】工具🗑️和【魔术橡皮擦】工具📇。

橡皮擦工具

1.【橡皮擦】工具

【橡皮擦】工具✏️是最基本的擦除工具，使用很方便，只需要在属性栏中设置合适的笔头大小及形状，然后在画面中按住左键拖曳鼠标，即可完成对图像的擦除。

利用【橡皮擦】工具✏️擦除图像时，当在背景层或被锁定透明的普通层中擦除时，被擦除的部分将更改为工具箱中显示的背景色；当在普通层擦除时，被擦除的部分将显示为透明色，效果如图 6-60 所示。

图 6-60 两种不同图层的擦除效果

【橡皮擦】工具 的属性栏如图 6-61 所示。

图 6-61 【橡皮擦】工具的属性栏

- 【模式】：用于设置橡皮擦擦除图像的方式，包括【画笔】、【铅笔】和【块】3 个选项。
- 【抹到历史记录】：勾选了此复选框，【橡皮擦】工具就具有了【历史记录画笔】工具的功能。

将两幅图像合成，然后对上方图像进行擦除，制作出如图 6-62 所示的艺术照效果。

图 6-62 制作的艺术照效果

范例操作 —— 利用【橡皮擦】工具擦除图像

STEP 按 Ctrl + O 组合键，打开素材"图库 \ 第 06 章"目录下名为"背景 .psd"和"写真照片 .jpg"的图片，如图 6-63 所示。

图 6-63 打开的文件

STEP 2 选取【移动】工具，将"写真照片"图片移动复制到"背景"文件中，然后利用【自由变换】命令将其调整至如图 6-64 所示的大小及位置，并按 Enter 键确认。

STEP 3 选取【橡皮擦】工具，然后在属性栏中的图标上单击，在弹出的【笔头设置】面板中，设置笔头大小如图 6-65 所示。

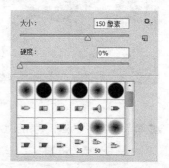

图 6-64　图片调整后的大小及位置　　　　　　　　图 6-65　【笔头设置】面板

STEP 4 在属性栏中设置不透明度：60% 参数，将光标移动到人物背景上面，按住鼠标左键拖曳以擦除背景，状态如图 6-66 所示。

STEP 5 不断修改橡皮擦笔头的大小，在人物的轮廓边缘位置仔细进行擦除。在擦除的同时可以按键盘中的 Ctrl + + 组合键把视图窗口放大显示，然后通过按住空格键再按下鼠标左键就可以平移图像在窗口中的显示位置。仔细擦除得到的图像效果如图 6-67 所示。

图 6-66　擦除图像时的状态　　　　　　　　图 6-67　仔细擦除人物轮廓边缘

STEP 6 用相同的擦除方法依次擦除背景的其他部位，效果如图 6-68 所示。在擦除其他部位时注意笔头大小的灵活设置。

STEP 7 执行【图像】/【调整】/【色彩平衡】命令，弹出【色彩平衡】对话框，分别设置"阴影"和"中间调"选项并分别设置颜色参数，如图 6-69 所示，把图像颜色调整成与背景色相同的蓝色调。

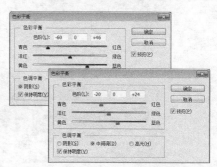

图 6-68　擦除完成的效果　　　　　　　　图 6-69　【色彩平衡】对话框参数设置

STEP 8 按Ctrl + A组合键，将整个画面全部选中，然后执行【图像】/【裁剪】命令，将选区以外的图像裁剪掉。画面最终效果如图 6-70 所示。

图 6-70　画面最终效果

STEP 9 按Shift + Ctrl + S组合键，将此文件命名为"擦除图像 .psd"并进行保存。

2.【背景橡皮擦】工具

利用【背景色橡皮擦】工具可以大面积擦除图像中的相似颜色，无论是在背景层还是在普通层上，使用此工具都会将图像擦除为透明背景效果，并且将背景层自动转换为普通层，效果如图 6-71 所示。

图 6-71　使用【背景橡皮擦】工具擦除后的效果

【背景橡皮擦】工具的属性栏如图 6-72 所示。

图 6-72　【背景橡皮擦】工具的属性栏

- 【取样】：用于控制背景橡皮擦的取样方式。激活【连续】按钮，拖曳鼠标指针擦除图像时，将随着鼠标指针的移动随时取样；激活【一次】按钮，只替换第一次单击取样的颜色，在拖曳鼠标指针过程中不再取样；激活【背景色板】按钮，不在图像中取样，而是由工具箱中的背景色决定擦除的颜色范围。
- 【限制】：用于控制背景橡皮擦擦除颜色的范围。选择【不连续】选项，可以擦除图像中所有包含取样的颜色；选择【连续】选项，只能擦除所有包含取样颜色且与取样点相连的颜色；选择【查找边缘】选项，在擦除图像时将自动查找与取样点相连的颜色边缘，以便更好地保持颜色边界。
- 【保护前景色】：勾选此复选框，将无法擦除图像中与前景色相同的颜色。

利用此工具选取出的花图像如图 6-73 所示。

图6-73　打开的原图片及选取出的效果

范例操作——**利用【背景色橡皮擦】工具去除背景**

STEP 1 按 Ctrl + O 组合键，打开素材"图库\第06章"目录下名为"花.jpg"的图片。

STEP 2 选取【背景橡皮擦】工具，将笔头设置为"175像素"，然后设置属性栏中各选项及参数，如图6-74所示。

图6-74　【背景橡皮擦】工具的属性设置

STEP 3 将光标移动到花瓣边缘的背景位置，单击鼠标擦除背景，如图6-75所示。

 提示

擦除图片背景前，【图层】面板中的背景层是锁定的，擦除后，背景层的名称将自动更改为"图层0"，并且取消了图层的锁定状态，变成普通图层。擦除背景前后的【图层】面板对比效果如图6-76所示。

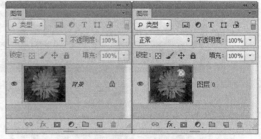

图6-75　擦除背景后的画面效果　　　　图6-76　擦除背景前后的【图层】面板对比效果

STEP 4 将光标移动到图像中沿花朵的边缘拖曳，将画面中的背景擦除，注意鼠标中心的十字光标不要触及红色的花瓣，擦除后的效果如图6-77所示。

STEP 5 在【背景橡皮擦】工具属性栏中设置较小的笔头，然后依次移动到剩余绿色处单击，将花瓣缝隙间的背景全部擦除，最终效果如图6-78所示。

图6-77　擦除背景后的画面效果　　　　　　图6-78　最终效果

提示

减小笔头直径大小的目的是减小鼠标中心的十字光标大小，以便在擦除花瓣缝隙间的背景时不触及红色的花瓣，这样可以更加精确地擦除花瓣边缘的背景色。

STEP 06 按 Shift + Ctrl + S 组合键，将此文件命名为"去除背景 .psd"并进行保存。

3.【魔术橡皮擦】工具

【魔术橡皮擦】工具 具有【魔棒】工具的特征。当图像中含有大片相同或相近的颜色时，利用【魔术橡皮擦】工具在要擦除的颜色区域内单击，可以一次性擦除图像中所有与其相同或相近的颜色，并可以通过【容差】值来控制擦除颜色的范围。

【魔术橡皮擦】工具 的属性栏如图 6-79 所示，其上的选项在前面已经讲解，此处不再赘述。

图 6-79 【魔术橡皮擦】工具的属性栏

原图片及利用此工具为照片更换背景后的效果如图 6-80 所示。

图 6-80 原图片及更换背景后的效果

范例操作 —— 利用【魔术橡皮擦】工具更换背景

STEP 01 按 Ctrl + O 组合键，打开素材"图库\第 06 章"目录下名为"烟花背景 .psd"和"情侣 .jpg"文件，如图 6-81 所示。

图 6-81 打开的图片

STEP 02 选取【魔术橡皮擦】 🔲 工具，将光标移动到"情侣.jpg"文件上方的灰色背景位置单击，即可将该处的背景擦除，如图6-82所示。

STEP 03 选取【放大】 🔍 工具，将有背景处的图像放大显示，并利用【魔术橡皮擦】 🔲 工具继续擦除背景，如图6-83所示。

图6-82 擦除背景　　　　　　　　　　　　　图6-83 擦除背景

STEP 04 继续将两个人物头部及飞机部位带有的背景色擦除，如图6-84所示。

图6-84 擦除背景

在擦除过程中，由于电线与灰色背景的颜色非常接近，因此也会一并擦除，如图6-85所示。

图6-85 被擦除的电线

下面利用【历史记录画笔】工具 🖌 来对其进行修复。

提 示

在图像文件被修改后，利用【历史记录画笔】 工具可将图像恢复。注意使用此工具之前，不能对图像文件进行图像大小的调整。

STEP 5 选取【历史记录画笔】工具 ，将光标移动到需要修复的电线位置拖曳，即可将电线还原出来，如图 6-86 所示。

图 6-86　还原出来的电线

STEP 6 利用【移动】工具 ，将"情侣.jpg"图片移动复制到"烟花背景.psd"图片中，调整大小放置在如图 6-87 所示位置。

STEP 7 执行【图像】/【调整】/【色彩平衡】命令，弹出【色彩平衡】对话框，设置参数如图 6-88 所示。

图 6-87　合成的图像

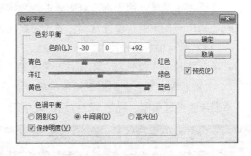

图 6-88　【色彩平衡】对话框

STEP 8 单击 确定 按钮。执行【图像】/【调整】/【色阶】命令，弹出【色阶】对话框，设置参数如图 6-89 所示，调整的图像颜色效果如图 6-90 所示。

STEP 9 按 Shift + Ctrl + S 组合键，将此文件命名为"更换背景.psd"保存。

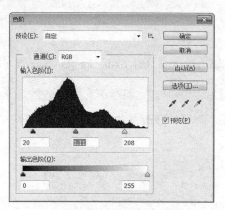

图 6-89 【色阶】对话框

图 6-90 调整的图像颜色效果

6.2.5 编辑图像工具

图像修饰编辑工具包括【模糊】工具 ⬤、【锐化】工具 △、【涂抹】工具 ✍、【减淡】工具 ⬤、【加深】工具 ✋ 和【海绵】工具 ⬤。这几个工具的使用方法基本相同，即在工具箱中选择相应的工具后，在相应的属性栏中设置笔头大小、形状、混合模式和强度等属性，然后在图像需要修饰的位置单击或拖曳光标，即可对图像进行模糊、锐化、涂抹、减淡、加深、加色或去色等效果的处理。

编辑图像工具

1.【模糊】、【锐化】和【涂抹】工具

利用【模糊】工具 ⬤ 可以降低图像色彩反差来对图像进行模糊处理，从而使图像边缘变得模糊；【锐化】工具 △ 恰好相反，它是通过增大图像色彩反差来锐化图像，从而使图像色彩对比更强烈；【涂抹】工具 ✍ 主要用于涂抹图像，使图像产生类似于在未干的画面上用手指涂抹的效果。

这 3 个工具的属性栏基本相同，只是【涂抹】工具的属性栏多了一个【手指绘画】复选框，如图 6-91 所示。

图 6-91 【涂抹】工具属性栏

- 【模式】选项：用于设置色彩的混合方式。
- 【强度】选项：用于调节对图像进行涂抹的程度。
- 【对所有图层取样】复选框：若不勾选此复选框，只能对当前图层起作用；若勾选此复选框，可以对所有图层起作用。
- 【手指绘画】复选框：不勾选此复选框，对图像进行涂抹只是使图像中的像素和色彩进行移动；勾选此复选框，则相当于用手指蘸着前景色在图像中进行涂抹。

原图像和经过模糊、锐化、涂抹后的效果图，如图 6-92 所示。

图 6-92 原图像和经过模糊、锐化、涂抹后的效果

2. 【减淡】、【加深】和【海绵】工具

利用【减淡】工具 ![icon] 可以对图像的阴影、中间色和高光部分进行提亮和加光处理，从而使图像变亮；利用【加深】工具 ![icon] 则可以对图像的阴影、中间色和高光部分进行遮光变暗处理。这两个工具的属性栏完全相同，如图 6-93 所示。

图 6-93 【减淡】工具和【加深】工具属性栏

- 【范围】：包括【阴影】、【中间调】和【高光】3 个选项，用于设置减淡或加深处理的图像范围。
- 【曝光度】选项：用于设置对图像减淡或加深处理时的曝光强度。

【海绵】工具 ![icon] 可以对图像进行变灰或提纯处理，从而改变图像的饱和度。该工具的属性栏如图 6-94 所示。

图 6-94 【海绵】工具属性栏

- 【模式】：用于控制【海绵】工具的作用模式，包括【去色】和【加色】两个选项。选择【去色】选项，可以降低图像的饱和度；选择【加色】选项，可以增加图像的饱和度。
- 【流量】选项：用于控制去色或加色处理时的强度。数值越大，效果越明显。

原图图像和经过减淡、加深、去色和加色后的效果图，如图 6-95 所示。

图 6-95 原图图像和经过减淡、加深、去色、加色后的效果

在照片拍摄中，运用好景深可以使拍摄的照片具有主体物突出的艺术效果，而利用 Photoshop CS6 的【模糊】工具 ![icon] 同样也能制作出类似的效果。如图 6-96 所示为原图及制作的景深效果。

图 6-96 原图像与制作的景深效果

范例操作 —— 制作景深效果

STEP 1 打开素材"图库\第 06 章"目录下名为"人物 04.jpg"的文件。

STEP 2 选择【模糊】工具，在属性栏中设置一个较大的画笔笔头，设置 强度：100% 的参数为"100%"，对画面中除人物外的背景进行涂抹，涂抹成如图 6-97 所示背景模糊的效果。

图 6-97 模糊处理后的效果

STEP 3 在模糊处理时，人物的轮廓边缘可能也会变模糊了，读者可以利用【历史记录画笔】工具将人物的轮廓边缘修复出来，恢复清晰的效果如图 6-98 所示。

图 6-98 还原图像前后的对比效果

STEP 4 使用【历史记录画笔】工具将人物及周围的背景恢复成清晰的效果，即可完成景深效果的制作。

STEP 5 按 Shift + Ctrl + S 组合键，将此文件命名为"景深效果 .jpg"另存。

6.3 课后习题

1. 打开素材"图库\第 06 章"目录下名为"人物 03.jpg"的图片文件。灵活运用各种修复工具对人物的面部进行美容。原图片及处理后的效果对比如图 6-99 所示。

图 6-99 原图片及处理后的效果对比

2. 打开素材"图库 \ 第 06 章"目录下名为"天空 .jpg"和"教堂 .jpg"的图片文件。利用【橡皮擦】
工具擦除教堂图片中的天空背景，然后用天空图片与其合成，效果如图 6-100 所示。

图 6-100 图片素材与合成后的效果

Chapter

7

第7章
绘画工具

绘画工具最主要的功能就是绘制各种各样的图形和图像。它包括画笔工具组和渐变工具组。画笔工具组中的工具主要用于绘制图形；渐变工具组中的工具主要用于为画面填充单色、渐变色和图案。灵活运用绘画工具，可绘制出非常逼真的画面效果，本章我们来具体讲解绘画工具的使用。

学习目标

- 掌握【画笔】工具的基本使用方法。

- 掌握【画笔】工具面板操作。

- 掌握【渐变】工具的基本使用方法。

- 掌握【渐变】工具面板操作。

7.1 绘画工具

画笔工具组中包括【画笔】工具、【铅笔】工具、【颜色替换】工具和【混合器画笔】工具，这 4 个工具的主要功能是用来绘制图形和修改图像颜色，灵活运用好绘画工具，可以绘制出各种各样的图像效果，使设计者的思想最大限度地表现出来。

7.1.1 画笔工具

选择【画笔】工具，在工具箱中设置前景色的颜色，即画笔的颜色，并在【画笔】对话框中选择合适的笔头，然后将鼠标指针移动到新建或打开的图像文件中单击并拖曳，即可绘制不同形状的图形或线条。

【画笔】工具的属性栏如图 7-1 所示。

画笔工具

图 7-1　【画笔】工具的属性栏

- 【画笔】选项：用来设置画笔笔头的形状及大小，单击右侧的【点按可打开"画笔预设"选项器】按钮，会弹出如图 7-2 所示的【画笔】设置面板。
- 【切换画笔调板】按钮：单击此按钮，可弹出【画笔】面板。
- 【模式】选项：可以设置绘制的图形与原图像的混合模式。
- 【不透明度】选项：用来设置画笔绘画时的不透明度，可以直接输入数值，也可以通过单击此选项右侧的按钮，再拖动弹出的滑块来调节。使用不同的数值绘制出的颜色效果如图 7-3 所示。

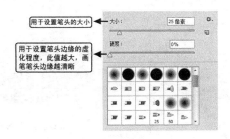

图 7-2　【画笔】设置面板

图 7-3　不同【不透明度】值绘制的颜色效果

- 【流量】选项：决定画笔在绘画时的压力大小，数值越大画出的颜色越深。
- 【喷枪】按钮：激活此按钮，使用画笔绘画时，绘制的颜色会因鼠标指针的停留而向外扩展，画笔笔头的硬度越小，效果越明显。

7.1.2 【画笔】面板

按F5键或单击属性栏中的【切换画笔面板】按钮，打开图 7-4 所示的【画笔】面板。该面板由 3 部分组成的，左侧部分主要用于选择画笔的属性；右侧部分用于设置画笔的具体参数；最下面部分是画笔的预览区域。

在设置画笔时，先选择不同的画笔属性，然后在其右侧的参数设置区中设置相应的参数，就可以将画笔设置为不同的形状。

- 画笔预设：用于查看、选择和载入预设画笔。拖动画笔笔尖形状窗口右侧

图 7-4　【画笔】面板

的滑块可以浏览其他形状。

- 【画笔笔尖形状】选项：用于选择和设置画笔笔尖的形状，包括角度、圆度等。
- 【形状动态】选项：用于设置随着画笔的移动笔尖形状的变化情况。
- 【散布】选项：决定是否使绘制的图形或线条产生一种笔触散射的效果。
- 【纹理】选项：可以使【画笔】工具产生图案纹理效果。
- 【双重画笔】选项：可以设置两种不同形状的画笔来绘制，首先通过【画笔笔尖形状】选项设置主笔刷的形状，再通过【双重画笔】选项设置次笔刷的形状。
- 【颜色动态】选项：可以将前景色和背景色进行不同程度的混合，通过调整颜色在前景色和背景色之间的变化情况以及色相、饱和度和亮度的变化，绘制出具有各种颜色混合效果的图形。
- 【传递】选项：用于设置画笔的不透明度和流量的动态效果。
- 【画笔笔势】选项：用于设置画笔笔头的不同倾斜状态及压力效果。
- 【杂色】选项，可以使画笔产生细碎的噪声效果，即产生一些小碎点效果。
- 【湿边】选项，可以使画笔绘制出的颜色产生中间淡四周深的润湿效果，用来模拟加水较多的颜料产生的效果。
- 【建立】选项，相当于激活属性栏中的【喷枪】按钮 ，使画笔具有喷枪的性质。即在图像中的指定位置按下鼠标后，画笔颜色将加深。
- 【平滑】选项，可以使画笔绘制出的颜色边缘较平滑。
- 【保护纹理】选项，当使用复位画笔等命令对画笔进行调整时，保护当前画笔的纹理图案不改变。

7.1.3 梅花绘制练习

本节通过绘制梅花来学习定义画笔笔尖的方法，并进一步了解【画笔】面板的使用，本节案例如图 7-5 所示。

梅花绘制练习

图 7-5 绘制的梅花

范例操作 —— **绘制梅花**

下面先来绘制梅花瓣并将其定义为画笔的笔尖。

STEP 01 新建【宽度】为"12 厘米"，【高度】为"12 厘米"，【分辨率】为"150 像素 / 英寸"

的白色文件。

STEP 选取【画笔】工具，单击属性栏中的【切换画笔面板】按钮，在弹出的【画笔】
面板中设置各项参数如图 7-6 所示。

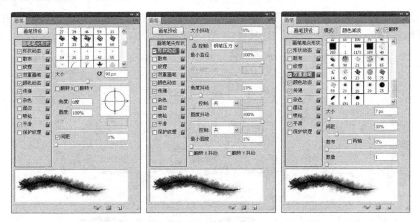

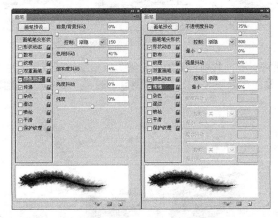

图 7-6 【画笔】面板各参数设置

STEP 新建"图层 1"，并将前景色设置为黑色，依次绘制出如图 7-7 所示的梅花花瓣图形。

STEP 执行【编辑】/【定义画笔预设】命令，在弹出的【画笔名称】对话框中设置画笔名称，
然后单击 确定 按钮，将梅花花瓣定义为画笔笔尖。

STEP 新建"图层 2"，利用【画笔】工具再绘制出图 7-8 所示的黑色梅花花瓣图形，
然后利用【矩形选框】工具，绘制一矩形选区，将其选中。

图 7-7 绘制的梅花花瓣

图 7-8 绘制的单个梅花花瓣

STEP 执行【编辑】/【定义画笔预设】命令，在弹出的【画笔名称】对话框中设置名称，
单击 确定 按钮，将选择的花瓣定义为画笔笔尖，关闭该文件不必存储。

下面利用定义的梅花笔尖来绘制连成一片的梅花，首先来绘制梅花的枝杆。

STEP 7 新建【宽度】为"10 厘米"，【高度】为"13 厘米"，【分辨率】为"200 像素 / 英寸"的白色文件。

STEP 8 将前景色设置为黑色，然后选取【画笔】工具，单击属性栏中的【切换画笔面板】按钮，在弹出的【画笔】面板中设置各项参数如图 7-9 所示。

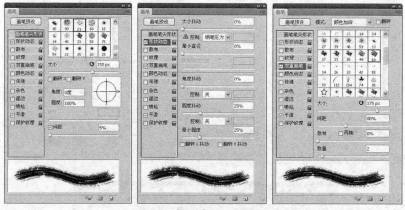

图 7-9 【画笔】面板参数设置

STEP 9 依次新建图层，利用设置的画笔笔尖，根据梅花枝干的生长规律，依次绘制出如图 7-10 所示的梅花枝杆。注意：在绘制时可以结合按键盘中的"["键和"]"键随时来修改笔尖的大小。

图 7-10 绘制的梅花枝干

STEP 10 打开【画笔】面板，重新设置各项参数如图 7-11 所示，然后依次绘制出稍细的梅花枝干，如图 7-12 所示。

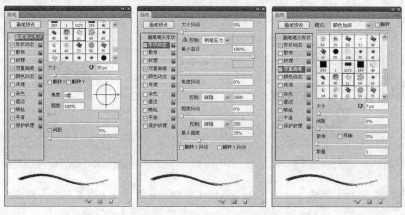

图 7-11 【画笔】面板参数设置

图 7-12　绘制的梅花枝干

STEP 11 将前景色设置为红色（R:255），然后打开【画笔】面板，选取前面定义的梅花笔尖并分别设置各项参数如图 7-13 所示。

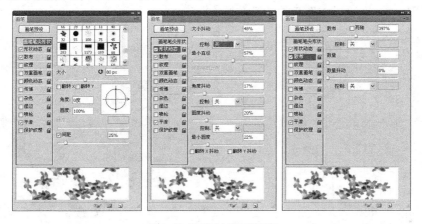

图 7-13　【画笔】面板参数设置

STEP 12 依次新建图层，利用【画笔】工具 ，通过设置不同的笔尖大小，在梅花枝干上依次绘制出如图 7-14 所示的红色梅花图形。

图 7-14　绘制的梅花图形

STEP 13 再次打开【画笔选项】面板，再选取如图 7-15 所示定义的单个梅花瓣笔尖，然后新建图层，在画面中再点缀绘制上几个单个的梅花瓣，效果如图 7-16 所示。

图 7-15 【画笔选项】面板

图 7-16 绘制的梅花图形

STEP 14 将前景色设置为黑色，打开【画笔选项】面板，选取笔尖并设置各项参数如图 7-17 所示，新建图层，依次绘制出如图 7-18 所示的黑色花蕊。

图 7-17 【画笔选项】面板

图 7-18 绘制的黑色花蕊

STEP 15 将前景色设置为黄色（R:255,G:216），在【画笔选项】面板选取如图 7-19 所示的笔尖，然后新建图层，依次在点缀上一些黄色的花蕊，效果如图 7-20 所示。

图 7-19 【画笔选项】面板

图 7-20 绘制的黄色花蕊

STEP 16 选取【直排文字】工具，单击属性栏中的【切换画笔面板】按钮，在弹出的【字符】面板中设置各项参数如图 7-21 所示，在画面中输入如图 7-22 所示的黑色文字。

图 7-21 【字符】面板

图 7-22 输入的文字

STEP 17 打开素材"图库\第 07 章"目录下名为"印章 .jpg"文件，将其移动复制到梅花画面中，调整大小后放置到如图 7-23 所示的位置，完成梅花的绘制。

图 7-23 绘制完成的梅花

STEP 18 按 Ctrl + S 组合键，将此文件另命名为"梅花 .psd"保存。

7.1.4 替换颜色工具

利用【颜色替换】工具 ✍ 可以对特定的颜色进行快速替换，同时保留图像原有的纹理。颜色替换后的图像颜色与工具箱中当前的前景色有关，所以在使用该工具时，首先要在工具箱中设定需要的前景色，或按住 Alt 键，在图像中直接设置色样，然后在属性栏中设置合适的选项后，在图像中拖曳光标，即可改变图像的色彩效果，如图 7-24 所示。

替换颜色工具

图 7-24 颜色替换效果对比

【颜色替换】工具的属性栏如图 7-25 所示。

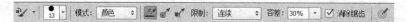

图 7-25 【颜色替换】工具的属性栏

- 【取样】按钮：用于指定替换颜色取样区域的大小。激活【连续】按钮，将连续取样来对拖曳鼠标指针经过的位置替换颜色；激活【一次】按钮，只替换第一次单击取样区域的颜色；激活【背景色板】按钮，只替换画面中包含有背景色的图像区域。
- 【限制】：用于限制替换颜色的范围。选择【不连续】选项，将替换出现在鼠标指针下任何位置的颜色；选择【连续】选项，将替换与紧挨鼠标指针下的颜色邻近的颜色；选择【查找边缘】选项，将替换包含取样颜色的连接区域，同时更好地保留图像边缘的锐化程度。
- 【容差】：指定替换颜色的精确度，此值越大替换的颜色范围越大。
- 【消除锯齿】：可以为替换颜色的区域指定平滑的边缘。

下面通过案例来学习【颜色替换】工具的使用方法，本节案例如图 7-26 所示。

图 7-26 图片素材及效果

范例操作 —— 颜色替换工具应用

STEP 1 打开素材"图库\第 07 章"目录下名为"SC_075.jpg"的文件。

STEP 2 设置前景色为紫红色（R:228,G:0,B:127），选取【颜色替换】工具，单击属性栏中【画笔】右侧的按钮，在弹出的面板中设置参数如图 7-27 所示。

STEP 3 按 Ctrl + J 组合键复制"背景"层为"图层 1"，用较大的笔尖将光标定位在树冠上，按住鼠标左键拖动，替换树冠上大面积区域的颜色。替换效果如图 7-28 所示。

STEP 4 单击属性栏中【画笔】右侧的按钮，在弹出的面板中重新设置参数如图 7-29 所示。

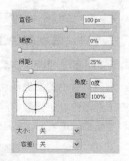

图 7-27 【颜色替换】工具参数设置

STEP 5 用较小的笔尖替换树冠边缘的颜色，替换状态如图 7-30 所示。

STEP 6 仔细修改替换颜色，最终效果如图 7-31 所示。

图 7-28　替换大面积区域的效果

图 7-29　【颜色替换】工具参数设置

图 7-30　替换树冠边缘颜色

图 7-31　替换完成后的效果

 按 Shift + Ctrl + S 组合键，将文件命名为"红色大树 .psd"保存。

7.1.5　铅笔工具

【铅笔】工具 与【画笔】工具类似，也可以在图像文件中绘制不同形状的图形及线条，只是在属性栏中多了一个【自动抹除】选项，这是【铅笔】工具所具有的特殊功能。

【铅笔】工具 的属性栏如图 7-32 所示。

铅笔工具

图 7-32 【铅笔】工具的属性栏

如果勾选了【自动抹除】复选框，在图像内与工具箱中的
前景色相同的颜色区域绘画时，铅笔会自动擦除此处的颜色而
显示背景色；在与前景色不同的颜色区绘画时，将以前景色的
颜色显示，如图 7-33 所示。

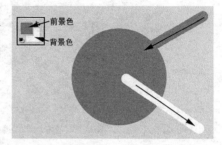

7.1.6　利用混合画笔绘制油画

【混合器画笔】工具可以借助混色器画笔和毛刷笔尖，
创建逼真、带纹理的笔触，轻松地将图像转变为绘图或创建独
特的艺术效果。原图片及处理后的绘画效果如图 7-34 所示。

图 7-33　勾选【自动抹除】复选框时绘制的图形

利用混合画笔
绘制油画

图 7-34 【混合器画笔】工具的绘画效果

　　【混合器画笔】工具的使用方法非常简单：选取【混合器画笔】工具，然后设置合适的笔头大小，
并在属性栏中设置好各选项参数后，在画面中拖动鼠标，即可将照片涂抹成水粉画效果。

　　【混合器画笔】工具的属性栏如图 7-35 所示。

图 7-35 【混合器画笔】工具的属性栏

- 【当前画笔载入】按钮■：可重新载入画笔、清理画笔或只载入纯色，让它和涂抹的颜色进行
  混合。具体的混合结果可通过后面的设置值进行调整。
- 【每次描边后载入画笔】按钮和【每次描边后清理画笔】按钮：控制每一笔涂抹结束后对画
  笔是否更新和清理。类似于在绘画时，一笔过后是否将画笔在水中清洗。
- 自定 下拉列表：在此下拉列表中可以选择预先设置好的混合选项。当选择某一种混合选
  项时，右边的 4 个选项设置值会自动调节为预设值。
- 【潮湿】选项：设置从画布拾取的油彩量。
- 【载入】选项：设置画笔上的油彩量。
- 【混合】选项：设置颜色混合的比例。
- 【流量】选项：设置描边的流动速率。

7.1.7　绘制水粉画和油画效果

　　本节我们通过绘制一张水粉风景画和油画效果来详细介绍【混合器画笔】工具的基本使用方法。本
节作品如图 7-36 所示。

图 7-36　绘制的水粉画及油画效果

范例操作 —— **绘制水粉画和油画**

STEP 1　打开素材"图库\第 07 章"目录下名为"SC_078.jpg"文件，如图 7-37 所示。

STEP 2　选取【混合器画笔】工具，如果读者使用的是专业绘图板，在画面左上角位置会出现一个奇特的小画笔形态窗口，里边是一支画笔。单击这个窗口，可以更换画笔的形态，比如把扁平的画笔转动一个角度，在绘画时可以通过捻动笔杆改变各个方向涂抹时的笔触效果，并在这个窗口中实时展现出来。由于笔者的计算机并没有使用绘图板，所以下面我们还是以鼠标操作为例来介绍该工具的使用方法。

STEP 3　在属性栏中单击笔头右侧的 按钮，打开【画笔设置】面板，选取如图 7-38 所示的画笔。

图 7-37　打开的图片

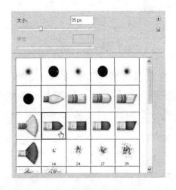

图 7-38　选取的画笔

STEP 4　单击属性栏中的【自定】选项窗口，在弹出的下拉列表中选取【湿润，深混合】选项，右边的 4 个选择数值会自动改变为预设值。

STEP 5　利用设置的画笔在画面中的草地上开始绘制，注意笔触的长短、方向和大小的控制，如图 7-39 所示。

图 7-39　绘制草地

STEP 06 继续利用不同大小、长短和方向的笔触来绘制房子、树及风车，效果如图 7-40 所示。

图 7-40 绘制的效果

STEP 07 在属性栏中打开【画笔设置】面板，重新选取如图 7-41 所示的画笔。

STEP 08 在天空中根据绘画的笔触规则来涂抹绘制天空，注意不要乱涂，其笔触的大小和方向应该遵循绘画技法中的笔触，效果如图 7-42 所示。

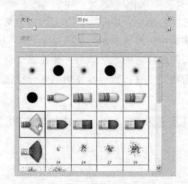

图 7-41 选取的画笔

图 7-42 绘制的天空

STEP 09 按 Shift + Ctrl + S 组合键，将文件重新命名为 "水粉画 .jpg" 存储。
如果在当前的画面中再叠加上一层油画的笔触肌理，该画面立刻会更加生动有趣，下面来添加。

STEP 10 打开素材 "图库 \ 第 07 章" 目录下名为 "SC_079.jpg" 的文件，如图 7-43 所示。

STEP 11 将油画肌理移动复制到绘制的水粉画画面中，在【图层】面板中将生成图层的【图层混合模式】设置为【叠加】，水粉画即可又变成了油画效果，如图 7-44 所示。

图 7-43 打开的图片

图 7-44 油画效果

STEP 12 按 Shift + Ctrl + S 组合键，将文件重新命名为 "油画 .psd" 存储。

7.1.8 定义画笔练习

除了系统自带的笔头形状外，用户还可以将自己喜欢的图像或图形定义为画笔笔头。下面来讲解定义画笔的方法。

定义画笔练习

范例操作 —— 自定义画笔并应用

STEP 1 打开素材"图库\第 07 章"目录下名为"蝴蝶 .jpg"的图片。

STEP 2 利用【魔棒】工具 将白色背景选取，然后按 Shift + Ctrl + [] 组合键将选区反选，反选后的选区状态如图 7-45 所示。

STEP 3 执行【编辑】/【定义画笔预设】命令，弹出如图 7-46 所示的【画笔名称】对话框，单击 确定 按钮，即可将选区内的图像定义为画笔。

图 7-45 反选后的选区形态　　　　　　　　　图 7-46 【画笔名称】对话框

提示

在定义画笔笔头之前最好将文件大小改小，否则定义的画笔笔头会很大。

STEP 4 选取【画笔】工具 ，并单击属性栏中的【切换画笔面板】按钮 ，在弹出的【画笔】面板中选择定义的"蝴蝶"图案，并设置【大小】和【间距】选项的参数如图 7-47 所示。

STEP 5 单击【形状动态】选项，然后设置右侧的选项参数如图 7-48 所示。

STEP 6 单击【散布】选项，然后设置右侧的选项参数如图 7-49 所示。

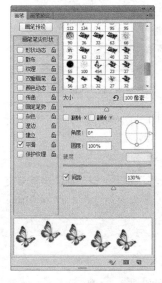

图 7-47 选择的图案及设置的参数　　　　图 7-48 设置的【形状动态】参数　　　　图 7-49 设置的【散布】参数

STEP 7 单击【颜色动态】选项，然后设置右侧的选项参数如图 7-50 所示。

STEP 8 将前景色设置为洋红色（R:255,B:255），背景色设置为黄色（R:255,G:255）。

STEP 9 打开素材"图库\第 07 章"目录下名为"蝴蝶背景.jpg"的文件，如图 7-51 所示。

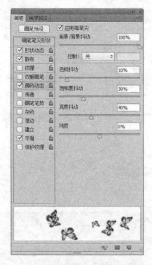

图 7-50 设置的【颜色动态】参数　　　　　　　　图 7-51 喷绘的图像

STEP 10 新建图层"图层 1"，然后在图像中单击或拖曳鼠标，即可喷绘定义的图像，效果如图 7-52 所示。

STEP 11 在【图层】面板中将"图层 1"的【图层混合模式】选项设置为【减去】模式，效果如图 7-53 所示。

图 7-52 填充渐变背景后的效果　　　　　　　　图 7-53 设置图层混合模式后的效果

STEP 12 按 Ctrl + S 组合键将此文件命名为"自定义画笔应用 .psd"保存。

在定义画笔笔头时，也可使用选区工具在图像中选择部分图像来定义画笔，如果希望创建的画笔带有锐边，则应当将选区工具属性栏中【羽化】选项的参数设置为"0 像素"；如果要定义具有柔边的画笔，可适当设置选区的【羽化】选项值。

7.1.9　美女化妆练习

下面主要利用【画笔】工具 为美女面部化妆，原图及化妆后的效果如图 7-54 所示。

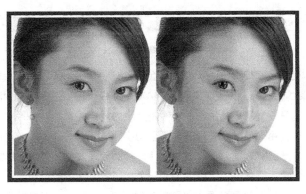

美女化妆练习

图 7-54 化妆前后的对比效果

范例操作 —— 美女化妆练习

STEP 1 打开素材"图库\第 07 章"目录下名为"SC_076.jpg"的文件，利用【缩放】工具 将人物的嘴部位置放大显示，如图 7-55 所示。

STEP 2 选取【画笔】工具，设置合适的笔头大小，并将属性栏中的 不透明度：30% 参数设置为"30%"。

STEP 3 在【图层】面板中新建"图层 1"，然后将前景色设置为红色（R:255）。

STEP 4 在画面中按照人物嘴部的轮廓形状，拖曳光标喷绘红色，效果如图 7-56 所示。

图 7-55 放大显示状态

图 7-56 涂抹的红色

STEP 5 将"图层 1"的【图层混合模式】选项设置为【颜色】选项。

STEP 6 用相同的方法对人物的腮部进行处理，制作腮红效果，即可完成人物的化妆练习。

STEP 7 按 Shift + Ctrl + S 组合键，将文件重新命名为"画笔美容.psd"存储。

7.2 渐变工具

【渐变】工具 是用来在选区内或在整个文档中填充渐变颜色的。

7.2.1 渐变填充工具

选择【渐变】工具 ，然后选择合适的渐变颜色及类型，再在图像中拖动鼠标，释放后，即可为图像填充渐变色。

【渐变】工具的属性栏如图 7-57 所示。

渐变填充工具

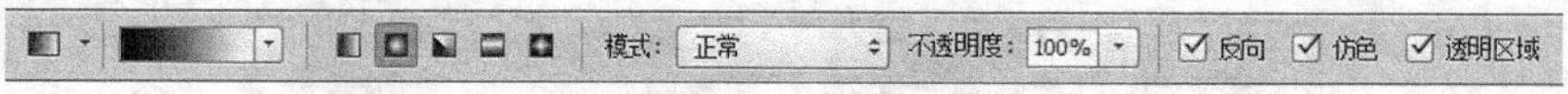

图 7-57 【渐变】工具属性栏

- 【点按可编辑渐变】按钮▇▇▇▇▇▇：单击颜色条部分，将弹出【渐变编辑器】窗口，用于编辑渐变色；单击右侧的 按钮，将会弹出【渐变选项】面板，用于选择已有的渐变选项。
- 【模式】选项：用来设置填充颜色与原图像所产生的混合效果。
- 【不透明度】选项：用来设置填充颜色的不透明度。
- 【反向】选项：勾选此复选框，在填充渐变色时将颠倒设置的渐变颜色排列顺序。
- 【仿色】选项：勾选此复选框，可以使渐变颜色之间的过渡更加柔和。
- 【透明区域】选项：勾选此复选框，【渐变编辑器】窗口中渐变选项的不透明度才会生效，否则，将不支持渐变选项中的透明效果。

1. 选择渐变样式

单击属性栏中【渐变】工具▇▇▇▇右侧的 按钮，弹出图 7-58 所示的【渐变样式】面板。在该面板中显示了许多渐变样式的缩略图，在缩略图上单击即可将该渐变样式选择。

单击【渐变样式】面板右上角的【选项】按钮 ✿，弹出菜单列表。该菜单中下面的部分命令是系统预设的一些渐变样式，选择相应命令后，在弹出的询问面板中单击 追加(A) 按钮，即可将选择的渐变样式载入到【渐变样式】面板中，如图 7-59 所示。

图 7-58 【渐变样式】面板

图 7-59 载入的渐变样式

2. 设置渐变方式

【渐变】工具的属性栏中包括【线性渐变】、【径向渐变】、【角度渐变】、【对称渐变】和【菱形渐变】5 种渐变方式，当选择不同的渐变方式时，填充的渐变效果也各不相同。

- 【线性渐变】按钮▇：可以在画面中填充鼠标指针拖曳距离的起点到终点的线性渐变效果，如图 7-60 所示。
- 【径向渐变】按钮▇：可以在画面中填充以鼠标指针的起点为中心，鼠标指针拖曳距离为半径的环形渐变效果，如图 7-61 所示。

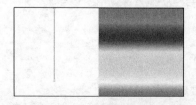

图 7-60 线性渐变的效果

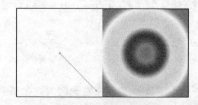

图 7-61 径向渐变的效果

- 【角度渐变】按钮▇：可以在画面中填充以鼠标指针起点为中心，自鼠标指针拖曳方向起旋转一周的锥形渐变效果，如图 7-62 所示。
- 【对称渐变】按钮▇：可以产生以经过鼠标指针起点与拖曳方向垂直的直线为对称轴的轴对称直

线渐变效果，如图 7-63 所示。

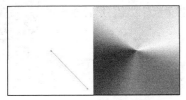

图 7-62　角度渐变的效果

图 7-63　对称渐变的效果

- 【菱形渐变】按钮■：可以在画面中填充以鼠标指针的起点
  为中心，鼠标指针拖曳的距离为半径的菱形渐变效果，如图
  7-64 所示。

3.【渐变编辑器】窗口

在【渐变】工具属性栏中单击【点按可编辑渐变】按钮 ![ ]
的颜色条部分，将会弹出如图 7-65 所示的【渐变编辑器】窗口。

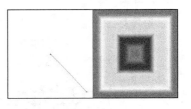

图 7-64　菱形渐变的效果

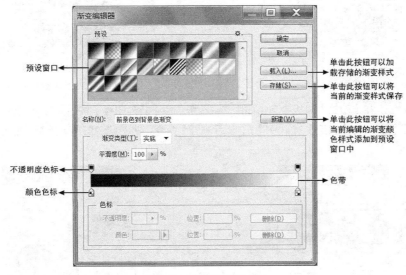

图 7-65　【渐变编辑器】窗口

- 【预设】：在预设窗口中提供了多种渐变样式，单击缩略图即可选择该渐变样式。
- 【渐变类型】：在此下拉列表中提供了【实底】和【杂色】两种渐变类型。
- 【平滑度】：此选项用于设置渐变颜色过渡的平滑程度。
- 【不透明度】色标：色带上方的色标称为不透明度色标，它可以根据色带上该位置的透明效果显
  示相应的灰色。当色带完全不透明时，不透明度色标显示为黑色；色带完全透明时，不透明度
  色标显示为白色。
- 【颜色】色标：左侧的色标■，表示该色标使用前景色；右侧的色标■，表示该色标使用背景色；
  当色标显示为■状态时，则表示使用的是自定义的颜色。
- 【不透明度】：当选中一个不透明度色标后，下方的【不透明度】选项可以设置该色标所在位置
  的不透明度，【位置】用于控制该色标在整个色带上的百分比位置。
- 【颜色】：当选中一个颜色色标后，【颜色】色块显示的是当前使用的颜色，单击该颜色块或在色
  标上双击，可在弹出的【拾色器】对话框中设置色标的颜色；单击【颜色】色块右侧的▶按钮，
  可以在弹出的菜单中将色标设置为前景色、背景色或用户颜色。

- 【位置】：可以设置色标在整个色带上的百分比位置；单击 [删除(D)] 按钮，可
以删除当前选择的色标。在需要删除的【颜色】色标上按下鼠标左键，然后向
上或向下拖曳，可以快速地删除【颜色】色标。

7.2.2　实色渐变填充练习

下面以为画面添加背景为例，来学习【渐变】工具 的灵活运用。

实色渐变填充练习

范例操作 —— 实色渐变填充练习

STEP 1 打开素材"图库\第 07 章"目录下名为"SC_071.jpg"文件，如图 7-66 所示。

STEP 2 将背景层转换为普通层，并利用【魔棒】工具 将白色的背景选择，按 Delete 键删除，效果如图 7-67 所示。

图 7-66　打开的图片

图 7-67　去除背景后的效果

STEP 3 在【图层】面板中单击如图 7-68 所示的【新建图层】按钮 ，新建一个图层。

STEP 4 执行【图层】/【排列】/【向后一层】命令，将新建的图层调整至"图层 0"的下方，如图 7-69 所示。

图 7-68　光标放置的位置

图 7-69　调整图层后的【图层】面板

STEP 5 选取【渐变】工具 ，然后单击颜色条 右侧的 按钮，在弹出的【渐变颜色】选项面板中选择如图 7-70 所示的渐变色。

STEP 6 单击属性栏中的【径向渐变】按钮 ，然后在画面中心位置按下鼠标并向右下方拖曳，释放鼠标后，即可为画面添加渐变背景，如图 7-71 所示。

图 7-70　选择的渐变颜色

图 7-71　填充渐变色后的效果

STEP 7 按 Shift + Ctrl + S 组合键，将此文件命名为"填充渐变背景 .psd"保存。

7.2.3　杂色渐变填充练习

下面来学习杂色渐变的设置方法与应用。

杂色渐变填充练习

范例操作 —— **填充杂色渐变**

STEP 1 打开素材"图库 \ 第 07 章"目录下名为"SC_072.jpg"的文件，如图 7-72 所示，利用【魔术橡皮擦】工具去除背景，然后新建图层并调整图层顺序，效果如图 7-73 所示。

图 7-72　打开的图片

图 7-73　去除背景并添加图层后的效果

STEP 2 选取【渐变】工具，然后单击属性栏中的颜色条，在弹出的【渐变编辑器】对话框中选择如图 7-74 所示的【杂色】选项。

STEP 3 将渐变类型设置为【杂色】后的【渐变编辑器】对话框，如图 7-75 所示。注意，每单击一次 随机化(Z) 按钮，将产生随机性的杂色渐变颜色，拖动【R】、【G】、【B】选项右侧的滑块，可调整杂色渐变的颜色。

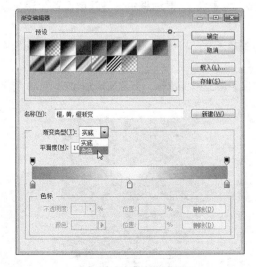

图 7-74　选择【杂色】选项

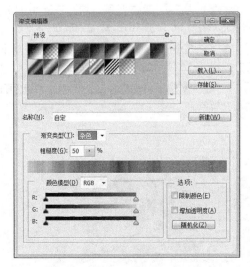

图 7-75　杂色渐变

STEP **4** 单击[确定]按钮，关闭对话框，然后分别在画面中自上向下或自右向左拖动鼠标。为画面添加如图 7-76 所示的杂色渐变背景。

图 7-76　添加背景后的效果

STEP **5** 按[Shift] + [Ctrl] + [S]组合键，将此文件命名为"填充杂色渐变 .psd"保存。

7.2.4　绘制小球效果

下面主要利用【椭圆选框】工具 和【渐变】工具 来绘制小球效果，如图 7-77 所示。

[范例操作]——绘制小球

STEP **1** 按[Ctrl] + [N]组合键，新建一个【宽度】为"10 厘米"，【高度】为"10 厘米"，【分辨率】为"200 像素 / 英寸"的新文件。

STEP **2** 单击前景色块，在弹出的【拾色器（前景色）】对话框中，将颜色设置为灰绿色（R:165,G:180,B:175），单击[确定]按钮。

图 7-77　绘制的小球效果

STEP **3** 单击背景色块，在弹出的【拾色器（背景色）】对话框中，将颜色设置为深灰色（R:45,G:50,B:50），单击[确定]按钮。

STEP **4** 选取【渐变】工具 ，并单击属性栏中 右侧的倒三角按钮，在弹出的面板中选择如图 7-78 所示的渐变样式。

STEP **5** 将光标移动文件中，按住[Shift]键，自下向上拖曳鼠标，为画面添加如图 7-79 所示的渐变颜色。

图 7-78　范例结果

图 7-79　设置的渐变颜色

STEP 6 单击【图层】面板底部的【新建图层】按钮 ，在【图层】面板中新建一图层"图层 1"。

STEP 7 选取【椭圆选框】工具 ，按住 Shift 键，在文件中拖曳鼠标，绘制出如图 7-80 所示的圆形选区。

STEP 8 将前景色设置为白色，背景色设置为绿色（R:150,G:190,B:10），选取【渐变】工具 ，并激活属性栏中的【径向渐变】按钮 。

STEP 9 将光标移动到圆形选区中的左下方部分按下并向右上方拖曳，状态如图 7-81 所示，释放鼠标后，填充的渐变颜色如图 7-82 所示。

图 7-80 绘制的圆形选区   图 7-81 拖曳鼠标状态   图 7-82 填充的渐变颜色

STEP 10 再次单击属性栏中 右侧的倒三角按钮，在弹出的面板中选择"前景色到透明渐变"的渐变样式，然后激活【线性渐变】按钮 。

STEP 11 单击【图层】面板底部的【新建图层】按钮 ，新建一图层"图层 2"，然后在选区的右上角位置自右上方向左下方拖曳，状态如图 7-83 所示。

STEP 12 释放鼠标后，按 Ctrl + D 组合键去除选区，填充的渐变色如图 7-84 所示。

图 7-83 拖曳鼠标状态   图 7-84 填充渐变色后的效果

STEP 13 新建"图层 3"，利用【椭圆选框】工具 绘制出图 7-85 所示的椭圆形选区，然后为其自上向下填充由黑色到透明的线性渐变。

STEP 14 按 Ctrl + D 组合键去除选区，然后执行【滤镜】/【模糊】/【高斯模糊】命令，在弹出的【高斯模糊】对话框中，设置参数如图 7-86 所示。

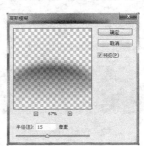

图 7-85 绘制的选区   图 7-86 设置的模糊参数

STEP 15 单击 确定 按钮，图形模糊后的效果如图 7-87 所示。

STEP 16 依次执行【图层】/【排列】/【向后一层】命令，将"图层 3"调整至"图层 1"的下方。
至此，小球绘制完成，整体效果如图 7-88 所示。

图 7-87　制作的阴影效果

图 7-88　绘制的小球及阴影

STEP 17 按 Ctrl + S 组合键，将此文件命名为"小球绘制 .psd"保存。

7.2.5　绘制透明泡泡

本节利用【渐变】工具 ▣ 来绘制透明的泡泡效果，本节案例如图 7-89 所示。

绘制透明泡泡练习

图 7-89　案例效果

范例操作 —— **绘制透明泡泡**

STEP 1 打开素材"图库 \ 第 07 章"目录下名为"SC_073.jpg"的文件，如图 7-90 所示。

STEP 2 新建"图层 1"，选取【椭圆选框】工具 ◯，按住 Shift 键绘制如图 7-91 所示的选区。

图 7-90　打开的图片

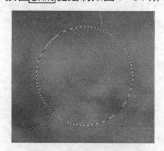

图 7-91　绘制的选区

STEP 3 选取【渐变】工具 ▣，打开【渐变编辑器】对话框，设置渐变颜色如图 7-92 所示。

STEP 4 单击 [确定] 按钮，单击属性栏中的【径向渐变】按钮 回，在选区内填充如图 7-93 所示的渐变色。

图 7-92 设置渐变颜色

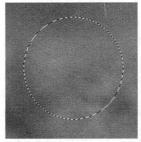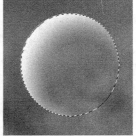

图 7-93 填充渐变颜色状态及效果

STEP 5 新建"图层 2"，选取【画笔】工具 ✐，在属性栏中设置适当的不透明度参数，利用白色在选区的边缘绘制白色，效果如图 7-94 所示。

STEP 6 执行【选择】/【变换选区】命令，给选区添加如图 7-95 所示的变形框。

STEP 7 将选区缩小后按 Enter 键确认操作，缩小后的选区如图 7-96 所示。

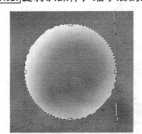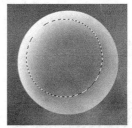

图 7-94 绘制的白色　　　　　　　图 7-95 添加的变形框　　　　　　图 7-96 缩小后的选区

STEP 8 按 Shift + F6 组合键，在弹出的【羽化选区】对话框中设置【羽化】值为 "20 像素"，单击 [确定] 按钮。

STEP 9 将"图层 1"设置为工作层，按 Delete 键删除白色，按 Ctrl + D 组合键去除选区，效果如图 7-97 所示。

STEP 10 将"图层 1"的不透明度设置为 40%，"图层 2"的不透明度设置为 60%，效果如图 7-98 所示。

STEP 11 新建"图层 3"，利用【钢笔】工具 ✐ 绘制出如图 7-99 所示的路径，按 Ctrl + Enter 组合键，将路径转换为选区。

图 7-97 删除白色效果　　　　　　图 7-98 设置不透明度后效果　　　　图 7-99 绘制的路径

STEP 12 利用【渐变】工具 给选区填充右白色到透明的渐变颜色，效果如图 7-100 所示。

STEP 13 按 Ctrl + D 组合键去除选区，将"图层 3"的不透明度设置为 30%，执行【滤镜】/【模糊】/【高斯模糊】命令，在弹出的【高斯模糊】对话框中设置参数如图 7-101 所示。

STEP 14 单击 确定 按钮，模糊后的效果如图 7-102 所示。

图 7-100 填充渐变颜色效果　　　　图 7-101 【高斯模糊】参数设置　　　　图 7-102 模糊后的效果

STEP 15 复制"图层 3"为"图层 3 副本"，按 Ctrl + T 组合键为"图层 3 副本"添加变形框，如图 7-103 所示。

STEP 16 执行【编辑】/【变换】/【水平翻转】命令，将图形翻转后移动到如图 7-104 所示的位置并调整一下宽度，按 Enter 键确认操作。

STEP 17 新建"图层 4"，利用【画笔】工具 绘制如图 7-105 所示的白色。

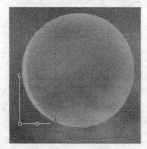

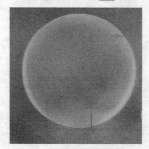

图 7-103 添加的变形框　　　　图 7-104 调整图形　　　　图 7-105 绘制的白色

STEP 18 执行【滤镜】/【模糊】/【高斯模糊】命令，设置【半径】为"6 像素"，单击 确定 按钮，效果如图 7-106 所示。

STEP 19 新建"图层 5"，选取【椭圆选框】工具 ，按住 Shift 键绘制如图 7-107 所示的选区。

图 7-106 模糊后的效果　　　　图 7-107 绘制的选区

STEP 20 选取【画笔】工具 ，在属性栏中设置设置【主直径】为 "100 像素"，【硬度】为 "0%"，【不透明度】为 "20%"，【流量】为 "100%"，在选区内绘制白色，去除选区后效果如图 7-108 所示。

STEP 21 隐藏背景层，新建 "图层 6"，按 Shift + Ctrl + Alt + E 组合键盖印图层。

STEP 22 显示背景层，执行【编辑】/【变换】/【扭曲】命令，将 "图层 6" 中的图形调整成如图 7-109 所示的形态。

图 7-108　绘制白色效果

图 7-109　调整变形

STEP 23 在【图层】面板中，将 "图层 6" 调整到 "图层 1" 的下方，单击【锁定透明像素】按钮 ，锁定透明像素，给图形填充上黑色，效果如图 7-110 所示。

STEP 24 在【图层】面板下面单击【添加图层蒙版】按钮 ，为 "图层 6" 添加蒙版。

STEP 25 选取【渐变】工具 ，打开【渐变编辑器】对话框，设置渐变颜色如图 7-111 所示。

图 7-110　填充黑色

图 7-111　设置渐变颜色

STEP 26 在蒙版中填充渐变颜色，操作状态及效果如图 7-112 所示。

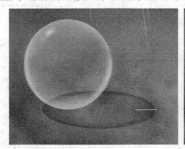

图 7-112　填充渐变颜色状态及效果

STEP 27 单击【锁定透明像素】按钮 ☒，取消"图层6"透明像素的锁定，执行【滤镜】/【模糊】/【高斯模糊】命令，在弹出的对话框中设置【半径】为"4像素"，单击 确定 按钮，模糊后的投影效果如图7-113所示。

STEP 28 打开素材"图库\第07章"目录下名为"SC_074.psd"文件。

STEP 29 选取【移动】工具 ⊹，将蜗牛移动复制到画面中，并将生成的图层放置在"图层1"的下方，效果如图7-114所示。

图7-113 模糊后投影效果

图7-114 添加的蜗牛图片

STEP 30 将"图层6"和"背景"层隐藏，新建"图层7"，按 Shift + Ctrl + Alt + E 组合盖印图层。

STEP 31 显示"图层6"和"背景"层，按 Ctrl + T 组合键为"图层7"添加如图7-115所示的变形框。

STEP 32 将图形缩小后移动到如图7-116所示的位置，按 Enter 键确认操作。

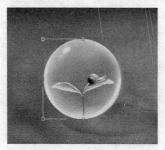

图7-115 添加的变形框

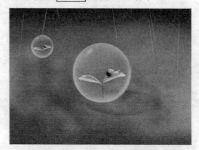

图7-116 缩小后的图形

STEP 33 选取【移动】工具 ⊹，按住 Alt 键在画面中再复制几个图形，结合变形框分别调整一下大小，复制出的图形如图7-117所示。

STEP 34 新建"图层8"，利用【画笔】工具 ✎ 在画面的下边位置绘制上一些白色的小点，效果如图7-118所示。

图7-117 复制出的图形

图7-118 绘制的白色点

STEP 35 按 Shift + Ctrl + S 组合键，将文件命名为 "泡泡 .psd" 保存。

7.3 课后习题

1. 打开素材 "图库 \ 第 07 章" 目录下名为 "天空 .jpg" 文件，灵活运用【渐变】工具 来制作彩虹效果，如图 7-119 所示。

图 7-119　绘制的彩虹效果

2. 打开素材 "图库 \ 第 07 章" 目录下名为 "美女 .jpg" 和 "边框 .jpg" 文件，首先是利用【画笔】工具结合图层的【混合模式】为女性形象化妆，然后利用【画笔】工具的【形状动态】、【散布】和【颜色动态】等功能来制作大头贴效果。原图与制作的大头贴效果如图 7-120 所示。

图 7-120　原图与制作的大头贴效果

Chapter

8

第8章
路径与矢量图形工具

　　有的读者可能已经发现，使用前面所学的工具很难绘制出精确的图形，而且直接使用【画笔】等工具在图像中绘制弧线非常困难，经常需要改来改去，不仅效果不理想，而且浪费时间。为了解决这一问题，Photoshop特别提供了一种有效的工具——路径。

学习目标

● 掌握路径工具基本使用方法。

● 掌握路径工具组以及路径面板的操作方法。

● 掌握利用路径精确选取图像的方法。

● 掌握各种复杂图形的绘制方法。

路径工具组

　　路径工具是一种矢量绘图工具，利用这些工具可以精确地绘制直线或光滑的曲线路径，并可以对它们进行精确的调整。

8.1.1　认识路径

　　路径是由一条或多条线段、曲线组成的，每一段都有锚点标记，通过编辑路径的锚点，可以很方便地改变路径的形状。路径的构成说明图如图 8-1 所示。其中角点和平滑点都属于路径的锚点，选中的锚点显示为实心方形，而未选中的锚点显示为空心方形。

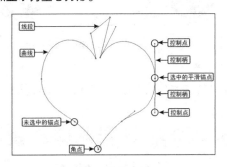

认识路径

图 8-1　路径构成说明图

　　在曲线路径上，每个选中的锚点将显示一条或两条调节柄，调节柄以控制点结束。调节柄和控制点的位置决定曲线的大小和形状，移动这些元素将改变路径中曲线的形状。

 提　示

　　路径不是图像中的真实像素，而只是一种矢量绘图工具绘制的线形或图形，对图像进行放大或缩小调整时，路径不会产生影响。

8.1.2　路径工具组

　　Photoshop CS6 提供的路径工具包括【钢笔】工具、【自由钢笔】工具、【添加锚点】工具、【删除锚点】工具、【转换点】工具、【路径选择】工具和【直接选择】工具。下面详细介绍这些工具的功能和使用方法。

路径工具组

1.【钢笔】工具

　　选择【钢笔】工具，在图像文件中依次单击，可以创建直线形态的路径；拖曳鼠标可以创建平滑流畅的曲线路径。将鼠标指针移动到第一个锚点上，当笔尖旁出现小圆圈时单击可创建闭合路径。在路径未闭合之前按住 Ctrl 键在路径外单击，可创建开放路径。绘制的曲线路径如图 8-2 所示。

图 8-2　绘制的直线路径和曲线路径

在绘制直线路径时，按住 Shift 键，可以限制在 45°的倍数方向绘制。在绘制曲线路径时，按住 Alt 键，拖曳鼠标可以调整控制点的方向，释放 Alt 键和鼠标左键，重新移动鼠标指针至合适的位置拖曳鼠标，可创建具有锐角的曲线路径，如图 8-3 所示。

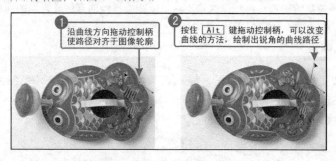

图 8-3 绘制具有锐角的曲线路径

路径工具属性栏

下面介绍【钢笔】工具的属性栏。

选择不同的绘制类型时，【钢笔】工具的属性栏也各不相同。当选择 路径 选项时，其属性栏如图 8-4 所示。

图 8-4 【钢笔】工具属性栏

- 路径 ：选择此选项，利用【钢笔】工具可以创建普通的工作路径，此时【图层】面板中不会生成新图层，仅在【路径】面板中生成工作路径。单击该选项按钮，可弹出【形状】和【像素】选项。选择 形状 选项，可以创建用前景色填充的图形，同时在【图层】面板中自动生成包括图层缩览图和矢量蒙版缩览图的形状层，并在【路径】面板中生成矢量蒙版。双击图层缩览图可以修改形状的填充颜色。当路径的形状调整后，填充的颜色及添加的效果会跟随一起发生变化；选择 像素 选项，可以绘制用前景色填充的图形，但不在【图层】面板中生成新图层，也不在【路径】面板中生成工作路径。注意，使用【钢笔】工具时此选项显示灰色，只有使用【矢量形状】工具时才可用。
- 【建立】选项：可以使路径与选区、蒙版和形状间的转换更加方便、快捷。绘制完路径后，右侧的按钮才变得可用。单击 选区... 按钮，可将当前绘制的路径转换为选区；单击 蒙版 按钮，可创建图层蒙版；单击 形状 按钮，可将绘制的路径转换为形状图形，并以当前的前景色填充。

 提示

注意 蒙版 按钮只有在普遍层上绘制路径后才可用，如在背景层或形状层上绘制路径，该选项显示为灰色。

- 运算方式 ：单击此按钮，在弹出的下拉列表中选择选项，可对路径进行相加、相减、相交或反交运算，该按钮的功能与选区运算相同。
- 路径对齐方式 ：可以设置路径的对齐方式，当有两条以上的路径被选择时才可用。
- 路径排列方式 ：设置路径的排列方式。
- 【选项】按钮 ，单击此按钮，将弹出【橡皮带】选项，勾选此选项，在创建路径的过程中，当鼠标移动时，会显示路径轨迹的预览效果。
- 【自动添加/删除】选项：在使用【钢笔】工具绘制图形或路径时，勾选此复选框，【钢笔】工具将具有【添加锚点】工具和【删除锚点】工具的功能。

- 【对齐边缘】选项：将矢量形状边缘与像素网格对齐，只有选择 形状 选项时该选项才可用。

2.【自由钢笔】工具

利用【自由钢笔】工具 ✐ 在图像文件中的相应位置拖曳鼠标，便可绘制出路径，并且在路径上自动生成锚点。当鼠标指针回到起始位置时，右下角会出现一个小圆圈，此时释放鼠标左键即可创建闭合钢笔路径；鼠标指针回到起始位置之前，在任意位置释放鼠标左键可以绘制一条开放路径；按住 Ctrl 键释放鼠标左键，可以在当前位置和起点之间生成一段线段闭合路径。另外，在绘制路径的过程中，按住 Alt 键单击，可以绘制直线路径；拖曳鼠标指针可以绘制自由路径。

【自由钢笔】工具 ✐ 的属性栏同【钢笔】工具的属性栏很相似，只是【磁性的】复选框替换了【自动添加 / 删除】复选框，如图 8-5 所示。

图 8-5 【自由钢笔】工具属性栏

单击【选项】按钮 ✿，将弹出【自由钢笔选项】面板，如图 8-6 所示。在该面板中可以定义路径对齐图像边缘的范围和灵敏度以及所绘路径的复杂程度。

图 8-6【自由钢笔选项】面板

- 【曲线拟合】选项：控制生成的路径与鼠标指针移动轨迹的相似程度。数值越小，路径上产生的锚点越多，路径形状越接近鼠标指针的移动轨迹。
- 【磁性的】复选框：勾选此复选框，【自由钢笔】工具将具有磁性功能，可以像【磁性套索】工具一样自动查找不同颜色的边缘。其下的【宽度】、【对比】和【频率】选项分别用于控制产生磁性的宽度范围、查找颜色边缘的灵敏度和路径上产生锚点的密度。
- 【钢笔压力】复选框：如果计算机连接了外接绘图板绘画工具，勾选此复选框，将应用绘图板的压力更改钢笔的宽度，从而决定自由钢笔绘制路径的精确程度。

3.【添加锚点】工具和【删除锚点】工具

选择【添加锚点】工具 ✎，将鼠标指针移动到要添加锚点的路径上，当鼠标指针显示为添加锚点符号时单击鼠标左键，即可在路径的单击处添加锚点，此时不会更改路径的形状。如果在单击的同时拖曳鼠标，可在路径的单击处添加锚点，并可以更改路径的形状。添加锚点操作示意图如图 8-7 所示。

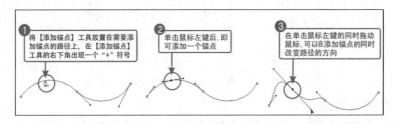

图 8-7 添加锚点操作示意图

选择【删除锚点】工具 ✎，将鼠标指针移动到要删除的锚点上，当鼠标指针显示为删除锚点符号时单击鼠标左键，即可将选择的锚点删除，此时路径的形状将重新调整以适合其余的锚点。在路径的锚点上单击并拖曳鼠标，可重新调整路径的形状。删除锚点操作示意图如图 8-8 所示。

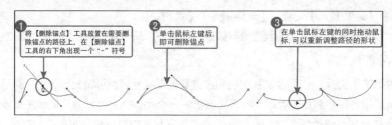

图8-8　删除锚点操作示意图

4.【转换点】工具

利用【转换点】工具 可以使锚点在角点和平滑点之间进行转换，并可以调整调节柄的长度和方向，以确定路径的形状。

（1）平滑点转换为角点

利用【转换点】工具 在平滑点上单击，可以将平滑点转换为没有调节柄的角点；当平滑点两侧显示调节柄时，拖曳鼠标调整调节柄的方向，使调节柄断开，可以将平滑点转换为带有调节柄的角点，如图8-9所示。

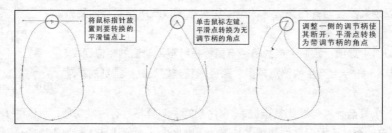

图8-9　平滑点转换为角点操作示意图

（2）角点转换为平滑点

在路径的角点上向外拖曳鼠标，可在锚点两侧出现两条调节柄，将角点转换为平滑点。按住 Alt 键在角点上拖曳鼠标，可以调整角点一侧的路径形状，如图8-10所示。

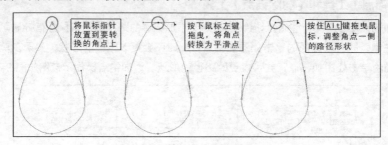

图8-10　角点转换为平滑点操作示意图

（3）调整调节柄编辑路径

利用【转换点】工具 调整带调节柄的角点或平滑点一侧的控制点，可以调整锚点一侧曲线路径的形状；按住 Ctrl 键调整平滑锚点一侧的控制点，可以同时调整平滑点两侧的路径形态。按住 Ctrl 键在锚点上拖曳鼠标，可以移动该锚点的位置，如图8-11所示。

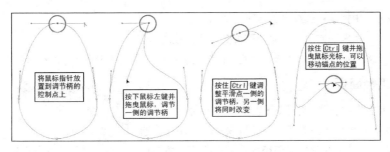

图 8-11　调整调节柄编辑路径操作示意图

5.【路径选择】工具

利用工具箱中【路径选择】工具 可以对路径和子路径进行选择、移动、对齐和复制等。当子路径上的锚点全部显示为黑色时，表示该子路径被选择。

（1）【路径选择】工具的选项

在工具箱中选择【路径选择】工具 ，其属性栏如图 8-12 所示。

路径选择工具

图 8-12　【路径选择】工具属性栏

- 当选择形状图形时，【填充】和【描边】选项才可用，用于对选择形状图形的填充颜色和描边颜色进行修改，同时还可设置描边的宽度及线形。
- 【W】和【H】选项：用于设置选择形状的宽度及高度，激活【保持长宽比】按钮 ，将保持长宽比例。
- 【约束路径拖动】选项：默认情况下，利用【路径选择】工具 调整路径的形态时，锚点相邻的边也会做整体调整；当勾选此选项后，将只能对两个锚点之间的线段做调整。

（2）选择、移动和复制子路径

利用工具箱中【路径选择】工具 可以对路径和子路径进行选择、移动和复制操作。

- 选择工具箱中的【路径选择】工具 ，单击子路径可以将其选中。
- 在图像窗口中拖曳鼠标，鼠标拖曳范围内的子路径可以同时被选择。
- 按住 Shift 键，依次单击子路径，可以选择多个子路径。
- 在图像窗口中拖曳被选择的子路径可以进行移动。
- 按住 Alt 键，拖曳被选择的子路径，可以将被选择的子路径进行复制。
- 拖曳被选择的子路径至另一个图像窗口，可以将子路径复制到另一个图像文件中。
- 按住 Ctrl 键，在图像窗口中选择路径，【路径选择】工具 切换为【直接选择】工具 。

6.【直接选择】工具

【直接选择】工具 可以选择和移动路径、锚点以及平滑点两侧的方向点。

选择工具箱中的【直接选择】工具 ，单击子路径，其上显示出白色的锚点，这时锚点并没有被选择。

- 单击子路径上的锚点可以将其选择，被选择的锚点显示为黑色。
- 在子路径上拖曳鼠标，鼠标拖曳范围内的锚点可以同时被选中。
- 按住 Shift 键，可以选择多个锚点。
- 按住 Alt 键，单击子路径，可以选择整个子路径。
- 在图像中拖曳两个锚点间的一段路径，可以直接调整这一段路径的形态和位置。

- 在图像窗口中拖曳被选择的锚点可以进行移动。
- 拖曳平滑点两侧的方向点，可以改变其两侧曲线的形态。
- 按住 Ctrl 键，在图像窗口中选择路径，【直接选择】工具 ▶ 将切换为【路径选择】工具 ▶。

8.1.3 路径面板

【路径】面板主要用于显示绘图过程中存储的路径、工作路径和当前矢量蒙版的名称及缩略图，并可以快速地在路径和选区之间进行转换，用设置的颜色为路径描边或在路径中填充前景色等。【路径】面板如图 8-13 所示。

图 8-13 【路径】面板

路径面板

下面介绍【路径】面板中各按钮的功能。

- 【用前景色填充路径】按钮 ● ：单击此按钮，将以前景色填充创建的路径。
- 【用画笔描边路径】按钮 ○ ：单击此按钮，将以前景色为创建的路径描边，其描边宽度为 1 像素。
- 【将路径作为选区载入】按钮 ※ ：单击此按钮，可以将创建的路径转换为选区。
- 【从选区生成工作路径】按钮 ◇ ：确认图形文件中有选区，单击此按钮，可以将选区转换为路径。
- 【添加蒙版】按钮 ▣ ：当页面中有路径的情况下单击此按钮，可为当前层添加图层蒙版，如当前层为背景层，将直接转换为普通层。当页面中有选区的情况下单击此按钮，将以选区的形式添加图层蒙版，选区以外的图像会被隐藏。
- 【新建新路径】按钮 ◲ ：单击此按钮，可在【路径】面板中新建一个路径。若【路径】面板中已经有路径存在，将鼠标指针放置到创建的路径名称处，按下鼠标左键向下拖曳至此按钮处释放鼠标，可以完成路径的复制。
- 【删除当前路径】按钮 🗑 ：单击此按钮，可以删除当前选择的路径。

1. 存储工作路径

默认情况下，利用【钢笔】工具或矢量形状工具绘制的路径是以"工作路径"形式存在的。工作路径是临时路径，如果取消其选择状态，当再次绘制路径时，新路径将自动取代原来的工作路径。如果工作路径在后面的绘图过程中还要使用，应该保存路径以免丢失。存储工作路径有以下两种方法。

在【路径】面板中，将鼠标指针放置到"工作路径"上按下鼠标左键并向下拖曳，至【创建新路径】按钮 ◲ 释放鼠标左键，即可将其以"路径 1"名称为其命名，且保存路径。

选择要存储的工作路径，然后单击【路径】面板右上角的【选项】按钮 ▤，在弹出的菜单中选择【存储路径】命令，弹出【存储路径】对话框，将工作路径按指定的名称存储。

在绘制路径之前，单击【路径】面板底部的【创建新路径】按钮 ◲ 或者按住 Alt 键单击【创建新路径】按钮 ◲ 创建一个新路径，然后再利用【钢笔】或矢量形状工具绘制，系统将自动保存路径。

2. 路径的显示和隐藏

在【路径】面板中单击相应的路径名称，可将该路径显示。单击【路径】面板中的灰色区域或在路径没有被选择的情况下按 Esc 键，可将路径隐藏。

8.1.4 形状工具

矢量图形工具主要包括【矩形】工具、【圆角矩形】工具、【椭圆】工具、【多边形】

形状工具

工具、【直线】工具和【自定形状】工具。它们的使用方法非常简单，选择相应的工具后，在图像文件中拖曳鼠标指针，即可绘制出需要的矢量图形。

- 【矩形】工具■：使用此工具，可以在图像文件中绘制矩形。按住Shift键可以绘制正方形。
- 【圆角矩形】工具■：使用此工具，可以在图像文件中绘制具有圆角的矩形。当属性栏中的【半径】值为"0"时，绘制出的图形为矩形。
- 【椭圆】工具●：使用此工具，可以在图像文件中绘制椭圆图形。按住Shift键，可以绘制圆形。
- 【多边形】工具●：使用此工具，可以在图像文件中绘制正多边形或星形。在其属性栏中可以设置多边形或星形的边数。
- 【直线】工具╱：使用此工具，可以绘制直线或带有箭头的线段。在其属性栏中可以设置直线或箭头的粗细及样式。按住Shift键，可以绘制方向为 45° 倍数的直线或箭头。
- 【自定形状】工具🐾：使用此工具，可以在图像文件中绘制出各类不规则的图形和自定义图案。

1.【矩形】工具

当【矩形】工具■处于激活状态时，单击属性栏中的【选项】按钮●，系统弹出如图 8-14 所示的【矩形选项】面板。

图 8-14 【矩形选项】面板

- 【不受约束】：点选此单选项后，在图像文件中拖曳鼠标可以绘制任意大小和任意长宽比例的矩形。
- 【方形】：点选此单选项后，在图像文件中拖曳鼠标可以绘制正方形。
- 【固定大小】：点选此单选项后，在后面的文本框中设置固定的长宽值，再在图像文件中拖曳鼠标，只能绘制固定大小的矩形。
- 【比例】：选择此选项后，在后面的文本框中设置矩形的长宽比例，再在图像文件中拖曳鼠标，只能绘制设置的长宽比例的矩形。
- 【从中心】：勾选此复选框后，在图像文件中以任何方式创建矩形时，鼠标指针的起点都为矩形的中心。

2.【圆角矩形】工具

【圆角矩形】工具■的用法和属性栏都同【矩形】工具相似，只是属性栏中多了一个【半径】选项，此选项主要用于设置圆角矩形的平滑度，数值越大，边角越平滑。

3.【椭圆】工具

【椭圆】工具●的用法及属性栏与【矩形】工具的相同，在此不再赘述。

4.【多边形】工具

【多边形】工具●是绘制正多边形或星形的工具。在默认情况下，激活此按钮后，在图像文件中拖曳鼠标指针可绘制正多边形。【多边形】工具的属性栏也与【矩形】工具的相似，只是多了一个设置多边形或星形边数的【边】选项。单击属性栏中的【选项】按钮●，系统将弹出如图 8-15 所示的【多边形选项】面板。

图 8-15 【多边形选项】面板

- 【半径】：用于设置多边形或星形的半径长度。设置相应的参数后，只能绘制固定大小的正多边形或星形。
- 【平滑拐角】：勾选此复选框后，在图像文件中拖曳鼠标指针，可以绘制圆角效果的正多边形或星形。
- 【星形】：勾选此复选框后，在图像文件中拖曳鼠标指针，可以绘制边向中心位置缩进的星形图形。
- 【缩进边依据】：在右边的文本框中设置相应的参数，可以限定边缩进的程度，取值范围为 1% ～ 99%，数值越大，缩进量越大。只有勾选了【星形】复选框后，此选项才可以设置。

- 【平滑缩进】：此选项可以使多边形的边平滑地向中心缩进。

5.【直线】工具

【直线】工具 的属性栏也与【矩形】工具的相似，只是多了 个设置线段或箭头粗细的【粗细】选项。单击属性栏中的【选项】按钮，系统将弹出如图 8-16 所示的【箭头】面板。

- 【起点】：勾选此复选框后，在绘制线段时起点处带有箭头。
- 【终点】：勾选此复选框后，在绘制线段时终点处带有箭头。

图 8-16 【箭头】面板

- 【宽度】：在后面的文本框中设置相应的参数，可以确定箭头宽度与线段宽度的百分比。
- 【长度】：在后面的文本框中设置相应的参数，可以确定箭头长度与线段长度的百分比。
- 【凹度】：在后面的文本框中设置相应的参数，可以确定箭头中央凹陷的程度。其值为正值时，箭头尾部向内凹陷；为负值时，箭头尾部向外凸出；为"0"时，箭头尾部平齐，如图 8-17 所示。

图 8-17 当【凹度】数值设置为"50"、"-50"和"0"时绘制的箭头图形

6.【自定形状】工具

【自定形状】工具 的属性栏也与【矩形】工具的相似，只是多了一个【形状】选项，单击此选项后面的【点按可打开"自定形状"拾色器】按钮，系统会弹出如图 8-18 所示的【自定形状选项】面板。

在面板中选择所需要的图形，然后在图像文件中拖曳鼠标，即可绘制相应的图形。

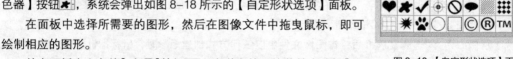

图 8-18 【自定形状选项】面板

单击面板右上角的【选项】按钮，在弹出的下拉菜单中选择【全部】命令，在再次弹出的询问面板中单击 确定 按钮，即可将全部的图形显示，如图 8-19 所示。

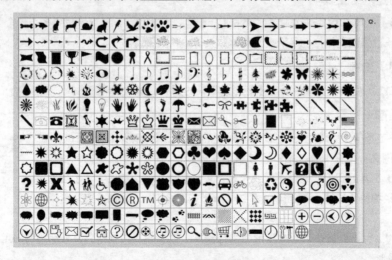

图 8-19 全部显示的图形

再次单击【选项】按钮，在弹出的下拉菜单中选择【复位形状】命令，在再次弹出的询问面板中单击 确定 按钮，可恢复默认的图形显示。

下面灵活运用【画笔】工具、【画笔】面板、路径工具及矢量图形工具绘制出如图 8-20 所示的壁纸效果。

图 8-20　绘制的壁纸效果

范例操作 —— **绘制壁纸效果**

STEP 1 新建一个【宽度】为"27 厘米",【高度】为"20 厘米",【分辨率】为"120 像素 / 英寸",【颜色模式】为"RGB 颜色",【背景内容】为"白色"的文件。

STEP 2 选择【渐变】工具,并在【渐变编辑器】窗口中设置渐变颜色如图 8-21 所示。

STEP 3 单击 确定 按钮,然后激活属性栏中的【径向渐变】按钮,再将鼠标指针移动到画面的右上角位置按下并向左下方拖曳,为画面添加如图 8-22 所示的渐变背景。

图 8-21　设置的渐变颜色

图 8-22　填充的渐变色

STEP 4 打开"图库 / 第 08 章"素材文件中名为"鲜花 .psd"的文件,如图 8-23 所示。

STEP 5 执行【编辑】/【定义画笔预设】命令,弹出如图 8-24 所示的【画笔名称】对话框,单击 确定 按钮,将图像定义为画笔笔头。

图 8-23　打开的图片

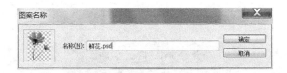

图 8-24　【画笔名称】对话框

STEP 6 选择【画笔】工具,再单击属性栏中的【切换画笔面板】按钮,在弹出的【画笔】面板中分别设置各选项及参数,如图 8-25 所示。

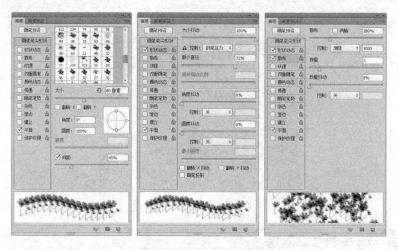

图 8-25　设置的选项及参数

STEP 7 新建"图层 1"，然后将前景色设置为蓝紫色（ R:190,G:190,B:255 ）。

STEP 8 将鼠标指针移动到画面的下方位置拖曳，喷绘出如图 8-26 所示的图形。

STEP 9 将前景色设置为白色，然后在新建的"图层 2"中再喷绘出如图 8-27 所示的白色图形，注意画笔笔头的大小设置。

图 8-26　喷绘出的图形

图 8-27　喷绘出的图形

STEP 10 新建"图层 3"，选择【自定形状】工具 ，并单击属性栏中【形状】选项右侧的【点按可打开"自定形状"拾色器】按钮 ，在弹出的【自定形状选项】面板中选择如图 8-28 所示的形状图形。

STEP 11 在属性栏中选择 像素 选项，然后在画面的中心位置绘制出如图 8-29 所示的心形图形。

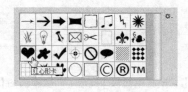

图 8-28　选择的形状图形

图 8-29　绘制出的心形图形

STEP **12** 在【图层】面板中，将"图层 3"复制为"图层 3 副本"层，然后利用【自由变换】命令将复制出的心形图形以中心等比例缩小至如图 8-30 所示的形状。

STEP **13** 按 Enter 键确认，然后执行【图层】/【图层样式】/【斜面和浮雕】命令，弹出【图层样式】对话框，设置选项及参数如图 8-31 所示。

图 8-30　复制图形调整后的大小

图 8-31　斜面和浮雕参数

STEP **14** 依次设置【描边】和【渐变叠加】选项的参数如图 8-32 所示。

图 8-32　设置的选项及参数

STEP **15** 单击 确定 按钮，心形图形添加图层样式后的效果如图 8-33 所示。

STEP **16** 将"图层 3"设置为工作层，然后执行【图层】/【图层样式】/【投影】命令，在弹出的【图层样式】对话框中将混合模式选项右侧的颜色设置为深绿色（R:10,G:82），再设置其他选项及参数如图 8-34 所示。

图 8-33　添加图层样式后的效果

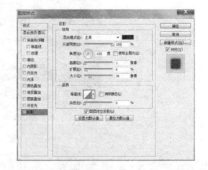

图 8-34　【图层样式】对话框参数设置

STEP **17** 单击 确定 按钮，下方心形图形添加投影后的效果如图 8-35 所示。

STEP **18** 新建"图层 4"，利用【钢笔】工具 ✐ 和【转换点】工具 ▷ 绘制出如图 8-36 所示的路径。

图 8-35 添加投影后的效果   图 8-36 绘制出的路径

STEP 19 按Ctrl + Enter组合键将路径转换为选区，然后为其填充白色，如图 8-37 所示。

STEP 20 按Ctrl + D组合键去除选区，然后继续利用【钢笔】工具 和【转换点】工具 绘制路径，转换为选区后为其填充白色，效果如图 8-38 所示。

STEP 21 将"图层 4"复制为"图层 4 副本"层，然后利用【自由变换】命令将复制出的图形旋转并调整至如图 8-39 所示的位置。

图 8-37 绘制的图形   图 8-38 绘制的图形   图 8-39 调整后的图形

STEP 22 新建"图层 5"，灵活运用【钢笔】工具 和【转换点】工具 及复制、【垂直翻转】和【水平翻转】命令绘制出如图 8-40 所示的图形。

图 8-40 绘制出的图形

STEP 23 新建"图层 6"，利用【钢笔】工具 和【转换点】工具 及复制、【水平翻转】命令，绘制出如图 8-41 所示的图形。

STEP 24 选择【自定形状】工具 ，并单击属性栏中【形状】选项右侧的【点按可打开"自定形状"拾色器】按钮 ，在弹出的【自定形状选项】面板中单击右上角的【选项】按钮 。

STEP ⤓**25**　在弹出的下拉列表中选择【全部】命令，然后在弹出的询问面板中单击 确定 按钮。

STEP ⤓**26**　在【自定形状选项】面板中拖曳右侧的滑块，然后选择如图 8-42 所示的形状图形。

图 8-41　绘制的图形

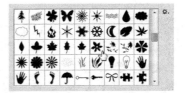

图 8-42　选择的形状图形

STEP ⤓**27**　在属性栏中选择 形状 ⬍ 选项，然后按住 Shift 键绘制出如图 8-43 所示的图形。

STEP ⤓**28**　继续按住 Shift 键并依次拖曳鼠标指针，绘制出如图 8-44 所示的花形图形。

图 8-43　绘制的花形

图 8-44　依次绘制出的花形

提示

在绘制图形时，按住 Shift 键拖曳，可确保拖曳出的图形在同一形状层中。

STEP ⤓**29**　释放 Shift 键后，再按住 Shift 键依次绘制出如图 8-45 所示的大花形图形。

STEP ⤓**30**　在【图层】面板中，将生成"形状 2"层的【填充】选项参数设置为"30"，再将"形状 2"层调整至"图层 3"层下方，效果如图 8-46 所示。

图 8-45　绘制的大花形图形

图 8-46　调整不透明度及堆叠顺序后的效果

STEP ⤓**31**　将"形状 1"层设置为工作层，然后在【自定形状】选项面板中选择如图 8-47 所示的形状图形。

STEP <32> 按住 Shift 键依次在画面中拖曳，绘制出如图 8-48 所示的星形图形。

图 8-47　选择的形状图形

图 8-48　绘制的星形图形

STEP <33> 至此，壁纸效果制作完成，按 Ctrl + S 组合键，将此文件命名为"壁纸效果 .psd"保存。

8.2　编辑与应用路径

由于使用路径和矢量图形工具可以绘制较为精确的图形，且易于操作，因此在实际工作中它们被广泛应用。下面以几种案例来详细讲解路径工具的应用。

8.2.1　路径抠图

本节主要学习使用【路径】工具选择背景图中的图像，原素材图片及选择后的效果如图 8-49 所示。

路径抠图

图 8-49　素材图片及选择后的效果

范例操作 —— **选取图像**

STEP <1> 按 Ctrl + O 键，将素材"图库\第 08 章"目录下名为"瓷娃娃 .jpg"的图片文件打开。

STEP <2> 选择【缩放】工具 🔍，在画面中按住鼠标左键并拖曳，将画面放大显示，状态如图 8-50 所示。

STEP <3> 选择【钢笔】工具 ✎，确认属性栏中选择的 路径 选项，将光标移动到瓷娃娃头部的边缘处，单击添加第 1 个控制点，如图 8-51 所示。

图 8-50 放大显示图像时的状态

图 8-51 添加的第 1 个控制点

STEP 📷4 将光标移动到结构转折的位置单击添加第 2 个控制点，如图 8-52 所示。

STEP 📷5 继续沿着头部在结构转折的位置添加控制点，如图 8-53 所示。

图 8-52 添加的第 2 个控制点

图 8-53 添加的第 3 个控制点

STEP 📷6 按住Alt键，此时鼠标会切换到【转换点】工具▷，将光标移动至第 2 个控制点上，按住鼠标左键并拖曳，会出现两条控制柄，通过调控制柄的长度和方向，使路径紧贴于图像边缘，如图 8-54 所示。

STEP 📷7 释放鼠标左键后，接着再调整其中的一个控制柄，此时另外的一个控制柄就被锁定，如图 8-55 所示。这样可以非常精确地将路径贴齐图像的轮廓边缘。

图 8-54 调整后的路径形态

图 8-55 精确调整后的路径形态

STEP 用与步骤 3 ~ 7 相同的方法，沿瓷娃娃的边缘绘制并调整出如图 8-56 所示的闭合路径。

![提示]

当绘制到窗口的边缘位置而无法再继续添加控制点时，可以按住空格键，将路径形态的光标暂时切换成【抓手】工具，此时，按住鼠标左键拖动，可以平移图像在窗口中的显示位置，松开空格键后光标变为钢笔形状，可继续沿着人物的轮廓来绘制路径。

STEP 9 按Ctrl + Enter组合键，将路径转换为选区，形态如图 8-57 所示。

图 8-56 绘制的闭合路径

图 8-57 转换的选区形态

STEP 10 按Ctrl + J组合键，将选区中的内容通过复制生成"图层 1"，然后在【图层】面板中单击"背景"层左侧的 图标，将其隐藏，此时的画面效果及【图层】面板如图 8-58 所示。

图 8-58 通过复制生成的图像及【图层】面板

STEP 11 用以上所述绘制路径的方法，在胳膊与腰间的位置绘制路径，如图 8-59 所示。

STEP 12 按Ctrl + Enter组合键，将路径转换为选区，然后按Delete键，将选择的内容删除，效果如图 8-60 所示。

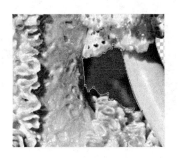

图 8-59　绘制的路径

图 8-60　删除背景后的效果

STEP 13 按Ctrl + D组合键，去除选区，然后用与步骤 11 ~ 12 相同的方法，将另一侧胳膊下方的背景删除，效果如图 8-61 所示。

STEP 14 再次按Ctrl + D组合键，去除选区。至此，利用路径选取边缘复杂的图像已操作完成，选择后的图像如图 8-62 所示。

图 8-61　删除背景后的效果

图 8-62　选区后的图像

STEP 15 按Shift + Ctrl + S组合键，将文件另命名为"路径选取人物 .psd"保存。

8.2.2　绘制邮票

下面利用【路径】面板中的描绘路径功能结合【橡皮擦】工具，来绘制如图 8-63所示的邮票效果。

绘制邮票

范例操作 —— 绘制邮票

STEP 1 新建【宽度】为"20 厘米"，【高度】为"10 厘米"，【分辨率】为"200 像素 / 英寸"的白色文件。

STEP 2 打开素材"图库 \ 第 08 章"目录下名为"SC_086.jpg"的山水画文件，然后将其移动复制到新建文件中，并调整图像的大小，使其全部显示，如图 8-64 所示。

STEP 3 利用【矩形选框】工具[ ]根据调整图像的大小绘制矩形选区，然后单击【路径】面板右上角的【选项】按钮[ ]，在弹出的菜单中选择【建立工作路径】命令，弹出【建立工作路径】对话框，参数设置为"0.5"，单击[确定]按钮，将选区转换为路径。

图 8-63　制作的邮票效果

图 8-64　绘制的路径

STEP 04 选取【橡皮擦】工具，在属性栏中将【不透明度】选项设置为"100%"，再单击【切换画笔面板】按钮，在弹出的【画笔】面板中设置参数如图 8-65 所示。

STEP 05 单击【路径】面板右上角的【选项】按钮，在弹出的菜单中选择【描边路径】命令，在弹出的【描边路径】对话框中将【工具】选项设置为【橡皮擦】，如图 8-66 所示。

图 8-65　设置橡皮擦工具参数

图 8-66　选择的选项

STEP 06 单击 确定 按钮，即可对图像进行擦除，单击【路径】面板中的空白处，将路径隐藏。

利用橡皮擦擦除得到如图 8-67 所示的邮票边缘锯齿效果。

STEP 07 执行【图层】/【图层样式】/【投影】命令，在弹出的【图层样式】对话框中设置参数如图 8-68 所示。

图 8-67　生成的锯齿效果

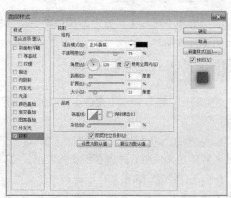

图 8-68　设置的【图层样式】参数

STEP 8 单击 确定 按钮，添加的投影效果如图 8-69 所示。

STEP 9 在【路径】面板中单击路径将其显示，然后按 Ctrl + Enter 键，将路径转换为选区。

STEP 10 执行【选择】/【修改】/【收缩】命令，在弹出的【收缩选区】对话框中将【收缩量】选项设置为 "30" 像素，单击 确定 按钮。

STEP 11 按 Shift + Ctrl + I 组合键，将选区反选。

STEP 12 打开【图层】面板，单击左上角的【锁定透明像素】按钮 ，锁定透明像素，然后为选区填充白色，去除选区后，即可完成邮票效果的制作，如图 8-70 所示。

图 8-69 添加的投影效果　　　　　　　　　　　　　　　图 8-70 制作的邮票效果

STEP 13 按 Ctrl + S 组合键，将文件命名为 "邮票效果 .psd" 保存。

8.2.3 绘制霓虹灯效果

下面主要学习利用【路径】面板中的【用画笔描边路径】按钮 来制作霓虹灯效果，在制作过程中，用到了比较多的编辑路径操作，希望读者注意。

范例操作 —— **制作霓虹灯效果**

STEP 1 按 Ctrl + O 键，将素材 "图库＼第 08 章" 目录下名为 "SC_087. jpg" 的图像文件打开，如图 8-71 所示。

STEP 2 利用【缩放】工具 ，将画面中的店面招牌位置放大显示，然后在【路径】面板中单击【创建新路径】按钮 新建 "路径 1"，并利用【钢笔】工具 和【转换点】工具 ，绘制出如图 8-72 所示的路径。

绘制霓虹灯效果

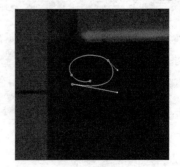

图 8-71 打开的图像文件　　　　　　　　　　　　　　　图 8-72 绘制的路径

STEP 3 单击工具箱中的【路径选择】工具 ，选择绘制的路径，按住 Alt 键，在路径上向右拖曳鼠标，复制路径，状态如图 8-73 所示。

STEP 4 选择菜单栏中的【编辑】／【变换路径】／【水平翻转】命令，将复制出的路径在水平方向上翻转，如图 8-74 所示。

图 8-73　复制路径时的状态

图 8-74　复制路径水平翻转后的形态

STEP　5 利用【钢笔】工具 ⬭ 和【转换点】工具 ⬭ 绘制出如图 7-75 所示的路径，然后利用【路径选择】工具 ⬭，将绘制的路径依次复制，效果如图 8-76 所示。

图 8-75　绘制的路径

图 8-76　复制出的路径

STEP　6 选择菜单栏中的【编辑】/【变换路径】/【旋转 90 度（顺时针）】命令，将最后复制的路径沿顺时针旋转 90 度，如图 8-77 所示。

STEP　7 利用【路径选择】工具 ⬭ 将旋转后的路径依次复制，效果如图 8-78 所示。

图 8-77　路径旋转后的形态

图 8-78　再次复制出的路径

STEP　8 按住 Shift 键，依次单击如图 8-79 所示的路径，将其选择，然后选择菜单栏中的【编辑】/【剪切】命令（快捷键为 Ctrl + X 组合键），将选择的路径剪切至系统的剪贴板中。

STEP　9 在【路径】面板中单击【创建新路径】按钮 ⬚，创建一个新的路径层"路径 2"，然后选择菜单栏中的【编辑】/【粘贴】命令（快捷键为 Ctrl + V 组合键），将复制到剪贴板中的路径粘贴到新建的路径层中，如图 8-80 所示。

图 8-79 选择的路径

图 8-80 粘贴至另一层后的路径形态

STEP 10 将工具箱中的前景色设置为蓝色（R:125,G:250,B:245），单击【画笔】工具 ，并设置【画笔笔头】面板中的参数如图 8-81 所示。

STEP 11 在【图层】面板中新建"图层 1"，然后单击【路径】面板中的【用画笔描边路径】按钮 ，对路径进行描绘，效果如图 8-82 所示。

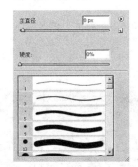

图 8-81 【画笔笔头】面板参数设置

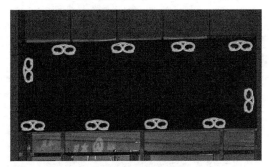

图 8-82 路径描绘后的效果

STEP 12 将工具箱中的前景色设置为白色，然后将画笔笔头的【直径】设置为"4px"，再次单击【用画笔描边路径】按钮 对路径进行描绘，隐藏路径后的画面效果如图 8-83 所示。

STEP 13 在【路径】面板中单击"路径 1"，将该层中的路径在画面中显示，然后利用与步骤 10 ～ 12 相同的方法，对其进行描绘，最终效果如图 8-84 所示。

图 8-83 路径描绘后的效果

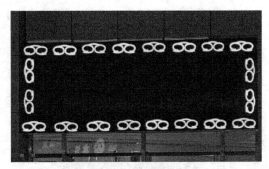

图 8-84 路径描绘后的效果

提示

第 1 次描绘路径的颜色为橘红色（R:240,G:160,B:80），第 2 次的颜色仍为白色。

STEP 14 选择菜单栏中的【图层】／【图层样式】／【外发光】命令，弹出【图层样式】对话框，选项及参数设置如图 8-85 所示。

STEP 15 单击[　确定　]按钮，图形添加外发光后的效果如图 8-86 所示。

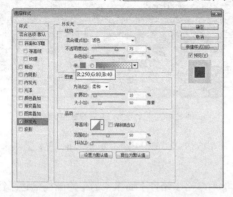

图 8-85 【图层样式】对话框选项及参数设置

图 8-86 添加外发光后的效果

STEP 16 将"图层 1"设置为当前工作层，并为其添加外发光样式，添加样式的参数设置及最终效果如图 8-87 所示。

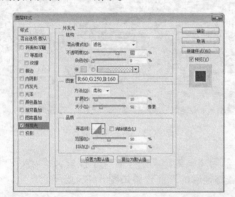

图 8-87 添加外发光样式的参数设置及效果

STEP 17 单击工具箱中的【横排文字】按钮[T]，在画面中输入如图 8-88 所示的文字。

STEP 18 在【图层】面板中双击文字层前面的[T]图标，将文字选择，单击属性栏中的色块，在弹出的【拾色器】对话框中，设置文字颜色为褐色（G:80,B:40）。

STEP 19 单击[　确定　]按钮，然后为文字添加外发光样式，参数设置如图 8-89 所示。

图 8-88 输入的文字

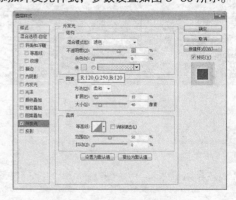

图 8-89 外发光样式参数设置

STEP 20 按住 Ctrl 键单击文字层前面的 T 图标，为文字添加选区如图 8-90 所示。

STEP 21 单击【路径】面板右上角的【选项】按钮，在弹出的下拉菜单中选择【建立工作路径】命令，弹出【建立工作路径】对话框，设置参数如图 8-91 所示。

图 8-90　添加的选区　　　　　　　　　　图 8-91　【建立工作路径】对话框

STEP 22 单击 确定 按钮，将选区转换为工作路径，然后利用与步骤 10 ~ 12 相同的方法，对其进行描绘，最终效果如图 8-92 所示。

图 8-92　描绘文字路径后的效果

提示

第 1 次描绘路径的颜色为亮蓝色（R:110,G:240,B:240），画笔的【直径】参数为 "10 px"；第 2 次的颜色为白色，画笔的【直径】参数为 "5 px"。

STEP 23 至此，店面的霓虹灯效果就制作完成了。按 Shift + Ctrl + S 键，将此文件另命名为 "霓虹灯效果 .psd" 保存。

8.2.4　绘制轻纱效果

下面利用路径的描绘功能来制作轻纱效果。首先绘制一条路径，描边后将其定义为画笔笔尖，然后再绘制用于描绘轻纱的路径，通过设置【画笔】面板中不同的选项和参数，描绘出如图 8-93 所示的轻纱效果。

绘制轻纱效果

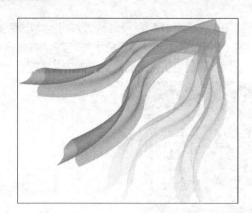

图 8-93　绘制的轻纱效果

范例操作 ── 绘制轻纱效果

STEP 【1】 新建一个【宽度】为"15 厘米",【高度】为"12 厘米",【分辨率】为"150 像素 /
英寸",【颜色模式】为"RGB 颜色",【背景内容】为"白色"的文件。

STEP 【2】 利用【钢笔】工具 绘制一条路径,然后利用【转换点】工具 将路径调整至如图
8-94 所示的形状。

STEP 【3】 选择【画笔】工具 ,单击属性栏中的【点按可打开"画笔预设"选取器】按钮
,设置一个【主直径】为"2"像素、【硬度】为"100%"的画笔笔头。

STEP 【4】 新建"图层 1",并将前景色设置为黑色,然后单击【路径】面板底部的【用画笔描
边路径】按钮 ,用画笔描绘路径,效果如图 8-95 所示。

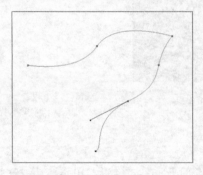

图 8-94　绘制的路径

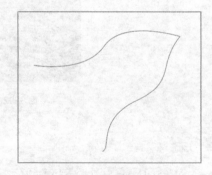

图 8-95　描绘的路径效果

STEP 【5】 在【路径】面板的空白区域单击,隐藏工作路径。

STEP 【6】 执行【编辑】/【定义画笔预设】命令,弹出【画笔名称】对话框,如图 8-96 所示。
单击 确定 按钮将描绘的线形定义为画笔笔头,此时笔头形状与描绘路径后的线形完全相同。

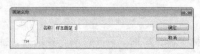

图 8-96　【画笔名称】对话框

STEP 【7】 在【图层】面板中,单击"图层 1"左侧的 图标隐藏该图层,然后新建"图层 2"。

STEP 【8】 单击属性栏中的【切换画笔面板】按钮 ,在弹出的【画笔】面板中设置如图 8-97
所示的选项和参数。其中选择的画笔笔头为上面定义的"样本画笔 1"。

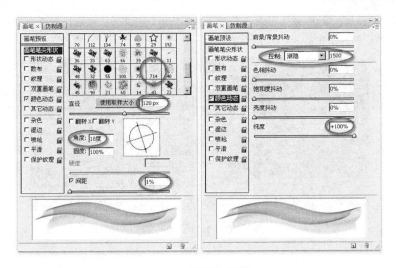

图 8-97　【画笔】对话框

STEP 9 将前景色和背景色分别设置为红色和黄色。

STEP 10 在【路径】面板中单击"工作路径",显示步骤 2 中创建的工作路径,然后单击【路径】面板底部的【用画笔描边路径】按钮 ○ ,用画笔描绘路径后的效果如图 8-98 所示。

STEP 11 将路径隐藏,复制图层后再进行角度的调整,从而得到更多的轻纱效果,如图 8-99 所示。

图 8-98　描绘路径后的效果

图 8-99　复制出的轻纱效果

STEP 12 按 Ctrl + S 组合键,将此文件命名为"轻纱 .psd"保存。

8.3 课后习题

1. 主要利用【钢笔】工具 ✐、【转换点】工具 ▷和【自定形状】工具,结合【自由变换】命令来设计如图 8-100 所示的酒店标志图形。

图 8-100　设计的标志图形

2. 打开素材"图库\第 08 章"目录下名为"水果 .jpg"的文件，灵活运用路径工具，制作刀削皮效果，原图及制作后的效果如图 8-101 所示。

图 8-101　制作的刀削皮效果

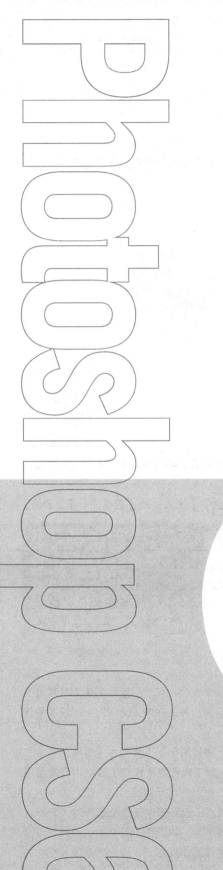

Chapter

9

第9章
文字工具

文字是平面设计中非常重要的一部分，很多完整的作品都需要用文字来说明主题或通过特殊编排的文字来衬托整个画面。好的作品不但表现在创意、图形的构成等方面，文字的编辑和应用也非常重要，而且大多数作品都离不开文字的应用。在Photoshop中，文字可分为点文字和段落文字两种类型。点文字适合编排文字应用较少或需要制作特殊效果的画面，而段落文字适合编排文字应用较多的画面。

学习目标

- 掌握文字工具的基本使用方法。
- 掌握【字符】面板的应用设置。
- 掌握【段落】面板的应用设置。
- 掌握各种文字效果的制作方法。

9.1 文字工具基本应用

文字工具组中共有 4 种文字工具，包括【横排文字】工具 T、【直排文字】工具 IT、【横排文字蒙版】工具 T 和【直排文字蒙版】工具 IT，分别用于输入水平、垂直文字以及水平和垂直的文字选区。

创建的文字和文字形状的选区如图 9-1 所示。

图 9-1 输入的文字及选区

9.1.1 文字工具基本使用方法

创建文字和文字选区的操作非常简单，下面进行简要的介绍。

1. 创建点文字

利用文字工具输入点文字时，每行文字都是独立的，行的长度随着文字的输入不断增加，无论输入多少文字都是在一行内，只有按 Enter 键才能切换到下一行输入文字。

文字工具基本使用方法

输入点文字的操作方法为，在【文字】工具组中选择【横排文字】工具 T 或【直排文字】工具 IT，鼠标指针将显示为文字输入光标 I 或 符号，在文件中单击，指定输入文字的起点，然后在属性栏或【字符】面板中设置相应的文字选项，再输入需要的文字即可。按 Enter 键可使文字切换到一下行；单击属性栏中的【提交所有当前编辑】按钮 ✓，可完成点文字的输入。

点文字适合在文字内容较少的画面中使用，例如标题或需要制作特殊效果的文字。输入的点文字如图 9-2 所示。

图 9-2 输入的点文字

2. 创建段落文字

在图像中一段，很多时候需要，如一段商品介绍等。输入这种文字时，可利用定界框来创建段落文字，即先利用文字工具绘制一个矩形定界框，以限定段落文字的范围，然后在输入文字时，系统将根据定界框的宽度自动换行。

输入段落文字的具体操作方法为，在【文字】工具组中选择【横排文字】工具 T 或【直排文字】工具 IT，然后在文件中拖曳鼠标绘制一个定界框，并在属性栏、【字符】面板或【段落】面板中设置相应的选项，即可在定界框中输入需要的文字。文字输入到定界框的右侧时将自动切换到下一行。输入完一段文字后，按 Enter 键可以切换到下一段文字。如果输入的文字太多，定界框中无法全部容纳，定界框右下角将出现溢出标记符号 ⊞，此时可以通过拖曳定界框四周的控制点，以调整定界框的大小来显示全部的文字内容。文字输入完成后，单击属性栏中的【提交所有当前编辑】按钮 ✓，即可完成段落文字的输入。

当作品中需要输入大量的说明性文字内容时，利用段落文字输入就非常合适的。输入的段落文字如图 9-3 所示。

图 9-3 输入的段落文字

 提示

在绘制定界框之前，按住 Alt 键单击或拖曳鼠标，将会弹出【段落文字大小】对话框，在对话框中设置定界框的宽度和高度，然后单击 ⬚ 确定 按钮，可以按照指定的大小绘制定界框。按住 Shift 键，可以创建正方形的文字定界框。

3. 创建文字选区

用【横排文字蒙版】工具 T 和【直排文字蒙版】工具 IT 可以创建文字选区，文字选区具有其他选区相同的性质。创建文字选区的操作方法为，选择【文字】工具组中的【横排文字蒙版】工具 T 或【直排文字蒙版】工具 IT，并设置文字选项，再在文件中左击，此时图像暂时转换为快速蒙版模式，画面中会出现一个红色的蒙版，即可开始输入需要的文字，在输入文字过程中，如要移动文字的位置，可按住 Ctrl 键，然后将鼠标指针移动到变形框内按下并拖曳即可。左击属性栏中的【提交所有当前编辑】按钮 ✓，即可完成文字选区的创建。

图 9-4 创建的文字形状选区

创建的文字形状选区如图 9-4 所示。

9.1.2 段落文本的编辑

在编辑模式下，通过调整文字定界框可以调整段落文字的位置、大小和形态，具体操作为按住 Ctrl 键并执行下列的某一种操作。

段落文本的
输入与编辑

- 将光标移动到定界框内，当光标显示为 ▶ 移动符号时按住左键拖曳鼠标，可调整文字的位置。
- 将光标移动到定界框各角的控制点上，当光标显示为 ↖ 双向箭头时按住左键拖曳鼠标，可调整文字的大小，在不释放 Ctrl 键的同时再按住 Shift 键进行拖曳，可保持文字的缩放比例。

在段落文字的编辑模式下，将光标放置在定界框任意的控制点上，当光标显示为双向箭头时按住左键拖曳鼠标，可直接调整定界框的大小，此时文字的大小不会发生变化，只会在调整后的定界框内重新排列。

直接缩放定界框及按住 Ctrl 键缩放定界框的段落文字效果分别如图 9-5 所示。

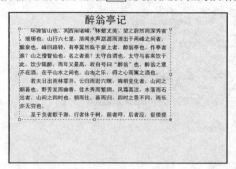 

图 9-5　缩放前后的段落文字效果对比

- 将光标移动到定界框外的任意位置，当光标显示为 旋转符号时按住左键拖曳鼠标，可以使文字旋转。在不释放 Ctrl 键的同时再按住 Shift 键进行拖曳，可将旋转限制为按 15° 的增量进行调整，如图 9-6 所示。

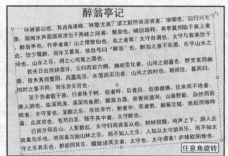 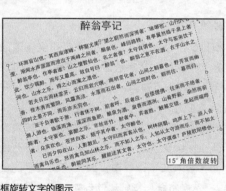

图 9-6　使用定界框旋转文字的图示

在按住 Ctrl 键的同时将光标移动到定界框的中心位置，当光标显示为 符号时按住左键拖曳鼠标，可调整旋转中心的位置。

- 按住 Ctrl 键将光标移动到定界框的任意控制点上，当光标显示为 倾斜符号时按住左键拖曳鼠标，可以使文字倾斜。如图 9-7 所示。

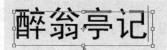 

图 9-7　使用定界框斜切文字的图示

提示

对文字进行变形操作除利用定界框外，还可利用【编辑】/【变换】菜单中的命令，但不能执行【扭曲】和【透视】变形，只有将文字层转换为普通层后才可用。

9.1.3　输入标题文字

下面通过为画面添加文字，学习文字的基本输入方法以及利用【字符】面板设置文字属性的操作方法。

范例操作 ——— 输入标题文字

STEP ⬆1 　打开素材"图库\第 09 章"目录下名为"SC_089.jpg"的文件。

STEP ⬆2 　选取【横排文字】工具T，在画面中依次输入图 9-8 所示的文字。

输入标题文字

图 9-8　输入的文字

STEP ⬆3 　将鼠标指针移动到"铭"字的左侧向右拖曳鼠标，至"际"字后释放鼠标左键，选择的文字如图 9-9 所示。

图 9-9　选择的文字

在文字输入完成后若想更改个别文字的格式，必须先选择这些文字。选择文字的具体操作如下。

- 在要选择字符的起点位置按下鼠标左键，然后向前或向后拖曳鼠标。
- 在要选择字符的起点位置单击，然后按住Shift键或Ctrl + Shift组合键不放，再按键盘中的→或←键。
- 在要选择字符的起点位置单击，然后按住Shift键并在选择字符的终点位置再次单击，可以选择某个范围内的全部字符。
- 选取【选择】/【全部】命令或按Ctrl + A组合键，可选择该图层中的所有字符。
- 在文本的任意位置双击鼠标，可以选择该位置的一句文字；快速单击鼠标 3 次，可以选择整行文字；快速单击鼠标 5 次，可以选择该图层中的所有字符。

STEP ⬆4 　单击属性栏中的【切换字符和段落面板】按钮▣，在弹出的【字符】面板中修改文字的颜色为白色，然后修改【字体】、【大小】及【行间距】参数如图 9-10 所示。

图 9-10　修改的字体及大小参数

STEP 5 用与步骤 3 相同的方法，将第 2 行文字选择，然后在【字符】面板中设置【字体】、【大小】参数及颜色如图 9-11 所示。

图 9-11　设置的文字字体及大小

STEP 6 单击属性栏中的【提交所有当前编辑】按钮☑完成文字的设置，然后单击【居中对齐文本】按钮▤将输入的文字居中对齐，再按住 Ctrl 键将当前工具暂时切换为【移动】工具▸⊕，在文字上按下鼠标并拖曳，将调整后的文字移动到图 9-12 所示的位置。

图 9-12　文字移动的位置

STEP 7 执行【图层】/【图层样式】/【外发光】命令为文字添加外发光效果，参数设置及生成的效果如图 9-13 所示。

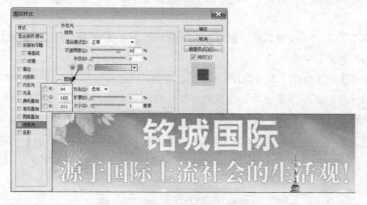

图 9-13　外发光参数设置及生成的效果

STEP 8 将前景色设置为深蓝色（G:60,B:113），然后利用【横排文字】工具 T 在文字的下方输入如图 9-14 所示的文字，完成文字的输入练习。

图 9-14　输入的文字

STEP 9 按 Shift + Ctrl + S 组合键，将此文件另命名为"文字输入 .psd"保存。

9.1.4　安装系统外字体

安装系统外字体

在平面设计中，只用 Windows 系统自带的字体，很难满足设计需要，因此需要在 Windows 系统中安装系统外的字体。目前常用的系统外挂字体有"汉仪字体""文鼎字体""汉鼎字体"和"方正字体"等，读者可以根据需要进行安装后使用，具体操作如下。

（1）购买需要的字体光盘或在网络上下载，然后在需要安装的字体上单击鼠标右键，在弹出的快捷菜单中选择【复制】命令。

（2）单击 Windows 桌面左下角任务栏中的【开始】按钮 ，在弹出的菜单中选择【控制面板】命令。

（3）在【控制面板】中双击 字体 文件夹，然后在弹出【字体】文件夹中的空白位置单击鼠标右键。

（4）在弹出的右键菜单中选择【粘贴】命令，即可将选择的字体安装到系统中。

9.2　编辑文本

本节以案例的形式来详细讲解文字工具的不同使用方法。

9.2.1　路径文字

在 Photoshop CS6 软件中，可以利用文字工具沿着路径输入文字，路径可以是用【钢笔】工具或【矢量形状】工具创建的任意形状路径。在路径边缘或内部输入文字后还可以移动路径或更改路径的形状，且文字会顺应新的路径位置或形状。沿路径输入文字的效果如图 9-15 所示。

路径文字

图 9-15　沿路径输入文字的效果

1. 创建沿路径排列文字

沿路径排列的文字可以沿开放路径排列，也可以沿闭合路径排列。在闭合路径内输入文字相当于创建段落文字，具体操作如下。

（1）在开放路径上输入文字

沿路径输入文字的方法为，首先在画面中绘制路径，然后选取【横排文字】工具 T ，将鼠标指针移动到路径上，当鼠标指针显示为 ⫟ 形状时单击，此时在路径的单市处会出现一个闪烁的插入点光标，此处为文字的起点，路径的终点会变为一个小圆圈，此圆圈表示文字的终点，从起点到终点就是路径文字的显示范围，然后输入需要的文字，文字即会沿路径排列，输入完成后，单击属性栏中的【提交所有当前编辑】按钮 ✓ ，即可完成沿路径文字的输入。

（2）在闭合路径内输入文字

在闭合路径内输入文字的方法为，选择【横排文字】工具 T 或【直排文字】工具 IT 工具，将鼠标指针移动到闭合路径内，当鼠标指针显示为 ⊕ 形状时单击，指定插入点，此时在路径内会出现闪烁的光标，且在路径外出现文字定界框，即可输入文字，如图 9-16 所示。

图 9-16　在闭合路径内输入文字

2. 编辑沿路径文字

文字沿路径排列后，还可对其进行编辑，包括调整路径上文字的位置、显示隐藏文字和调整路径的形状等。

（1）编辑路径上的文字

利用【路径选择】工具 ▸ 或【直接选择】工具 ▹ 工具可以移动路径上文字的位置，其操作方法为，选择【路径选择】工具 ▸ 或【直接选择】工具 ▹ ，将鼠标指针移动到路径上文字的起点位置，此时鼠标指针会变为 ‣ 形状，在路径的外侧沿着路径拖曳鼠标指针，即可移动文字在路径上的位置，如图 9-17 所示。

图 9-17　移动文字在路径上的位置

当鼠标指针显示 ‣ 形状时，在圆形路径内侧单击或拖曳鼠标指针，文字将会跨越到路径的另一侧，如图 9-18 所示。通过设置【字符】面板中的【设置基线偏移】选项，可以调整文字与路径之间的距离，如图 9-19 所示。

图9-18 文字跨越到路径的另一侧   图9-19   文字与路径的距离

（2）隐藏和显示路径上的文字

选择【路径选择】工具 或【直接选择】工具 ，将鼠标指针移动到路径文字的起点或终点位置，当鼠标指针显示为 形状时，顺时针或逆时针方向拖曳鼠标指针，可以在路径上隐藏部分文字，此时文字终点图标显示为 形状，当拖曳至文字的起点位置时，文字将全部隐藏，再拖曳鼠标，文字又会在路径上显示。

（3）改变路径的形状

当路径的形状发生变化后，路径上的文字将跟随路径一起发生变化。利用【直接选择】工具 、【添加锚点】工具 、【删除锚点】工具 或【转换点】工具 都可以调整路径的形状，如图9-20所示。

图9-20   改变路径的形状

下面来练习沿路径输入文字的基本操作方法，案例效果如图9-21所示。

图9-21   案例效果

范例操作 —— 沿路径输入文字

STEP 1 打开素材"图库\第09章"目录下名为"婚纱相册.jpg"文件。

STEP 2 利用【钢笔】工具 和【转换点】工具 ，在画面中绘制如图9-22所示的路径。

STEP 03 选取【横排文字】工具 T，将光标放置在路径上，当光标显示为 时，单击鼠标左键，在单击鼠标处会出现一个插入点"×"和文字输入光标，此处为输入文字的起点，路径的终点将显示为一个小圆圈"o"，从起点到终点就是路径文字的显示范围，如图 9-23 所示。

图 9-22　绘制的路径

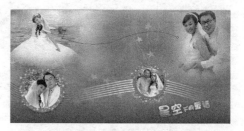
图 9-23　定位光标后的文本路径效果

STEP 04 输入需要的文字，文字沿着路径排列，输入的横排文字与基线垂直，直排文字与基线平行，路径文字效果如图 9-24 所示。

STEP 05 单击属性栏中的【提交所有当前编辑】按钮 ✓ 确认操作，选取【移动】工具，将文字移动到如图 9-25 所示的位置。

图 9-24　输入的路径文字

图 9-25　移动文字位置后的效果

STEP 06 执行【图层】/【图层样式】/【描边】命令，在弹出的【图层样式】对话框中设置参数如图 9-26 所示。

STEP 07 单击 确定 按钮，描边后的文字如图 9-27 所示。

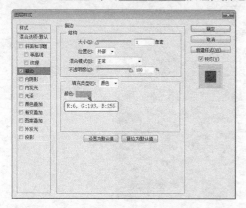
图 9-26　设置【图层样式】参数

图 9-27　描边后的文字效果

STEP 08 按 Ctrl + S 组合键，将文件命名为"沿路径输入文字 .psd"保存。

9.2.2　设计"小不点奶茶"标贴

下面以"小不点奶茶"标贴为例来学习沿圆形路径输入文字的操作方法，本节案例如图 9-28 所示。

图 9-28 "小不点奶茶"标贴

范例操作 —— 设计标贴

STEP 1 新建【宽度】为"15 厘米",【高度】为"15 厘米",【分辨率】为"200 像素 / 英寸"的白色文件。

STEP 2 执行【视图】/【新建参考线】命令,在垂直方向的 7.5 厘米和水平方向的 7.5 厘米位置添加图 9-29 所示的参考线。

STEP 3 新建"图层 1",选取【椭圆】工具◉,确认属性栏中选择的 路径 ▾ 选项,按住 Shift 键将光标放置在参考线的相交位置,按下鼠标左键拖动绘制出图 9-30 所示的路径。

图 9-29 添加的参考线

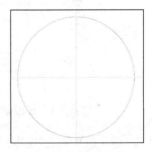

图 9-30 绘制的路径

STEP 4 在【路径】面板中,双击生成的"工作路径",弹出图 9-31 所示的对话框,单击 确定 按钮。

STEP 5 将前景色设置为橙色(R:238,G:135,B:16),选取【画笔】工具✐,在属性栏中设置画笔工具笔头大小为"5px"。

STEP 6 在【路径】面板中,单击【用画笔描边路径】按钮 ○ 为路径描边,隐藏路径,绘制的橙红色圆环如图 9-32 所示。

图 9-31 【存储路径】对话框

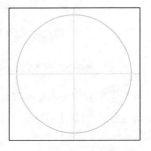

图 9-32 绘制的圆环

STEP 7 选取【椭圆】工具 ⬤ ，在属性栏中选择 形状 ▾ 选项，在画面中依次绘制图 9-33 所示的橙色和白色形状的图形。

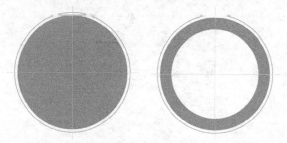

图 9-33 绘制的图形

STEP 8 新建"图层 2"，选取【椭圆】工具 ⬤ ，在属性栏中再选择 路径 ▾ 选项，然后在画面中绘制图 9-34 所示的路径。

STEP 9 在【路径】面板中，双击生成的"工作路径"，单击 确定 按钮存储路径。

STEP 10 在【路径】面板中，单击【用画笔描边路径】按钮 ○ 为路径描边，隐藏路径，绘制的橙色圆环如图 9-35 所示。

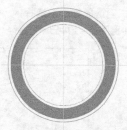
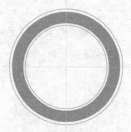

图 9-34 绘制的路径 　　　　　　　　　　图 9-35 绘制的圆环

STEP 11 打开素材"图库\第 09 章"目录下名为"卡通 .psd"文件。

STEP 12 将卡通移动复制到新建文件中，并将生成的"图层 3"调整到"图层 2"的下方，画面效果如图 9-36 所示。

STEP 13 再次选取【椭圆】工具 ⬤ ，在画面中绘制图 9-37 所示的路径。

图 9-36 卡通在画面中的效果 　　　　　　图 9-37 绘制的路径

STEP 14 用以上存储路径的方法，将路径存储为"路径 3"。

STEP 15 选取【横排文字】工具 T ，将文本输入光标放置在路径上，单击鼠标左键，生成的文本路径效果如图 9-38 所示。

STEP 16 沿路径输入图 9-39 所示文字，单击属性栏中的【提交所有当前编辑】按钮☑确认操作。

图 9-38　文本路径　　　　　　　　　　图 9-39　输入的文字

STEP 17 选取【路径选择】工具 🔲，按住鼠标左键拖动，沿着路径移动文字的位置，状态如图 9-40 所示，隐藏路径后效果如图 9-41 所示。

图 9-40　移动文字时的状态　　　　　　图 9-41　隐藏路径后效果

STEP 18 用以上输入路径文字相同的操作方法，在标贴的下边输入图 9-42 所示的白色字母。

STEP 19 至此，"小不点奶茶"标贴设计完成，按 Ctrl + S 组合键，将文件命名为"标贴 .psd"并保存。

9.2.3　变形文字

单击属性栏中的【创建文字变形】按钮 🔲，弹出【变形文字】对话框，在此对话框中可以设置输入文字的变形效果。注意，此对话框中的选项默认状态都显示为灰色，只有在【样式】下拉列表中选择除【无】以外的其他选项后才可调整，如图 9-43 所示。

变形文字

图 9-42　输入的字母　　　　　　　　　图 9-43　【变形文字】对话框

- 【样式】：设置文本最终的变形效果，单击其右侧窗口的 🔽 按钮，可弹出文字变形下拉列表，选择不同的选项，文字的变形效果也各不相同。
- 【水平】和【垂直】选项：设置文本的变形是在水平方向上，还是在垂直方向上进行。

- 【弯曲】：设置文本扭曲的程度。
- 【水平扭曲】：设置文本在水平方向上的扭曲程度。
- 【垂直扭曲】：设置文本在垂直方向上的扭曲程度。

选择不同的样式，文本变形后的不同效果如图 9-44 所示。

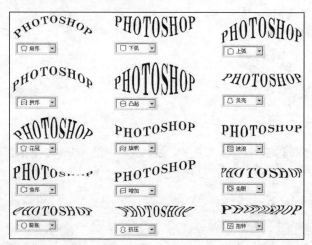

图 9-44　文本变形效果

下面通过范例操作来介绍应用文字变形的方法。在讲解过程中，为了得到理想的最终效果，还应用了部分滤镜和图层样式命令，读者只要根据图示进行操作设置即可。有关滤镜的知识内容将在后面的章节中介绍。

范例操作 —— **文字变形应用练习**

STEP 1 新建【宽度】为"20 厘米"，【高度】为"20 厘米"，【分辨率】为"72 像素 / 英寸"，【颜色模式】为"RGB 颜色"，【背景内容】为"白色"的文件。

STEP 2 按 D 键，将前景色和背景色分别设置为黑色和白色，然后执行【滤镜】/【渲染】/【云彩】命令，效果如图 9-45 所示。

STEP 3 执行【滤镜】/【杂色】/【添加杂色】命令，参数设置如图 9-46 所示。单击 确定 按钮，效果如图 9-47 所示。

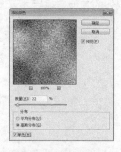
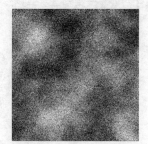

图 9-45　云彩效果　　　　　图 9-46　添加杂色设置　　　　　图 9-47　添加杂色后的效果

STEP 4 执行【编辑】/【定义图案】命令，将制作的纹理定义为图案。

STEP 5 按 Ctrl + S 组合键，将此文件命名为"纹理 .jpg"保存，以便以后使用，然后将此文件关闭。

STEP 6 打开素材"图库\第 09 章"目录下名为"SC_091.jpg"的文件，如图 9-48 所示。

STEP 7 选取【直线】工具 ⟋，在属性栏中选择 像素 选项，并设置【粗细】选项的参数为"5 像素"。

STEP 8 新建"图层 1"，依次设置不同的前景色，并利用【直线】工具 ⟋ 在画面上方分别绘制出图 9-49 所示的红、黄、蓝 3 条直线。

图 9-48 打开的文件

图 9-49 绘制的线形

STEP 9 利用【横排文字】工具 T 在画面中输入图 9-50 所示的白色文字。

STEP 10 执行【图层】/【图层样式】/【投影】命令，给文字添加投影效果，如图 9-51 所示，单击 确定 按钮。

图 9-50 输入的文字

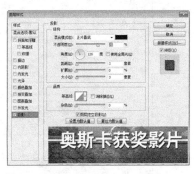

图 9-51 添加的投影效果

STEP 11 在【图层】面板中将"图层 1"设置为当前层，然后利用【矩形选框】工具 ▢ 绘制如图 9-52 所示的选区，按 Delete 键将选区内的彩色线删除，如图 9-53 所示。

图 9-52 绘制的选区

图 9-53 删除后的效果

STEP 12 利用【横排文字】工具 T 在画面中输入如图 9-54 所示的文字，然后单击属性栏中的【创建文字变形】按钮 ⟟，弹出【变形文字】对话框，设置选项及参数，如图 9-55 所示。

图 9-54 输入的文字

图 9-55 设置的变形参数

STEP ⤴13 单击 确定 按钮，文字效果如图 9-56 所示。

图 9-56　变形后的文字效果

STEP ⤴14 执行【图层】/【图层样式】/【混合选项】命令，弹出【图层样式】对话框，设置各选项及参数，如图 9-57 所示。

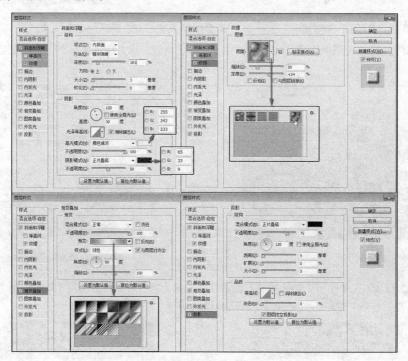

图 9-57　各选项参数设置

STEP ⤴15 单击 确定 按钮，添加图层样式后的文字效果如图 9-58 所示。

图 9-58　添加图层样式后的文字效果

STEP 16 按 Shift + Ctrl + S 组合键，将此文件另命名为"变形文字 .psd"并保存。

9.2.4　字符和段落面板

创建文字后可进行文字属性的各项设置，包括对文字的方向、字体、大小和颜色等的设置。

1. 属性栏

文字工具组中各文字工具的属性栏是相同的，如图 9-59 所示。

图 9-59　文字工具的属性栏

- 【更改文本方向】按钮：单击此按钮，可以将水平方向的文本更改为垂直方向，或者将垂直方向的文本更改为水平方向。
- 【设置字体系列】Arial：此下拉列表中的字体用于设置输入文字的字体，也可以将输入的文字选择后再在字体列表中重新设置字体。
- 【设置字体样式】Regular：在此下拉列表中可以设置文字的字体样式，包括 Regular（规则）、Italic（斜体）、Bold（粗体）和 Bold Italic（粗斜体）4 种字型。注意，当在字体列表中选择英文字体时，此列表中的选项才可用。
- 【设置字体大小】24 点：用于设置文字的大小。
- 【设置消除锯齿的方法】犀利：决定文字边缘消除锯齿的方式，包括【无】【锐利】【犀利】【浑厚】和【平滑】5 种方式。
- 【对齐方式】按钮：在使用【横排文字】工具输入水平文字时，对齐方式按钮显示为，分别为"左对齐"、"水平居中对齐"和"右对齐"；当使用【直排文字】工具输入垂直文字时，对齐方式按钮显示为，分别为"顶对齐"、"垂直居中对齐"和"底对齐"。
- 【设置文本颜色】色块：单击此色块，在弹出的【拾色器】对话框中可以设置文字的颜色。
- 【创建文字变形】按钮：单击此按钮，将弹出【变形文字】对话框，用于设置文字的变形效果。
- 【取消所有当前编辑】按钮：单击此按钮，则取消文本的输入或编辑操作。
- 【提交所有当前编辑】按钮：单击此按钮，确认文本的输入或编辑操作。

2.【字符】面板

执行【窗口】/【字符】命令，或单击文字工具属性栏中的【切换字符和段落面板】按钮，都将弹出【字符】面板，如图 9-60 所示。

【字符】面板

在【字符】面板中设置字体、字号、字型和颜色的方法与在属性栏中设置相同，在此不再赘述。下面介绍设置字间距、行间距和基线偏移等选项的功能。

- 【设置行距】：设置文本中每行文字之间的距离。
- 【设置字距微调】：设置相邻两个字符之间的距离。在设置此选项时不需要选择字符，只需在字之间单击以指定插入点，然后设置相应的参数即可。
- 【设置字距】：用于设置文本中相邻两个文字之间的距离。
- 【设置所选字符的比例间距】：设置所选字符的间距缩放比例。可以在此下拉列表中选择 0% ~ 100% 的缩放数值。

图 9-60　【字符】面板

- 【垂直缩放】和【水平缩放】：设置文字在垂直方向和水平方向的缩放比例。
- 【基线偏移】：设置文字由基线位置向上或向下偏移的高度。在文本框中输入正值，可使横排文字向上偏移，直排文字向右偏移；输入负值，可使横排文字向下偏移，直排文字向左偏移，效果如图 9-61 所示。

图 9-61　文字偏移效果

- 【语言设置】：在此下拉列表中可选择不同国家的语言，主要包括美国、英国、法国及德国等。

【字符】面板中各按钮的含义分述如下，激活不同按钮时文字效果如图 9-62 所示。

图 9-62　文字效果

- 【仿粗体】按钮：可以将当前选择的文字加粗显示。
- 【仿斜体】按钮：可以将当前选择的文字倾斜显示。
- 【全部大写字母】按钮：可以将当前选择的小写字母变为大写字母显示。
- 【小型大写字母】按钮：可以将当前选择的字母变为小型大写字母显示。
- 【上标】按钮：可以将当前选择的文字变为上标显示。
- 【下标】按钮：可以将当前选择的文字变为下标显示。
- 【下画线】按钮：可以在当前选择的文字下方添加下画线。
- 【删除线】按钮：可以在当前选择的文字中间添加删除线。

3.【段落】面板

【段落】面板的主要功能是设置文字对齐方式以及缩进量。当选择横向的文本时，【段落】面板如图 9-63 所示。

- ≡ ≡ ≡ 按钮：这 3 个按钮的功能是设置横向文本的对齐方式，分别为左对齐、居中对齐和右对齐。
- ≡ ≡ ≡ ≡ 按钮：只有在图像文件中选择段落文本时这 4 个按钮才可用。它们的功能是调整段落中最后一行的对齐方式，分别为左对齐、居中对齐、右对齐和两端对齐。

图 9-63　【段落】面板

当选择竖向的文本时，【段落】面板最上一行各按钮的功能分述如下。

- 按钮：这 3 个按钮的功能是设置竖向文本的对齐方式，分别为顶对齐、居中对齐和底对齐。
- 按钮：只有在图像文件中选择段落文本时，这 4 个按钮才可用。它们的功能是调整段落中最后一列的对齐方式，分别为顶对齐、居中对齐、底对齐和两端对齐。
- 【左缩进】：用于设置段落左侧的缩进量。
- 【右缩进】：用于设置段落右侧的缩进量。

- 【首行缩进】 ：用于设置段落第一行的缩进量。
- 【段前添加空格】 ：用于设置每段文本与前一段之间的距离。
- 【段后添加空格】 ：用于设置每段文本与后一段之间的距离。
- 【避头尾法则设置】和【间距组合设置】：用于编排亚洲文本字符的换行方式。
- 【连字】：勾选此复选框，允许使用连字符连接单词。

9.2.5　点文本与段落文本转换及方向设置

点文本与段落文本
转换及方向设置

在 Photoshop CS6 中，可以将输入的文字转换成工作路径和形状进行编辑，
也可以对它进行栅格化处理。另外，还可以将输入的点文字与段落文字进行互换。

1. 将文字转换为工作路径

输入文字后，执行【文字】/【创建工作路径】命令，即可在文字的边缘创建工作路径。另外，当输
入文字后，按住 Ctrl 键单击【图层】面板中的文字图层，为输入的文字添加选区。然后打开【路径】面板，
单击面板右上角的【选项】按钮，在弹出的下拉菜单中选择【建立工作路径】命令，在弹出的【建立
工作路径】对话框中设置适当的【容差】值参数，然后单击 确定 按钮，也可将文字转换为工作路径。

2. 将文字转换为形状

输入文字后，执行【文字】/【转换为形状】命令，即可将文字转换为形状图形，此时文字将变为图
像，不再具有文字的属性。

3. 将文字层转换为普通图层

在【图层】面板中的文字图层上单击鼠标右键，在弹出的快捷菜单中选择【栅格化图层】命令，或
执行【文字】/【栅格化文字图层】命令，即可将文字层转换为普通图层。

4. 点文字与段落文字相互转换

（1）执行【文字】/【转换为点文本】命令，可将段落文字转换为点文字。
（2）执行【文字】/【转换为段落文本】命令，可将点文字转换为段落文字。

9.2.6　编辑制作绕图文字

编辑制作绕图文字

在封闭的路径中输入文字，可以使文字按照路径的形态排列，这样就可以灵活
地制作广告设计中文字绕图排列的效果。

范例操作 —— **编辑制作文本绕图文字**

STEP 打开素材"图库\第 09 章"目录下名为"SC_090.jpg"的文件，然后利用【钢笔】
工具和【转换点】工具沿画面中的人物边缘绘制出如图 9-64 所示的路径。

图 9-64　绘制的路径

STEP **2** 选取【横排文字】工具 T，并将前景色设置为白色，然后将光标移动到路径内，当光标显示为 ⊕ 形状时单击，指定输入文字的起点，再依次输入图 9-65 所示的文字。

图 9-65　输入的文字

STEP **3** 单击【提交所有当前编辑】按钮 ✓ 确认文字的输入，然后在【字符】和【段落】面板中依次设置文字的【大小】、【行间距】及【首行缩进】参数，如图 9-66 所示。

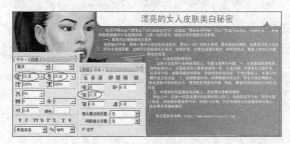

图 9-66　设置的文字属性参数及效果

STEP **4** 利用【横排文字】工具 T 将如图 9-67 所示的文字选择，然后在【字符】和【段落】面板中依次设置文字的【大小】、【首行缩进】、【段前距】和【段后距】等参数，如图 9-68 所示。

STEP **5** 单击【提交所有当前编辑】按钮 ✓ 确认文字的属性设置，效果如图 9-69 所示。

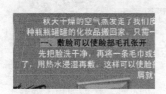

图 9-67　选择的文字

图 9-68　设置的选项参数

图 9-69　设置后的文字效果

STEP **6** 用与步骤 4 相同的方法，依次调整"二、"和"三、"中的文字，然后在【图层】面板中的灰色区域单击，将文字边缘的路径隐藏，最终效果如图 9-70 所示。

图 9-70　调整好的绕排效果

STEP 按 Shift + Ctrl + S 组合键，将此文件另命名为"文本绕图编排 .psd"并保存。

9.3 课后习题

1. 打开素材"图库\第 09 章"目录下名为"杂志画面 .jpg"的文件，然后灵活运用文字的变形功能，设计出图 9-71 所示的电子杂志。

图 9-71　设计的电子杂志

2. 打开素材"图库\第 09 章"目录下名为"天空 .jpg""素材 .psd""礼品 .psd"和"小图标 .psd"的文件，灵活运用文字的输入与编辑操作，设计出如图 9-72 所示的商场促销报纸广告。

图 9-72　商场促销广告

Chapter

10

第10章
蒙版与通道

　　蒙版和通道是Photoshop CS6软件中比较难以掌握的命令，但在实际的工作过程中，它们的应用却非常广泛，特别是在建立和保存特殊选择区域方面更能显出其强大的灵活性。本章详细地讲解蒙版和通道的有关内容，并以相应的实例来加以说明，使读者在最短的时间内掌握蒙版和通道。

学习目标

● 掌握蒙版使用技巧。

● 掌握通道使用技巧。

● 掌握利用蒙版合成图像效果的技巧。

● 掌握利用蒙版选取图像的方法。

10.1 蒙版

本节来讲解有关蒙版的相关知识，包括蒙版的概念、蒙版类型、蒙版与选区的关系和蒙版的编辑操作等。

10.1.1 认识蒙版

蒙版将不同灰度色值转化为不同的透明度，并作用到它所在的图层中，使图层不同部位透明度产生相应的变化。黑色为完全透明，白色为完全不透明。蒙版还具有保护和隐藏图像的功能，当对图像的某一部分进行特殊处理时，利用蒙版可以隔离并保护图像其余的部分不被修改和破坏。蒙版概念示意图如图 10-1 所示。

认识蒙版

 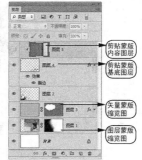

图 10-1 蒙版概念示意图

 提示

在【图层】面板中，图层蒙版和矢量蒙版都显示为图层缩览图右边的附加缩览图。对于图层蒙版，此缩览图代表添加图层蒙版时创建的灰度通道。矢量蒙版缩览图代表从图层内容中剪下来的路径。

根据创建方式的不同，蒙版可分为图层蒙版、矢量蒙版、剪贴蒙版和快速编辑蒙版 4 种类型。下面分别讲解这 4 种蒙版的性质及其特点。

（1）图层蒙版

图层蒙版是位图图像，与分辨率相关，它是由绘图或选框工具创建的，用来显示或隐藏图层中某一部分图像。利用图层蒙版也可以保护图层透明区域不被编辑，它是图像特效处理及编辑过程中使用频率最高的蒙版。利用图层蒙版可以生成梦幻般羽化图像的合成效果，且图层中的图像不会遭到破坏，仍保留原有的效果，如图 10-2 所示。

图 10-2 图层蒙版

提 示

图层蒙版是一种灰度图像，因此用黑色绘制的区域将被隐藏，用白色绘制的区域是可见的，而用灰度绘制的区域则会出现不同层次的透明区域。

（2）矢量蒙版

矢量蒙版与分辨率无关，是由【钢笔】路径或形状工具绘制闭合的路径形状后创建的，路径内的区域显示出图层中的内容，路径之外的区域是被屏蔽的区域，如图 10-3 所示。

图 10-3　矢量蒙版

当路径的形状编辑修改后，蒙版被屏蔽的区域也会随之发生变化，如图 10-4 所示。

图 10-4　编辑后的矢量蒙版

（3）剪贴蒙版

剪贴蒙版是由基底图层和内容图层创建的，将两个或两个以上的图层创建剪贴蒙版后，可用剪贴蒙版中最下方的图层（基底图层）形状来覆盖上面的图层（内容图层）内容。例如，一个图像的剪贴蒙版中下方图层为某个形状，上面的图层为图像或者文字，如果将上面的图层都创建为剪贴蒙版，则上面图层的图像只能通过下面图层的形状来显示其内容，如图 10-5 所示。

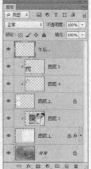

图 10-5　剪贴蒙版

（4）快速编辑蒙版

快速编辑蒙版是用来创建、编辑和修改选区的。单击工具箱下方的 ▣ 按钮就可直接创建快速蒙版，此时，【通道】面板中会增加一个临时的快速蒙版通道。在快速蒙版状态下，被选择的区域显示原图像，而被屏蔽不被选择的区域显示默认的半透明红色，如图 10-6 所示。当操作结束后，单击 ▣ 按钮，恢复到系统默认的编辑模式，【通道】面板中将不会保存该蒙版，而是直接生成选区，如图 10-7 所示。

图 10-6　在快速蒙版状态下涂抹不被选择的图像

图 10-7　快速蒙版创建的选区

10.1.2　创建和编辑蒙版

图层蒙版只能在普通图层或通道中建立，如果要在图像的背景层上建立，可以先将背景层转变为普通层，然后再在该普通层上创建蒙版即可。当为图像添加蒙版之后，蒙版中显示黑色的区域将是画面被屏蔽的区域。

创建和编辑蒙版

1. 创建图层蒙版

在图像文件中创建图层蒙版的方法比较多，具体如下。

（1）在图像文件中创建选区后，执行【图层】/【图层蒙版】命令可弹出如图 10-8 所示的下拉菜单。其中，【显示全部】和【隐藏全部】命令在不创建选择区域的情况下就可执行，而【显示选区】和【隐藏选区】命令只有在图像文件中创建了选择区域后才可用。

- 【显示全部】命令：选择此命令，将为当前层添加蒙版，但此时图像文件的画面没有发生改变。

图 10-8　弹出的下拉菜单

- 【隐藏全部】命令：选择此命令，可将当前层的图像全部隐藏。
- 【显示选区】命令：选择此命令，可以将选区以外的区域屏蔽，如选区为带有羽化效果的选区，可以制作图像的虚化效果，如图 10-9 所示。

图 10-9　显示选区效果

- 【隐藏选区】命令：选择此命令，可以将选择区域内的图像屏蔽，如选区具有羽化性质，也可以制作图像的虚化效果。

（2）当打开的图像文件中存在选择区域时，在【图层】面板中单击底部的 ▣ 按钮，可以为选区以外的区域添加蒙版，相当于菜单栏中的【显示选区】命令。如果图像文件中没有选择区域，单击【图层】

面板底部 ◨ 的按钮，可以为整个图像添加蒙版，相当于菜单栏中的【显示全部】命令。

（3）当打开的图像文件中存在选区时，在【通道】面板中单击 ◨ 按钮，可以在通道中产生一个蒙版。如果图像文件中没有选区，单击【通道】面板底部的 ◨ 按钮，将新建 Alpha 一个通道，利用绘图工具在新建的 Alpha 通道中绘制白色，也会在通道上产生一个蒙版。

2. 编辑图层蒙版

在【图层】面板中单击蒙版缩览图使之成为工作状态。然后在工具箱中选择任一绘图工具，执行下列任一操作即可编辑蒙版。

- 在蒙版图像中绘制黑色，可增加蒙版被屏蔽的区域，并显示更多的图像。
- 在蒙版图像中绘制白色，可减少蒙版被屏蔽的区域，并显示更少的图像。
- 在蒙版图像中绘制灰色，可创建半透明效果的屏蔽区域。

3. 应用或删除图层蒙版

完成图层蒙版的创建后，既可以应用蒙版使更改永久化，也可以扔掉蒙版而不应用更改。

（1）应用图层蒙版

执行【图层】/【图层蒙版】/【应用】命令，或选取图层蒙版缩览图，单击【图层】面板下方的 ⬛ 按钮，在弹出的询问面板中单击 应用 按钮，即可在当前层中应用编辑后的蒙版。

（2）删除图层蒙版

执行【图层】/【图层蒙版】/【删除】命令，或选取图层蒙版缩览图，单击【图层】面板下方的 ⬛ 按钮，在弹出的询问面板中单击 删除 按钮，即可在当前层中取消编辑后的蒙版。

4. 停用和启用蒙版

添加蒙版后，执行【图层】/【图层蒙版】/【停用】或【图层】/【矢量蒙版】/【停用】命令，可将蒙版停用，此时【图层】面板中蒙版缩览图上会出现一个红色的交叉符号，且图像文件中会显示不带蒙版效果的图层内容。按住 Shift 键反复单击【图层】面板中的蒙版缩览图，可在停用蒙版和启用蒙版之间切换。

5. 取消图层与蒙版的链接

默认情况下，图层和蒙版处于链接状态，当使用 ⊹ 工具移动图层或蒙版时，该图层及其蒙版会在图像文件中一起移动，取消它们的链接后可以进行单独移动。

（1）执行【图层】/【图层蒙版】/【取消链接】或【图层】/【矢量蒙版】/【取消链接】命令，即可将图层与蒙版之间的链接取消。

提示

执行【图层】/【图层蒙版】/【取消链接】或【图层】/【矢量蒙版】/【取消链接】命令后，【取消链接】命令将显示为【链接】命令，选择此命令，将图层与蒙版之间会重建链接。

（2）在【图层】面板中单击图层缩览图与蒙版缩览图之间的【链接】图标 ⬚，链接图标消失，表明图层与蒙版之间已取消链接；当在此处再次单击，链接图标出现时，表明图层与蒙版之间又重建链接。

6. 创建和编辑矢量蒙版

创建形状层中的蒙版即为矢量蒙版，执行下列任一操作即可创建矢量蒙版。

- 执行【图层】/【矢量蒙版】/【显示全部】命令，可创建显示整个图层的矢量蒙版。
- 执行【图层】/【矢量蒙版】/【隐藏全部】命令，可创建隐藏整个图层的矢量蒙版。

- 当图像中有路径存在且处于显示状态时，执行【图层】/【矢量蒙版】/【当前路径】命令，可创建显示形状内容的矢量蒙版。

在【图层】或【路径】面板中单击矢量蒙版缩览图，将其设置为当前状态，然后利用【钢笔】工具或【路径编辑】工具更改路径的形状，即可编辑矢量蒙版。

 提示

在【图层】面板中选择要编辑的矢量蒙版层，执行【图层】/【栅格化】/【矢量蒙版】命令，可将矢量蒙版转换为图层蒙版。

7. 剪贴蒙版

创建和取消剪贴蒙版的操作分别如下。

（1）创建剪贴蒙版

在【图层】面板中选择最下方图层上面的一个图层，然后执行【图层】/【创建剪贴蒙版】命令，即可将该图层与其下方的图层创建剪贴蒙版（背景层无法创建剪贴蒙版）。

按住Alt键，将光标放置在【图层】面板中要创建剪贴蒙版的两个图层中间的线上，当光标显示为图标时单击鼠标左键，即可创建剪贴蒙版。

（2）释放剪贴蒙版

在【图层】面板中，选择剪贴蒙版中的任一图层，然后执行【图层】/【释放剪贴蒙版】命令，即可释放剪贴蒙版，还原图层相互独立的状态。

按住Alt键将光标放置在分隔两组图层的线上，当光标显示为图标时单击鼠标左键，也可释放剪贴蒙版。

10.1.3 石头墙中的狮子

综合运用图层、图层蒙版及复制操作来合成石墙中的狮子效果，原素材图片及合成后的效果如图 10-10 所示。

石头墙中的狮子

图 10-10　素材图片及合成后的效果

范例操作 —— 合成石墙中的狮子效果

STEP 1 新建一个【宽度】为"16 厘米"，【高度】为"10 厘米"，【分辨率】为"300 像素 / 英寸"，【颜色模式】为"RGB 颜色"，【背景内容】为"白色"的文件，然后为"背景"层填充上黑色。

STEP 2 将素材"图库 \ 第 10 章"目录下名为"SC_100.psd"的图片打开，并将其移动复制到新建文件中生成"图层 1"。

STEP 3 按Ctrl + T组合键，为复制入的图片添加自由变换框，并按住Ctrl键，将其调整至如图 10-11 所示的形态，然后按Enter键，确认图像的变换操作。

STEP 4 按Ctrl + L组合键，在弹出的【色阶】对话框中设置参数如图 10-12 所示。

图 10-11 调整后的图像形态

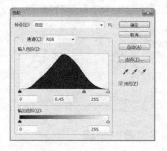

图 10-12 【色阶】对话框

STEP 5 单击 确定 按钮，调整后的图像效果如图 10-13 所示。

STEP 6 新建"图层 2"，利用▣工具为其由上至下填充从黑色到透明的线性渐变色，然后利用◢工具，对填充的颜色进行擦除，效果如图 10-14 所示。

图 10-13 调整后的图像效果

图 10-14 擦除后的效果

STEP 7 将素材"图库\第 10 章"目录下名为"SC_102.jpg"的图片打开，并将其移动复制到新建文件中生成"图层 3"。

STEP 8 按Ctrl + T组合键，为复制入的图片添加自由变换框，并按住Ctrl键，将其调整至如图 10-15 所示的形态，然后按Enter键，确认图像的变换操作。

STEP 9 按Ctrl + L组合键，在弹出的【色阶】对话框中设置参数如图 10-16 所示。

图 10-15 调整后的图像形态

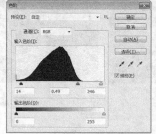

图 10-16 【色阶】对话框

STEP 10 单击 确定 按钮，调整后的图像效果如图 10-17 所示。

STEP 11 将素材"图库\第 10 章"目录下名为"SC_099.jpg"的图片打开，并将其移动复制到新建文件中生成"图层 4"，并将其调整至"图层 1"的下方位置。

STEP 12 按Ctrl + T组合键，为复制入的图片添加自由变换框，并按住Ctrl键，将其调整至如图 10-18 所示的形态，然后按Enter键，确认图像的变换操作。

图 10-17　调整后的图像效果

图 10-18　调整后的图像形态

STEP 13 按Ctrl + L组合键，在弹出的【色阶】对话框中设置参数如图 10-19 所示，然后单击 确定 按钮，调整后的图像效果如图 10-20 所示。

图 10-19　【色阶】对话框

图 10-20　调整后的图像效果

STEP 14 将"图层 1"设置为当前层，单击【图层】面板下方的 按钮，为其添加图层蒙版，然后利用 工具，在画面中喷绘黑色编辑蒙版，效果如图 10-21 所示。

STEP 15 将素材"图库\第 10 章"目录下名为"SC_101.psd"的树叶图片打开。

STEP 16 将"树叶"文件中"图层 1"和"图层 2"中的内容依次复制到新建文件中生成"图层 5"和"图层 6"。

STEP 17 将"图层 5"设置为当前层，按Ctrl + T组合键，为其添加自由变换框，并将其调整至如图 10-22 所示的形态，然后按Enter键，确认图像的变换操作。

图 10-21　编辑蒙版后的效果

图 10-22　调整后的图像形态图

STEP 18 将"图层 6"设置为当前层，按Ctrl + T组合键，为其添加自由变换框，并将其调整至如图 10-23 所示的形态，然后按Enter键，确认图像的变换操作。

STEP 19 按 Ctrl + E 组合键，将"图层 6"向下合并为"图层 5"，然后按住 Ctrl 键，单击"图层 5"左侧的图层缩览图添加选区。

STEP 20 按住 Ctrl + Alt 组合键，将光标移动至选区内，按住左键并拖曳鼠标，移动复制树叶图像，然后按 Ctrl + T 组合键，为复制出的树叶添加自由变换框，并将其调整至如图 10-24 所示的形态。

10-23 调整后的图像形态

图 10-24 调整后的图像形态

STEP 21 按 Enter 键，确认图像的变换操作，然后按 Ctrl + D 组合键，将选区去除。

STEP 22 按 Ctrl + L 组合键，在弹出的【色阶】对话框中设置参数如图 10-25 所示。

STEP 23 单击 确定 按钮，调整后的图像效果如图 10-26 所示。

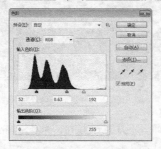

图 10-25 【色阶】对话框

图 10-26 调整后的图像效果

STEP 24 用与步骤 19 ~ 23 相同的方法，将树叶图像依次复制并调整不同的【色阶】参数，在画面中复制并调整出如图 10-27 所示的树叶效果。

图 10-27 复制并调整出的树叶效果

STEP 25 按 Ctrl + S 组合键，将文件命名为"石墙中的狮子 .psd"保存。

10.1.4 烈火中的汽车

下面灵活运用图层蒙版来将图像进行合成，制作出如图 10-28 所示的烈火飞车效果。

烈火中的汽车

图 10-28　合成的烈火飞车效果

范例操作 —— **制作烈火飞车效果**

STEP 1 按Ctrl+O组合键，将素材"图库\第 10 章"目录下名为"SC_095.jpg"的汽车图片和名为"SC_098.jpg"的火焰图片打开，如图 10-29 所示。

图 10-29　打开的图片

STEP 2 将"火焰"图片移动复制到"汽车.jpg"文件中生成"图层 1"，然后按Ctrl+T组合键，为复制入的图片添加自由变形框，并将其调整至如图 10-30 所示的形态。

STEP 3 按Enter键，确认图像的变换操作，然后将"图层 1"的【图层混合模式】设置为【叠加】模式，更改混合模式后的画面效果如图 10-31 所示。

图 10-30　调整后的图片形态　　　　图 10-31　更改混合模式后的画面效果

STEP 4 单击【图层】面板下方的按钮，为"图层 1"添加图层蒙版，然后利用工具，在画面的下方喷绘黑色编辑蒙版，使火焰位于汽车的上方，效果及【图层】面板如图 10-32 所示。

STEP 5 将素材"图库\第 10 章"目录下名为"SC_097.jpg"的火焰图片打开，并将其移动复制到"汽车"文件中生成"图层 2"。

STEP 6 按Ctrl+T组合键，为复制入的图片添加自由变形框，并将其调整至如图 10-33 所示的形态，然后按Enter键，确认图像的变换操作。

图 10-32　编辑蒙版后的效果及【图层】面板　　　　　　　图 10-33　调整后的图片形态

STEP 7 将"图层 2"的【图层混合模式】设置为【线性光】模式，更改混合模式后的画面效果如图 10-34 所示。

STEP 8 再次单击【图层】面板下方的 ▣ 按钮，为"图层 2"添加图层蒙版，然后利用 ✎ 工具，在画面中喷绘黑色编辑蒙版，效果如图 10-35 所示。

图 10-34　更改混合模式后的画面效果　　　　　　　图 10-35　编辑蒙版后的效果

STEP 9 将素材"图库 \ 第 10 章"目录下名为"SC_096.jpg"的火焰图片打开，并将其移动复制到"汽车"文件中生成"图层 3"。

STEP 10 按 Ctrl + T 组合键，为复制入的图片添加自由变形框，并将其调整至如图 10-36 所示的形态，然后按 Enter 键，确认图像的变换操作。

STEP 11 将"图层 3"的【图层混合模式】设置为【叠加】模式，更改混合模式后的画面效果如图 10-37 所示。

图 10-36　调整的图像形态　　　　　　　图 10-37　更改混合模式后的效果

STEP 12 单击【图层】面板下方的 ▣ 按钮，为"图层 3"添加图层蒙版，然后利用 ✎ 工具，在画面中喷绘黑色编辑蒙版，效果如图 10-38 所示。

STEP 13 至此，烈火飞车效果制作完成，按 Shift + Ctrl + S 组合键，将文件另命名为"烈火飞车 .psd"保存。

图 10-38　编辑蒙版后的效果

图层蒙版合成图像

10.1.5　图层蒙版合成图像

本节灵活运用【图层蒙版】将两幅图像合成，素材图片及合成后的效果如图 10-39 所示。

图 10-39　素材图片及合成后的效果

范例操作 —— 利用蒙版合成图像

STEP 1 依次打开素材"图库\第 10 章"目录下名为"SC_092.jpg"和"SC_093.jpg"的文件，然后将"瀑布"图像移动复制到"荷花池"文件中，并调整至如图 10-40 所示的大小及位置。

STEP 2 按 Enter 键确认，然后单击【图层】面板下方的 ▣ 按钮，为其添加图层蒙版。

STEP 3 选取 ☑ 工具，将前景色设置为黑色，然后在瀑布图像的下方拖曳鼠标，对蒙版进行编辑，即可对图像进行合成处理，编辑后的图层蒙版缩览图如图 10-41 所示。

图 10-40　素材图片及合成后的效果　　　　　　　图 10-41　编辑后的图层蒙版缩览图

STEP 4 按 Shift + Ctrl + S 组合键，将文件另命名为"合成图像 .psd"保存。

10.1.6　爆炸效果制作

在拍摄照片时，经常会拍到一些场景非常杂乱，且主要人物显示不出来的情况，下面我们就利用图层蒙版来对其背景进行处理，结合【滤镜】/【模糊】/【径向模糊】命令来制作一种爆炸效果。原照片及处理后的效果如图 10-42 所示。

爆炸效果制作

图 10-42 原照片及处理后的效果

范例操作 —— 制作爆炸效果

STEP 1 按 Ctrl + O 组合键，打开素材"图库 \ 第 10 章"目录下名为"SC_094.jpg"的图片。

STEP 2 按 Ctrl + J 组合键，将背景层复制为"图层 1"，然后单击"背景"层，将其设置为工作状态。

STEP 3 执行【滤镜】/【模糊】/【径向模糊】命令，弹出【径向模糊】对话框，设置选项及参数如图 10-43 所示，然后单击 确定 按钮。

STEP 4 执行【图层】/【图层蒙版】/【隐藏全部】命令，将"图层 1"中的图像全部隐藏，此时的画面效果及【图层】面板如图 10-44 所示。

图 10-43 【径向模糊】对话框

图 10-44 执行【径向模糊】命令后的画面效果

STEP 5 将前景色设置为白色，选取 ✎ 工具，设置一个较大的，且边缘柔和的圆形画笔笔头，然后将鼠标移动到画面中的人物头部位置单击，头部区域即显示出清晰的图像效果，如图 10-45 所示，即将该区域的图像还原显示。

STEP 6 继续拖曳鼠标，可将鼠标拖曳处的图像都恢复显示，状态及调整后的【图层】面板如图 10-46 所示。

图 10-45 喷绘白色后的画面效果

图 10-46 编辑图层蒙版后的效果及【图层】

STEP 7 选取 ▣ 工具，确认渐变样式为"色谱"，渐变类型为【径向渐变】，并将【反向】选项勾选。

STEP 8 在【图层】面板中新建"图层 2",然后将光标移动到画面的中心位置向右下方拖曳,为画面进行色谱渐变颜色填允,效果如图 10-47 所示。

STEP 9 执行【图像】/【调整】/【反相】命令(快捷键为 Ctrl + I 组合键),将图像进行反相调整,然后在【图层】面板中将"图层 2"的【图层混合模式】选项设置为【柔光】,【不透明度】选项设置为"60%",画面效果如图 10-48 所示。

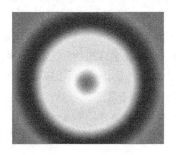

图 10-47 填充渐变色后的画面效果

图 10-48 调整混合模式和不透明度后的效果

STEP 10 按 Shift + Ctrl + S 组合键,将此文件另命名为"爆炸效果 .psd"保存。

10.2 通道

通道主要用于保存颜色数据,利用它可以查看各种通道信息并可以对通道进行编辑,从而达到编辑图像的目的。在对通道进行操作时,可以分别对各原色通道进行明暗度、对比度的调整,也可以对原色通道单独执行滤镜命令,制作出许多特殊效果。

10.2.1 认识通道

图像颜色模式的不同决定通道的数量也不同,在 Photoshop CS6 中通道主要分如下 4 种。

认识通道

- 复合通道:不同模式的图像其通道的数量也不一样。在默认情况下,位图、灰度和索引模式的图像只有 1 个通道,RGB 和 LAB 模式的图像有 3 个通道,CMYK 模式的图像有 4 个通道。

例如,打开一幅 RGB 色彩模式的图像,该图像包括 R、G 和 B3 个通道。打开一幅 CMYK 色彩模式的图像,该图像包括 C、M、Y 和 K4 个通道。为了便于理解,本书分别以 RGB 颜色模式和 CMYK 颜色模式的图像制作了如图 10-49 所示的通道原理图解。在图中,上面的一层代表叠加图像每一个通道后的图像颜色,下面的层代表拆分后的单色通道。

图 10-49 RGB 和 CMYK 颜色模式的图像通道原理图解

每一幅位图图像都有一个或多个通道，每个通道中都存储着关于图像色素的信息，通过叠加每个通道从而得到图像中的色彩像素。图像中默认的颜色通道数取决于其颜色模式。在四色印刷中，蓝、红、黄、黑印版就相当于 CMYK 颜色模式图像中的 C、M、Y 及 K 4 个通道。

- 单色通道：在【通道】面板中单色通道都显示为灰色，它通过 0 ~ 256 级亮度的灰度来表示颜色。在通道中很难控制图像的颜色效果，所以一般不采取直接修改颜色通道的方法改变图像的颜色。
- 专色通道：在进行颜色比较多的特殊印刷时，除了默认的颜色通道，还可以在图像中创建专色通道。例如，印刷中常见的烫金、烫银或企业专有色等都需要在图像处理时，进行通道专有色的设定。在图像中添加专色通道后，必须将图像转换为多通道模式才能够进行印刷输出。
- Alpha 通道：用于保存蒙版，让被屏蔽的区域不受任何编辑操作的影响，从而增强图像的编辑操作。

1. 【通道】面板

执行【窗口】/【通道】命令，即可在工作区中显示【通道】面板。利用【通道】面板可以对通道进行如下操作。

- 【指示通道可视性】图标 👁 ：此图标与【图层】面板中的 👁 图标是相同的，多次单击可以使通道在显示或隐藏之间切换。注意，当【通道】面板中某一单色通道被隐藏后，复合通道会自动隐藏；当选择或显示复合通道后，所有的单色通道也会自动显示。
- 通道缩览图： 👁 图标右侧为通道缩览图，主要作用是显示通道的颜色信息。
- 通道名称：通道缩览图的右侧为通道名称，它能使用户快速识别各种通道。通道名称的右侧为切换该通道的快捷键。
- 【将通道作为选区载入】按钮 ⊙ ：单击此按钮，或按住 Ctrl 键单击某通道，可以将该通道中颜色较淡的区域载入为选区。
- 【将选区存储为通道】按钮 ▢ ：当图像中有选区时，单击此按钮，可以将图像中的选区存储为 Alpha 通道。
- 【创建新通道】按钮 🗀 ：可以创建一个新的通道。
- 【删除当前通道】按钮 🗑 ：可以将当前选择或编辑的通道删除。

2. 从通道载入选区

按住 Ctrl 键，在通道面板上单击通道的缩览图，可以根据该通道在【图像】窗口中建立新的选区。如果图像窗口中已存在选区，操作如下。

- 按住 Ctrl + Alt 组合键，在通道面板上单击通道缩览图，新生成的选区是从原选区中减去根据该通道建立的选区部分。
- 按住 Ctrl + Shift 组合键，在通道面板上单击通道的缩览图，根据该通道建立的选区添加至原选区。
- 按住 Ctrl + Alt + Shift 组合键，在通道面板上单击通道的缩览图，根据该通道建立的选区与原选区重叠的部分作为新的选区。

3. 通道的基本操作

通道的创建、复制、移动堆叠位置（只有 Alpha 通道可以移动）和删除操作与图层相似，此处不再详细介绍。

- 在【通道】面板中单击复合通道，同时选择复合通道及颜色通道，此时在图像窗口中显示图像的效果，可以对图像进行编辑。

- 单击除复制通道外的任意通道，在图像窗口中显示相应通道的效果，此时可以对选择的通道进行编辑。
- 按住 Shift 键，可以同时选择几个通道，图像窗口中显示被选择通道的叠加效果。
- 单击通道左侧的 按钮，可以隐藏对应的通道效果，再次单击可以将通道效果显示出来。

10.2.2 利用通道选取复杂的图像

下面灵活运用通道来选取复杂的图像，素材图片及选取出的效果如图 10-50 所示。

利用通道选取
复杂的图像

图 10-50 素材图片及选取出的效果

范例操作 —— 选取复杂图像

STEP 1 将素材"图库\第 10 章"目录下名为"SC_104.jpg"的图片打开。

STEP 2 打开【通道】面板，依次单击各通道，观察各通道的明暗对比，然后将光标放置到明暗对比较明显的"蓝"通道上按下并向下拖曳。

STEP 3 至如图 10-51 所示的 按钮位置处释放鼠标，将"蓝"通道复制生成为"蓝 副本"通道，如图 10-52 所示。

STEP 4 执行【图像】/【调整】/【色阶】命令，在弹出的【色阶】对话框中设置参数如图 10-53 所示。

  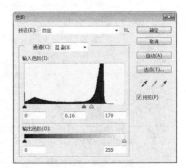

图 10-51 复制通道状态　　　图 10-52 复制出的通道副本　　　图 10-53 【色阶】对话框

STEP 5 单击 确定 按钮，调整后的图像效果如图 10-54 所示。

STEP 6 将前景色设置为白色，然后利用 工具，在画面中的左上角位置喷绘白色，效果如图 10-55 所示。

图 10-54　调整后的效果

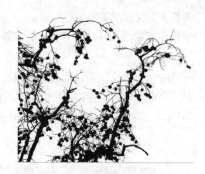

图 10-55　喷绘白色后的效果

STEP 7 按 Ctrl + I 组合键，将画面反相显示，效果如图 10-56 所示。

STEP 8 单击【通道】面板底部 按钮，载入"蓝 副本"通道的选区，然后单击上方的"RGB 通道"或按 Ctrl + 2 组合键转换到 RGB 通道模式，载入的选区形态如图 10-57 所示。

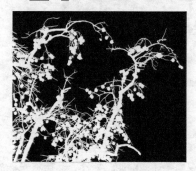

图 10-56　反相显示后的效果

图 10-57　载入的选区

STEP 9 按 Ctrl + J 组合键，将选区中的内容通过复制生成"图层 1"，然后将"背景"层隐藏，选取的树枝效果如图 10-58 所示。

STEP 10 将素材"图库\第 10 章"目录下名为"SC_103.jpg"的图片打开，如图 10-59 所示。

图 10-58　选取的树枝效果

图 10-59　打开的图片

STEP 11 将"风景"图片移动复制到"树枝"文件中生成"图层 2"，再按 Ctrl + T 组合键，为其添加自由变换框，并将其调整至如图 10-60 所示的形态，然后按 Enter 键，确认图片的变换操作。

STEP 12 将"图层 2"调整至"图层 1"的下方位置，调整图层堆叠顺序后的效果如图 10-61 所示。

图 10-60 调整后的图片形态

图 10-61 调整图层堆叠顺序后的效果

STEP 13 按 Shift + Ctrl + S 组合键，将文件另命名为"替换背景 .psd"保存。

10.2.3 深入理解通道

根据图像颜色模式的不同，其保存的单色通道信息也会不同。下面通过一个 RGB 颜色模式的图像载入单色通道的选区后填充纯色操作，帮助读者深入地理解通道的组成原理。

深入理解通道

范例操作 —— 深入理解通道

STEP 1 打开素材"图库\第 10 章"目录下名为"水果 .jpg"的文件，新建"图层 1"并填充上黑色，然后新建"图层 2"，并将【图层混合模式】设置为【滤色】。

STEP 2 单击"图层 1"左侧的 图标，将"图层 1"隐藏。

STEP 3 打开【通道】面板，选中"红"通道，画面即可显示"红"通道的灰色图像效果，如图 10-62 所示。

STEP 4 在【通道】面板底部单击 按钮，画面中出现"红"通道的选区，如图 10-63 所示。

图 10-62 "红"通道图像

图 10-63 添加的选区

提示

在通道中，白色代替图像的透明区域，表示要处理的部分，可以直接添加选区；黑色表示不需处理的部分，不能直接添加选区。

STEP 5 按 Ctrl + 2 组合键切换到"RGB"通道，打开【图层】面板，单击"图层 1"左侧的 图标将"图层 1"显示。

STEP 6 将前景色设置为红色（R:255），然后为"图层 1"填充红色，取消选区后，此时就是"红"通道的组成状况，如图 10-64 所示。

STEP 7 将"图层 1"和"图层 2"暂时隐藏，新建"图层 3"，并将【图层混合模式】设置为【滤色】。

STEP 8 打开【通道】面板，载入"绿"通道的选区，然后在"图层 3"中填充绿色（G:255），按Ctrl + D组合键取消选区，并将"图层 1"显示，此时就是"绿"通道的组成状况，如图 10-65 所示。

图 10-64 "红"通道

图 10-65 "绿"通道

STEP 9 使用相同的操作方法，载入"蓝"色通道选区，并在"图层 4"中填充蓝色（B:255），取消选区，并将"图层 1"显示，此时就是"蓝"通道的组成状况，如图 10-66 所示。

STEP 10 将"图层 3"和"图层 2"显示，即组成了由"红""绿""蓝"3 个通道叠加后得到的图像原色效果，如图 10-67 所示。

图 10-66 "蓝"通道

图 10-67 "红""绿""蓝"通道叠加后的效果

STEP 11 按Shift + Ctrl +S组合键，将文件另命名为"通道原理 .psd"保存。

10.2.4 分离与合并通道

单击【通道】面板右上角 的按钮，弹出通道面板菜单。下面介绍其中的【分离通道】与【合并通道】命令。

分离与合并通道

1. 分离通道

在图像处理过程中，有时需要将通道分离为多个单独的灰度图像，然后重新进行合并，对其进行编辑处理，从而制作各种特殊的图像效果。

对于只有背景层的图像文件，在【通道】面板中单击右上角的 按钮，在弹出的下拉菜单中选择【分离通道】命令，可以将图像中的颜色通道、Alpha 通道和专色通道分离为多个单独的灰度图像。此时原图像被关闭，生成的灰度图像以原文件名和通道缩写形式重新命名，它们分别置于不同的图像窗口中，相互独立，如图 10-68 所示。

图 10-68　分离的通道

2. 合并通道

要使用【合并通道】命令必须满足 3 个条件，一是作为通道进行合并的图像的颜色模式必须是灰度的，二是这些图像的长度、宽度和分辨率必须完全相同，三是它们必须是已经打开的。选择【合并通道】命令，弹出的【合并通道】对话框如图 10-69 所示。

- 在【模式】下拉列表中可以选择新合并图像的颜色模式。
- 【通道】值决定合并文件的通道数量。如果在【模式】下拉列表中选择了【多通道】选项，【通道】值可以设置为小于当前打开的要用作合并通道的文件的数量。

如果在【模式】下拉列表中选择了其他颜色模式，那么【通道】值只能设置为该模式可用的通道数，如在【模式】下拉列表中选择了【RGB 颜色】选项，那么【通道】值只能设置为"3"。

- 单击【合并通道】对话框中的 确定 按钮，在弹出的【合并 RGB 通道】对话框中选择使用哪一个文件作为颜色通道，如图 10-70 所示。单击 模式(M) 按钮，可以回到【合并通道】对话框重新进行设置。

图 10-69　【合并通道】对话框

图 10-70　指定通道

在处理图像时，可以对分离出的灰色图像分别进行编辑，并可以将编辑后的图像重新合并为一幅彩色图像。下面以实例的形式来具体讲解。

范例操作 —— **分离与合并通道**

STEP 1 打开素材"图库\第 10 章"目录下名为"人物照片 .jpg"的文件，如图 10-71 所示。

STEP 2 执行【窗口】/【通道】命令，显示【通道】面板，然后单击面板中的 ■ 按钮，在弹出的菜单中选择【分离通道】命令，将图片分离。

STEP 3 确认分离出来的"人物照片 .jpg_ 蓝"文件处于工作状态，按 Ctrl + M 组合键，在弹出的【曲线】对话框中调整曲线形态，如图 10-72 所示。

STEP 4 单击 确定 按钮，调整曲线前后的效果对比如图 10-73 所示。

图 10-71 打开的图片

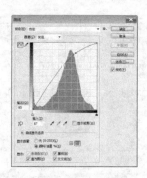

图 10-72 【曲线】对话框

图 10-73 调整曲线前后的效果对比

STEP ⏭5 单击【通道】面板中的 ☰ 按钮，在弹出的菜单中选择【合并通道】命令，在弹出的【合并通道】对话框中将【模式】选项设置为【RGB 颜色】，如图 10-74 所示。

STEP ⏭6 单击 确定 按钮，在弹出的【合并 RGB 通道】对话框中，指定各颜色的通道，如图 10-75 所示。

STEP ⏭7 单击 确定 按钮，合并后的效果如图 10-76 所示。

图 10-74 【合并通道】对话框　　图 10-75 【合并 RGB 通道】对话框　　图 10-76 合并后的效果

STEP ⏭8 按 Shift + Ctrl + S 组合键，将文件另命名为"靓丽色调.jpg"保存。

在合并通道时，如调换各通道的排列顺序，可生成色调不同的图像效果，下面执行具体讲解。

STEP ⏭9 在【合并 RGB 通道】对话框中，如果设置"G、B、R"通道顺序进行合并，可以得到如图 10-77 所示的颜色效果。

图 10-77 重新设置通道顺序及效果

STEP 10 再次将"人物照片 .jpg"文件打开,然后将合并后的图像文件设置为工作状态,再按住Shift键,将步骤 9 中合并的图像移动复制到"人物照片"文件中,生成"图层 1"。

STEP 11 选择 ✐ 工具,在属性栏中设置一个虚化的笔头,并将 不透明度:80% 选项的参数设置"80%",然后在人物位置按住鼠标左键并拖曳鼠标,对其进行擦除,使其显示出原来的颜色,状态如图 10-78 所示。

STEP 12 用与步骤 11 相同的方法,依次对人物的大面积区域进行擦除。注意,至人物图像的边缘时,要设置一个较小的笔头进行擦除。

STEP 13 单击属性栏中的【画笔预设】按钮,在弹出的【画笔选项】面板中将笔头【大小】选项设置为"15 像素",然后选择如图 10-79 所示的画笔笔头。

图 10-78 擦除时的状态

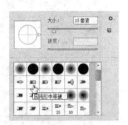

图 10-79 【画笔选项】面板

STEP 14 将鼠标指针移动到人物的腿部位置拖曳鼠标,注意此处擦除一定要仔细,否则会将"草"图像一同擦除,在擦除时还要灵活设置笔头的大小,擦除后的效果如图 10-80 所示。

至此,图像调整完成,最终效果如图 10-81 所示。

图 10-80 擦除后的图像效果

图 10-81 制作出的紫色调效果

STEP 15 按Shift + Ctrl + S组合键,将文件另命名为"紫色调 .psd"保存。

10.2.5 利用通道提高图像清晰度

下面利用通道来对模糊的照片进行处理,效果对比如图 10-82 所示。

利用通道提高
图像清晰度

图 10-82 原图片及处理后的效果

范例操作 —— **处理模糊照片**

STEP 1 将素材"图库\第 10 章"目录下名为"SC_105.jpg"的图片打开。

STEP 2 打开【通道】面板，将明暗对比较明显的"红"通道复制生成为"红 副本"通道，并将其设置为工作状态。

STEP 3 执行【滤镜】/【滤镜库】命令，调出【滤镜库】对话框，然后单击【风格化】将其下的命令展开，再单击【照亮边缘】命令，设置参数如图 10-83 所示。

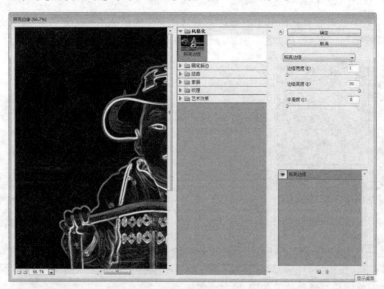

图 10-83 【照亮边缘】对话框

STEP 4 单击 确定 按钮，执行【照亮边缘】命令后的图像效果如图 10-84 所示。

STEP 5 执行【滤镜】/【模糊】/【高斯模糊】命令，在弹出的【高斯模糊】对话框中设置参数如图 10-85 所示。

图 10-84 执行【照亮边缘】命令后的效果

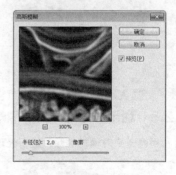

图 10-85 【图层样式】对话框

STEP 6 单击 确定 按钮，执行【高斯模糊】命令后的图像效果如图 10-86 所示。

STEP 7 按 Ctrl + L 组合键，在弹出的【色阶】对话框中设置参数如图 10-87 所示。

STEP 8 单击 确定 按钮，调整后的图像效果如图 10-88 所示。

STEP 9 单击【通道】面板的底部 按钮，载入"红 副本"通道的选区，载入的选区形态如图 10-89 所示，然后按 Ctrl + 2 组合键转换到 RGB 通道模式。

图 10-86　执行【高斯模糊】命令后的效果

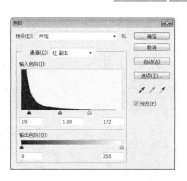

图 10-87　【色阶】对话框

图 10-88　调整后的图像效果

图 10-89　载入的选区形态

STEP 10 返回【图层】面板，将"背景"层复制生成为"背景 副本"层，再执行【滤镜】/【滤镜库】命令。

STEP 11 在弹出的【滤镜库】对话框中，选择【艺术效果】/【绘画涂抹】命令，然后设置选项参数如图 10-90 所示。

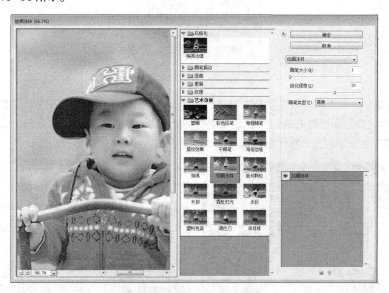

图 10-90　【绘画涂抹】对话框

STEP 12 单击 确定 按钮，然后按 Ctrl + D 组合键，将选区去除，执行【绘画涂抹】命令后的图像效果如图 10-91 所示。

图 10-91　执行【绘画涂抹】命令后的效果

STEP 13　按 Shift + Ctrl + S 组合键，将文件另命名为"处理模糊照片 .psd"保存。

10.3　课后习题

1．打开素材"图库\第 10"章目录下名为"天空 .jpg""冲浪 .jpg""电视 .psd""地砖 .psd""跳高 .jpg"和"游泳 .jpg"的文件，灵活运用图层蒙版将各素材图片进行合成，制作出如图 10-92 所示的电视广告。

图 10-92　合成的电视广告

2．利用通道除了可以选取边缘复杂的图像，还可以选取具有透明性质的图像，下面灵活运用通道将黑色背景中的婚纱图片选取出来，素材图片及更换背景后的效果如图 10-93 所示。素材图片为素材"图库\第 10 章"目录下名为"婚纱照 .jpg"和"建筑 .jpg"的文件。

图 10-93　素材图片及更换背景后的效果

Chapter

11

第11章
菜单命令

前几章我们详细介绍了Photoshop CS6中的工具按钮和图层、蒙版以及通道等的应用，在本章，我们将对各个菜单命令进行讲解。并对常用的命令进行重点介绍。读者在学习时，要注意重点学习【编辑】、【图像】、【图层】、【选择】和【滤镜】等菜单命令。

学习目标

- 掌握各种菜单命令。
- 掌握图像的变换操作方法。
- 掌握图像颜色调整的方法。
- 掌握利用滤镜命令制作特殊图像效果的方法。

11.1 文件菜单

在 Photoshop CS6 的菜单栏中，【文件】菜单主要用来进行文件的一些基本操作，如【新建】、【打开】、【关闭】、【存储】、【导入】与【导出】等，【文件】菜单如图 11-1 所示。下面我们来简单介绍文件菜单命令。

图 11-1　文件菜单

- 【新建】：用于产生一个新的文件，其文件的名称、大小和颜色可以在弹出的【新建】对话框中进行设定。
- 【打开】：用于打开一个已存在的图像文件。
- 【在 Bridge 中浏览】：此命令可以打开【文件浏览器】面板，用于浏览、管理和调用图像文件。
- 【在 Mini Bridge 中浏览】：通过它可以更快捷地打开需要的图像文件。
- 【打开为】：用于以用户指定的文件格式打开文件。
- 【打开为智能对象】：可以将文件作为智能对象打开。
- 【最近打开文件】：选择该命令，弹出的菜单中罗列了一些文件名，这些都是最近打开过的图像文件。如果想再次打开这些文件，只要在相应的文件名上用鼠标单击即可。
- 【关闭】：将当前文件关闭。如果该文件尚未存盘，软件会提示你是否要进行存盘操作。
- 【关闭全部】：只有当同时打开多个文件时，这个命令才可用。执行此命令可以将当前打开的所有文件关闭。
- 【关闭并转到 Bridge】：关闭当前文件，然后启用 Bridge，打开【文件浏览器】面板，同时显示文件。
- 【存储】：将文件以原文件名进行存盘保存。如果文件内容发生改变，软件会以新的内容自动将旧的内容覆盖掉。
- 【存储为】：将图像文件另命名或另选路径或另选文件格式保存。
- 【签入】：该命令在存储文件时允许存储文件的不同版本以及各版本注释。
- 【存储为 Web 所用格式】：将图像保存为网页格式或应用于网页的图像格式。
- 【恢复】：将修改过的图像恢复为上一次保存的效果，使图像可以重新进行修改。
- 【置入】：该命令可以将其他应用软件中制作的图像，如 "PDF" 和 "EPS" 等格式的文件，作为一个新层置于当前图像中。
- 【导入】：导入 PDF 格式文件图像和其他文件中的注释。
- 【导出】：将 Photoshop CS6 图像导出到 Illustrator 或视频设备中，以满足不同的使用目的。
- 【自动】：主要用于对文件进行批处理。
- 【脚本】：选择该命令，可以在弹出的次级菜单中选择 Photoshop CS6 提供的脚本命令对图像进行批处理。也可以载入用户使用支持 OLE 自动化的任何脚本语言或 Java script 语言编辑的脚本程序。
- 【文件简介】：用于在当前图像中加入作者及图像文件的相关信息。
- 【打印】：对所选图像进行打印。
- 【打印一份】：此命令相当于 "打印" 命令的快捷方式，以默认参数将当前图像打印一份。

- 【退出】: 退出 Photoshop 软件。

11.1.1 【动作】面板

动作是让图像文件一次执行一系列操作的命令, 大多数命令和工具操作都可以记录在动作中。它可以包含停止指令, 使用户去执行那些无法记录的任务。也可以包含模态控制, 使用户在播放动作时在对话框中输入值。

【动作】面板

【动作】面板可以记录、播放、编辑和删除动作, 还可以存储和载入动作, 默认的【动作】面板中包含许多预定义的动作, 如图 11-2 所示。

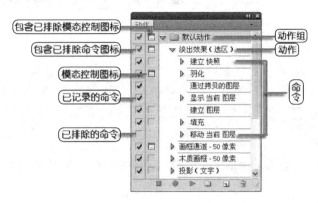

图 11-2 【动作】面板

（1）显示【动作】面板
- 执行【窗口】/【动作】命令, 或按 Alt + F9 组合键。
- 如果【动作】面板已在工作界面中显示, 可单击【动作】标签。

（2）展开和折叠组、动作和命令
- 在【动作】面板中单击组、动作或命令左侧的 ▷ 图标, 可将当前关闭的组、动作或命令展开; 按住 Alt 键并单击 ▷ 图标, 可展开一个组中的全部动作或一个动作中的全部命令。
- 单击 ▷ 图标, 该图标将显示为 ▽ 图标, 单击此图标, 可将展开的组、动作或命令关闭; 按住 Alt 键并单击 ▽ 图标, 可关闭一个组中的全部动作或一个动作中的全部命令。

（3）以按钮模式显示动作

默认情况下,【动作】面板以列表的形式显示动作, 但用户可以将其设置为以按钮的形式显示, 具体操作是: 在【动作】面板中单击右上角的 按钮, 然后在弹出的菜单中选择【按钮模式】命令, 即可将【动作】面板中的动作以按钮的形式显示。在【动作】面板菜单中再次选取【按钮模式】命令, 可将动作以列表的形式显示。

1. 记录动作

除系统预置的动作外, 还可以自己设置动作。在设置之前, 最好创建动作组, 以更好地组织和管理动作。

（1）创建新组

在【动作】面板中, 单击【创建新动作组】按钮 。或在【动作】面板菜单中, 选取【新建组】命令。在弹出的【新建组】对话框中设置组的名称, 然后单击 确定 按钮, 即可新建动作组。

（2）创建新动作

创建新动作组后, 通过记录可以将所做的操作记录在该动作组中, 直至停止记录。

在【动作】面板中, 单击【创建新动作】按钮 。弹出的【新建动作】对话框, 如图 11-3 所示。

- 【名称】：用于设置新建动作的名称。
- 【组】：用于设置新建动作所从属的动作组。
- 【功能键】选项：用于设置动作的键盘快捷键。可以选取功能键、Ctrl键和Shift键的任意组合。
- 【颜色】选项：用于设置按钮模式的显示颜色。

图 11-3 【新建动作】对话框

设置完各选项后，单击 记录 按钮，即可新建动作同时开始记录动作，此时【动作】面板中的"开始记录"按钮 ● 将显示为红色的 ● 。执行要记录的操作，如果要停止记录，可单击【动作】面板底部的"停止播放 / 记录"按钮 ■ 或按 Esc 键，此时显示为红色的记录按钮将还原为关闭的状态。

如要记录【存储为】命令时，不要更改文件名。如果输入了新的文件名，系统将记录此文件名并在每次运行该动作时都使用此文件名。在存储之前，如果浏览到另一个文件夹，可以指定另一位置而不必指定文件名。

若要在同一动作中继续开始记录动作，可再次单击面板底部的 ● 按钮，或选取面板菜单中的【再次记录】命令。

2. 插入路径、停止和不可记录的命令

在记录动作时还可随时插入路径、停止和不可记录的命令，以完善整个动作。

（1）插入路径

插入路径命令可以将复杂的路径作为动作的一部分包含在内。播放动作时，工作路径被设置为所记录的路径。

在【动作】面板中选取插入路径的位置。

- 开始记录动作。
- 选择一个动作的名称，在该动作的最后记录路径。
- 选择一个命令，在该命令之后记录路径。
- 在【路径】面板中选择现有的路径。
- 在【动作】面板菜单中选取【插入路径】命令。

如果在单个动作中记录多个【插入路径】命令，则每一个路径都将替换目标文件中的前一个路径。若要添加多个路径，可在记录每个【插入路径】命令之后，使用【路径】面板记录【存储路径】命令。

（2）插入停止

在记录动作时可以插入停止，以便在播放动作时去执行那些无法记录的命令（如使用绘画工具）。也可以在动作停止时显示一条短信息，提示用户需要进行的操作。

选取插入停止的位置。

- 选择一个动作的名称，在该动作的最后插入停止。
- 选择一个命令，在该命令之后插入停止。

在【动作】面板菜单中选取【插入停止】命令，在弹出的【记录停止】对话框中，键入希望显示的

信息。如果希望该选项继续执行动作而不停止，则勾选【允许继续】选项。然后单击[　确定　]按钮。

提示

当勾选【记录停止】对话框中的【允许继续】选项后，在播放动作遇到停止时，如不需要执行任何操作，可单击[　继续(C)　]按钮。如需要停止可单击[　停止(S)　]按钮。

（3）插入不可记录的命令

在记录动作时，可以使用【插入菜单项目】命令将许多不可记录的命令插入到动作中（如绘画工具、视图和窗口等命令）。

插入的命令直到播放动作时才执行，因此插入命令时图像文件保持不变。命令的任何值都不记录在动作中。如果插入的一个命令有对话框，在播放期间将显示该对话框，并且暂停动作，直到单击[　确定　]或[　取消　]按钮为止。

选取插入菜单项目的位置。

- 选择一个动作名称，在该动作的最后插入项目。
- 选择一个命令，在该命令的最后插入项目。

在【动作】面板菜单中选取【插入菜单项目】命令，在弹出的【插入菜单项目】对话框中选取一个菜单命令，然后单击[　确定　]按钮。

3. 设置模态控制和排除

记录完动作后，可设置模态控制以暂停有对话框的命令，便于在对话框中输入新的参数值，如果不设置模态控制，则播放动作时不会出现对话框，并且不能更改已记录的值。使用【插入菜单项目】命令插入有对话框的命令时，不能停用其模态控制。另外，记录完动作后，还可以排除不想播放的命令。需要注意的是，必须在【动作】面板的列表模式中才能设置模态控制和排列，在按钮模式下不能设置。

（1）设置模态控制

在能弹出对话框的命令名称左侧框中单击，当显示▣图标时，即完成模态控制的设置，再次单击可删除模态控制。在组或动作名称左侧的框中单击，可打开（或停用）组或动作中所有命令的模态控制。模态控制由▣图标表示，如果动作和组中的可用命令只有一部分是模态，则这些动作和组将显示红色的▣图标。

（2）排除命令

在命令列表处于展开的状态下，单击所要排除命令左侧的勾选标记☑，取消其勾选状态，即可排除此命令。再次单击，可将该命令包括在内。若要排除或包括一个动作中的所有命令，可单击该动作名称左侧的勾选标记☑。

当排除某个命令时，其勾选标记将消失，同时，父动作的勾选标记将显示为红色☑，即表示动作中的某些命令已被排除。

4. 播放动作

播放动作就是执行【动作】面板中指定的一系列命令，也可以播放单个命令。如果播放的动作中包括模态控制，则可以在对话框中指定值。

（1）播放整个动作

在【动作】面板中选择要播放的动作名称，然后单击面板底部的▶按钮，或在面板菜单中选取【播放】命令。如果为一个动作指定了组合键，则按组合键就会自动播放该动作。在【动作】面板中选择多个动作后，单击面板底部的▶按钮，或在面板菜单中选取【播放】命令，可一次播放多个动作。

（2）播放动作中的单个命令

在【动作】面板中选择要播放的命令，然后按住Ctrl键单击面板底部的 ▶ 按钮，或按住Ctrl键用鼠标双市该命令。

在按钮模式下，单击一个按钮将执行整个动作，但不执行先前已排除的命令。

5. 编辑动作

记录动作后，还可以对动作进行编辑，如重新排列动作或命令的执行顺序，对组、动作或命令进行复制和删除，更改动作或组选项等。

（1）重新排列动作和命令

在【动作】面板中重新排列动作或动作中的命令可以更改它们的执行顺序。

将动作或命令按住左键拖曳到位于另一个动作或命令之前或之后的新位置，当要放置的位置出现双线时释放鼠标左键，即可将该动作或命令移动到新的位置。利用这种方法，还可以将动作拖曳到另一个组或将命令拖曳到另一个动作中。

（2）复制组、动作或命令

对于需要多次执行的同一个组、动作或命令，执行下列任一种操作就可以将其复制。

- 按住Alt键并将组、动作或命令按住左键拖曳到【动作】面板中的新位置，当所需的位置出现双线时，释放鼠标左键。
- 选择要复制的组、动作或命令。然后在【动作】面板菜单中选取【复制】命令。复制的组、动作或命令即出现在原来的位置之后。
- 将要复制的组、动作或命令按住左键拖曳至【动作】面板底部的 回 按钮上。复制的组、动作或命令即出现在原来的位置之后。

（3）删除组、动作和命令

对于不再需要的组、动作或命令，执行下列任一种操作可将其从【动作】面板中删除。

- 选择要删除的组、动作或命令，然后单击 🗑 按钮，在弹出的询问面板中单击 确定 按钮。
- 选择要删除的组、动作或命令，按住Alt键并单击 🗑 按钮，可直接将其删除。
- 将要删除的组、动作或命令拖曳到 🗑 按钮上。
- 选择要删除的组、动作或命令，然后在面板菜单中选取【删除】命令。选取【清除全部动作】命令可删除【动作】面板中的全部动作。

（4）更改动作或组选项

在【动作】面板中选择动作，然后在面板菜单中选取【动作选项】命令，在弹出的【动作选项】对话框中可以为选择的动作键入一个新的名称，或设置新的键盘快捷键和按钮颜色。

在【动作】面板中选择组，然后在面板菜单中选取【组选项】命令，在弹出的【组选项】对话框中可以为选择的组键入一个新的名称。

6. 管理动作

默认情况下，【动作】面板中显示预定义的动作，但可以载入其他动作，或将设置的动作保存，或设置动作的播放速度。

（1）设置回放选项

回放选项命令提供了 3 种速度播放动作，在【动作】面板菜单中选取【回放选项】命令，将弹出如图 11-4 所示的【回放选项】对话框。

- 【加速】：点选此选项，将以正常的速度播放动作。此选项为默认设置。
- 【逐步】：点选此选项，在播放每个命令后将重绘图像，然后再进行

图 11-4 【回放选项】对话框

动作中的下一个命令。

- 【暂停】：点选此选项，在其右侧的文本框中输入暂停的时间，在播放动作时，执行每个命令后将暂停此处所设置的时间量。

（2）存储动作组

在【动作】面板中选择要保存的动作组，然后在面板菜单中选取【存储动作】命令，在弹出的【存储】对话框中为该组键入名称，并选取一个保存位置，然后单击 保存(S) 按钮。即可将该动作组保存。

可以将动作组存储在任何位置。但如果将其保存在 Photoshop CS6 程序文件夹内的 "Presets/Actions" 文件夹中，则在重新启动应用程序后，该动作组将显示在【动作】面板菜单的底部。

按住 Ctrl + Alt 组合键选取【存储动作】命令，可将动作存储在文本文件中。使用此操作可查看或打印动作的内容。不过，不能将该文本文件重新载入到 Photoshop CS6 软件中。

（3）载入动作组

在需要执行预定义的其他动作时，可以将其所在的动作组载入，方法有下列两种。

- 在【动作】面板菜单中选取【载入动作】命令，选择要载入的动作组文件，然后单击 载入(L) 按钮。（Photoshop CS6 动作组文件的扩展名为 ".atn"。）
- 在【动作】面板菜单的底部区域选择动作组。

（4）将动作恢复到默认组

在【动作】面板菜单中选取【复位动作】命令。在弹出的面板中单击 确定 按钮，将用默认组替换【动作】面板中的当前动作，单击 追加(A) 按钮，可将默认动作组添加到【动作】面板中的当前动作中。

（5）替换动作组

在【动作】面板菜单中选取【替换动作】命令，可将选择的动作组替换【动作】面板中的当前动作。

11.1.2 利用动作命令修改图像大小

灵活运用动作命令将素材 "图库\第 11 章\可爱狗狗" 目录下所有图像文件的高度都改为 300 像素，且保持宽高比。具体操作如下。

范例操作 —— 动作命令应用

STEP 1 利用【文件】/【打开】命令，将素材 "图库\第 11 章\可爱狗狗" 目录下的所有图像文件打开。

STEP 2 执行【窗口】/【动作】命令，将【动作】面板调出。

STEP 3 单击面板下方的 按钮，在弹出的【新建组】对话框中直接单击 确定 按钮，创建一个新的动作组。

STEP 4 单击面板下方的 按钮，弹出【新建动作】对话框，设置各选项如图 11-5 所示。

图 11-5 【新建动作】对话框

STEP 5 单击 记录 按钮，在新建的动作组中新建一个新动作，并开始记录，此时 按钮显示为开启状态 。

STEP **6** 执行【图像】/【图像大小】命令，弹出的【图像大小】对话框如图 11-6 所示。

STEP **7** 依次勾选【图像大小】对话框中下方的选项，然后将【高度】选项的参数设置为 "300 像素"，如图 11-7 所示。

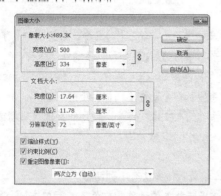

图 11-6 【图像大小】对话框

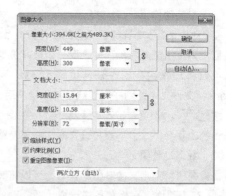

图 11-7 设置的选项及参数

STEP **8** 单击 确定 按钮，修改图像文件的大小。

STEP **9** 执行【文件】/【存储为】命令，在弹出的【存储为】对话框中，重新选择一个图像文件的保存路径，也可单击上方的 按钮新建文件夹，然后单击 保存(S) 按钮。

此处注意一定不要修改图像文件的文件名，否则运行动作后都将保存为同一文件名。

STEP **10** 在再次弹出的【JPEG 选项】对话框中，设置保存图像的品质，然后单击 确定 按钮。

STEP **11** 执行【文件】/【关闭】命令，将文件关闭，然后单击【动作】面板下方的 按钮，完成动作的记录，此时的【动作】面板如图 11-8 所示。

STEP **12** 确认下一幅图像文件处于当前状态，在【动作】面板中单击 "动作 1"，将其设置为开始状态，然后单击 ► 按钮，即可运行刚才记录的动作，将图像文件的高度自动转换为设置的 "300 像素"，并保存到指定的位置。

STEP **13** 用与步骤 12 相同的方法，依次单击 ► 按钮，即可利用动作命令分别调整图像的尺寸。

图 11-8 记录的动作

11.2 编辑菜单

编辑菜单主要用于对一些操作进行还原与重做，还可以对图像进行复制、粘贴和变换等。另外，对软件参数的一些预置管理也在此菜单中，因此，编辑菜单中的命令还是很重要的，希望读者能将其完全掌握。编辑菜单如图 11-9 所示。

下面我们来简单介绍编辑菜单命令。

- 【还原新建组】：用于将图像文件恢复到最后一次操作前的状态。
- 【前进一步】：在图像中有被撤消的操作时，执行此命令，将向前恢复一步操作。
- 【后退一步】：执行此命令，可撤消一步操作。每执行一次，将撤消一步。
- 【渐隐】：当图像在使用滤镜或者进行添加图层效果后，通常用该命令来调节效果的不透明度或者混合模式。

- 【剪切】：将被选择的图像保存至剪贴板上，并在原图像中删除。
- 【拷贝】：将图像文件中被选择的图像保存至剪贴板，原图像继续保留。
- 【合并拷贝】：该命令主要用于图层文件。将选区中所有层的内容复制到剪贴板中进行粘贴时，将其合并为一层粘贴。
- 【粘贴】：将剪贴板中的内容作为一个新图层粘贴到当前图像文件中。
- 【选择性粘贴】：决定图像粘贴的位置。是同一位置，还是选区内或选区外。
- 【清除】：在图像中创建选区后，执行该命令，可将选区中的内容清除，当清除的是背景层中的内容时，原图像会以背景色进行填充；当清除的是普通层中的内容时，则会将选区内的图像删除。
- 【拼写检查】：输入文本后可将错误的单词或语句进行检查并加以替换。
- 【查找和替换文本】：对输入的文本进行查找和替换的操作。
- 【填充】：将选定的内容按指定的模式填入图像的选区域内或直接将其填入图层内。
- 【描边】：用前景色沿选区边缘描绘指定宽度的线条。
- 【内容识别比例】：内容识别缩放可在不更改重要可视内容（如人物、建筑、动物等）的情况下调整图像大小。
- 【操控变形】：操控变形功能提供了一种可视的网格，借助该网格，可以随意地扭曲特定图像区域，同时保持其他区域不变。
- 【自由变换】：在自由变换状态下，以手动方式将当前图层的图像或选区做任意缩放、旋转等自由变形操作。这一命令在使用路径时，会变为【自由变换路径】命令，对路径进行自由变换。

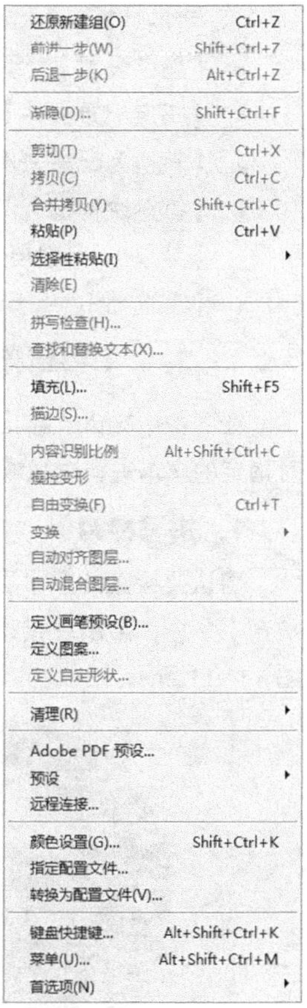

图 11-9　编辑菜单

- 【变换】：分别对当前图层的图像或选区域进行缩放、旋转、斜切、扭曲、透视等单项变形操作。这一命令在使用路径时，会变为【变换路径】命令，对路径进行单项变形。
- 【自动对齐图层】：可以根据不同图层中的相似内容（如角和边）自动对齐图层。可以指定一个图层作为参考图层，也可以让 Photoshop CS6 自动选择参考图层。其他图层将与参考图层对齐，以便匹配的内容能够自行叠加。
- 【自动混合图层】：可以缝合或组合图像，从而在最终复合图像中获得平滑的过渡效果。
- 【定义画笔预设】：将选定的图案定义为新的画笔笔型。
- 【定义图案】：将选定的区域定义为图案，以供填充、图章及画笔绘画等操作使用。设置图案时有两个必要条件：选区必需是矩形选区，且选区无羽化效果。
- 【定义自定形状】：可以自定义形状，注意，只有在图像中有形状图形时，此命令才可用。
- 【清理】：用于清除占用内存的无用数据，以加快软件的运行速度。
- 【Adobe PDF 预设】：此命令是一组影响创建 PDF 处理的设置。这些设置旨在平衡文件大小和品质，具体取决于如何使用 PDF 文件。
- 【预设】：用于管理 Photoshop CS6 随附的预设画笔、色板、渐变、样式、图案、等高线、自定形状和预设工具的库。例如，可以使用预设管理器来更改当前的预设项目集或创建新库等。
- 【远程连接】：此命令可以通过网络实时与其他人进行交流，并在屏幕上添加注释、发送聊天信息以及利用集成音频进行沟通。还可以广播实时视频、共享文件、捕捉会议记录以及控制与会者的计算机。

- 【颜色设置】：用于对屏幕、印刷油墨及调配方式等各项进行设置。
- 【指定配置文件】：用于指定或删除颜色配置文件。
- 【转换为配置文件】：可将文档颜色转换为其它配置文件。
- 【键盘快捷键】：可以自定义菜单命令及工具箱工具的快捷键。
- 【菜单】：可以自定义菜单命令可见性和显示颜色。
- 【首选项】：用于设置 Photoshop CS6 的预置和优化。

11.2.1 【拼写检查】与【查找和替换文本】命令

在图像中输入文字后，可以利用拼写检查命令检查文字的拼写是否有误，还可以
对指定的文本进行查找或替换。

拼写检查命令

1. 拼写检查

确认要检查的文本层处于工作层，或者利用 T 工具将要检查的文本选择，再执行【编辑】/【拼写
检查】命令，当出现错误时，会在【拼写检查】对话框中自动找出错误并提出修改建议，如图 11-10、
图 11-11 所示。

图 11-10　创建的文字

图 11-11　【拼写检查】对话框

（1）完成(D)：单击该按钮可以关闭对话框，对文字只进行检查，而更改。

（2）忽略(I)：单击该按钮，检查出来的文字不会被更改。

（3）全部忽略(G)：检查出来的所有文字都不会被更改。

（4）更改(C)：可以将检查出来的文字进行更改。

（5）更改全部(L)：可以将检查出来的所有文字都进行更改。

（6）添加(A)：可以将拼写正确的单词添加到词典中。

（7）【检查所有图层】：检查所有图层中的文本。如果将该选项的勾选取消，将只检查所选图层中的
文本。

2. 查找和替换

在 Photoshop CS6 中除了对字母的拼写检查外，还可以对指定的文本进行查找和替换。如
图 11-12 所示为【查找和替换文本】命令的对话框，在对话框【查找内容】选项下方的文本框中输入要
查找的内容，然后在【更改为】选项下方的文本框中输入要替换的内容，单击 查找下一个(I) 按钮，将进
行查找。查找后，单击 更改(H) 按钮，可以将文件中查找到的文本进行更改；单击 更改/查找(N) 按钮，
将更改当前查找到的内容，同时查找下一个；单击 更改全部(A) 按钮，将一次性更改要替换的内容。

图 11-12 【查找和替换文字】对话框

11.2.2　描边命令

描边命令可以在图形或选区的边缘进行颜色描绘,也可以对输入的文字进行描边,但要先将文字进行栅格化。执行【编辑】/【描边】命令可以打开如图 11-13 所示的对话框。

（1）【描边】:在该选项中可以设置描边的宽度和颜色。

（2）【位置】:该选项可以设置描边的位置。

（3）【混合】:在该选项中可以对描边进行混合模式的设置。

11.2.3　变换图像命令

变换图像命令包括变换、自由变换以及内容识别比例、操控变形、自动对齐图层和自动混合图层命令,下面来分别讲解。

图 11-13 【描边】对话框

1. 变换命令应用

下面以制作"抽象的海螺"效果为例来介绍变换命令的应用,制作的海螺效果如图 11-14 所示。

图 11-14　抽象海螺的效果

范例操作 —— **变换命令应用**

　　STEP 1 新建【宽度】为"35 厘米",【高度】为"35 厘米",【分辨率】为"72 像素 / 英寸"的白色文件,然后为背景层填充上黑色。

　　STEP 2 利用 ✐ 和 ⬉ 工具,绘制并调整出如图 11-15 所示的路径,然后按 Ctrl + Enter 组合键,将路径转换为选区。

　　STEP 3 新建"图层 1",选取 ▦ 工具,单击属性栏中的 ▬▬▭ 按钮,在弹出的【渐变编辑器】对话框中设置渐变颜色如图 11-16 所示。

图 11-15　绘制的路径　　　　　　　　　　　　　图 11-16　【渐变编辑器】对话框

STEP 4 按住 Shift 键，在选区内由下至上拖动鼠标，填充线性渐变色，效果如图 11-17 所示，然后按 Ctrl + D 组合键，将选区去除。

STEP 5 利用 ✎ 和 ↖ 工具，再绘制出如图 11-18 所示的路径，然后按 Ctrl + Enter 组合键，将路径转换为选区。

STEP 6 新建"图层 2"，选取 ▣ 工具，按住 Shift 键，在选区内由上至下拖动鼠标，填充线性渐变色，效果如图 11-19 所示，然后按 Ctrl + D 组合键，将选区去除。

图 11-17　填充渐变色后的效果　　　　图 11-18　绘制的路径　　　　图 11-19　填充渐变色后的效果

STEP 7 再次利用 ✎ 和 ↖ 工具，绘制并调整出如图 11-20 所示的路径，然后按 Ctrl + Enter 组合键，将路径转换为选区。

STEP 8 新建"图层 3"，选取 ▣ 工具，设置渐变颜色为由绿色（R:30,G:135,B:40）到黄灰色（R:240, G:140）的线性渐变，然后按住 Shift 键，在选区内由右至左拖动鼠标，填充线性渐变色，效果如图 11-21 所示。

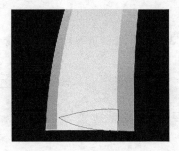

图 11-20　绘制的路径　　　　　　　　　　　图 11-21　填充渐变色后的效果

STEP 9 选取 工具，按住 Alt 键，在选区内按住左键并向上拖曳鼠标，移动复制图形，然后利用【编辑】/【自由变换】命令，将复制出的图形调整大小及角度后放置到如图 11-22 所示的位置。

STEP 10 用与步骤 9 相同的方法，依次复制出如图 11-23 所示的图形。

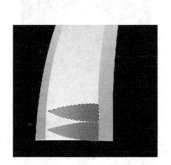

图 11-22 图形放置的位置

图 11-23 复制出的图形

STEP 11 将"图层 1"~"图层 3"同时选中，然后按 Ctrl + E 组合键，将选择的图层合并为"图层 1"。

STEP 12 执行【编辑】/【变换】/【水平翻转】命令，将图形翻转，然后将"图层 1"复制生成为"图层 1 副本"。

STEP 13 按 Ctrl + T 组合键，为复制出的图形添加自由变形框，并将其调整至如图 11-24 所示的形态及位置，然后按 Enter 键，确认图形的变换操作。

STEP 14 将"图层 1 副本"调整至"图层 1"的下方位置，然后将"图层 1 副本"复制生成为"图层 1 副本 2"，并将复制出的图形移动至如图 11-25 所示的位置。

STEP 15 将除背景层外的所有图层选择，然后按 Ctrl + E 组合键，将选择的图层合并为"图层 1"。

STEP 16 按 Alt + Ctrl + T 组合键，将"图层 1"中的图形复制后添加自由变形框，并将其旋转中心移动至如图 11-26 所示的位置。

图 11-24 调整后的图形形态

图 11-25 图形放置的位置

图 11-26 旋转中心放置的位置

STEP 17 设置属性栏中各项参数如图 11-27 所示，缩小并旋转后的图形形态如图 11-28 所示，然后按 Enter 键，确认图形的变换操作。

图 11-27 属性栏参数设置

STEP 18 按住 Shift + Ctrl + Alt 组合键，并依次按 T 键，重复旋转复制出如图 11-29 所示的图形。

图 11-28　缩小并旋转后的图形形态

图 11-29　重复复制出的图形

STEP 19 将"背景"层隐藏，按 Shift + Ctrl + E 组合键，将所有可见图层合并为"图层 1"，然后将"背景"层显示。

STEP 20 利用【编辑】/【自由变换】命令，将"图层 1"中的图形旋转至如图 11-30 所示的形态。

STEP 21 将"图层 1"中的图形依次复制，并利用【图像】/【调整】/【色相饱和度】命令对复制出的图形调整颜色，然后将其调整大小后分别放置到如图 11-31 所示的位置。

图 11-30　旋转后

图 11-31　图形放置的位置

STEP 22 将复制出的图层合并为一个图层，然后按 Ctrl + S 组合键，将文件命名为"抽象的海螺效果 .psd"保存。

2. 内容识别比例

在前面讲解的缩放操作中，缩放命令是对变形框内所有的图像进行统一比例的缩放，而利用【编辑】/【内容识别比例】命令对图像进行缩放，可在自动识别主要物体（如人物、动物及建筑物等）的情况下，对图像进行不同程度的缩放，尽量保持主要图像的原始比例。

打开素材"图库 \ 第 11 章"目录下名为"儿童 .jpg"的文件，如图 11-32 所示。因为变换命令不能在背景层中应用，因此要先将背景层转换为普通层：在如图 11-33 所示的"背景"层中双击鼠标，弹出如图 11-34 所示的对话框，单击 确定 按钮，将"背景"层新建为"图层 0"，即将背景层转换为普通层，如图 11-35 所示。

内容识别比例命令

图 11-32　打开的图像文件

图 11-33　光标放置的位置

图 11-34　【新建图层】对话框

图 11-35　转换为普通层

执行【编辑】/【内容识别比例】命令，在图像的周围将显示变形框，将光标放置到如图 11-36 所示的位置按下并向左拖动，状态如图 11-37 所示。

图 11-36　光标放置的位置

图 11-37　缩小变形时的状态

我们发现，图像的背景在很大程度上压缩了，而人物图像却只发生了稍微的变化，这和常规的缩放有很大的差别，如图 11-38 所示。由此可见，【编辑】/【内容识别比例】命令可以很好的对背景图像进行缩放，而保留画面中的主要人物。激活工具属性栏中的 按钮，可更大程度的保护人物肤色，如图 11-39 所示。

图 11-38　常规水平缩放效果

图 11-39　保护肤色后的效果

执行【编辑】/【内容识别比例】命令时的工具属性栏如图 11-40 所示。

图 11-40　【内容识别比例】命令属性栏

- 【**数量**】：用于设置内容识别缩放与常规缩放的比例。
- 【**保护**】：可在右侧的选项窗口中选择要保护区域的 Alpha 通道，如该文件中没有 Alpha 通道，将显示【无】。
- 【**保护肤色**】按钮：激活此按钮，可以最大限度保护含有肤色的区域，使之不进行缩放变换。

3. 操控变形

操控变形功能提供了一种可视化的网格，借助该网格，可以随意地扭曲特定图像区域的同时保持其他区域不变。

在【图层】面板中，选择要变换的图层，然后执行【编辑】/【操控变形】命令，此时将根据图像显示变形网格。在图像上单击，可以向要变换的区域和要固定的区域添加图钉。在图钉上按下鼠标并调整位置，即可对图形进行变形调整。要选择多个图钉，可按住 Shift 键的同时单击这些图钉。

操控变形命令

执行【编辑】/【操控变形】命令后的工具属性栏如图 11-41 所示。

图 11-41 【操控变形】命令属性栏

- 【**模式**】：确定网格的整体弹性。
- 【**浓度**】：确定网格点的间距。较多的网格点可以提高精度，但处理时间会较长。
- 【**扩展**】：扩展或收缩网格的外边缘。
- 【**显示网格**】：勾选此选项，将在图像上显示网格，如取消此选项的选择，将只显示调整图钉，从而显示更清晰的变换预览。要临时隐藏调整图钉，可以按住 H 键，释放按键后将又显示图钉。
- 【**图钉深度**】：添加图钉后，单击右侧的和按钮，可显示与其他网格区域重叠的网格区域。
- 【**旋转**】：设置要围绕图钉旋转网格。要按固定角度旋转网格，请按住 Alt 键，然后将光标移动到图钉附近，但不要放到图钉上。当出现旋转圆圈时，拖动鼠标可以直观地旋转网格，旋转的角度会在属性栏中显示出来。
- 【**移去所有图钉**】：单击此按钮，可将添加的图钉全部移除，图像恢复变形前的状态。要移去选定图钉，可按 Delete 键；要移去其他各个图钉，可将光标直接放在这些图钉上，然后按 Alt 键，当光标显示为剪刀图标时，单击该图标即可。

下面对花图形进行扭曲变形以详细讲解操控变形命令的应用，花图形扭曲变形前后的对比效果如图 11-42 所示。

图 11-42 花图形扭曲变形前后的对比效果

范例操作 —— 扭曲花形

STEP 1 打开素材的"图库\第 11 章"目录下名为"花 .psd"文件。

STEP 2 确认花图形所在的"图层 1"为工作图层，执行【编辑】/【操控变形】命令，然后将属性栏中【显示网格】选项前面的勾选取消。

STEP 3 将光标移动到图像上依次单击，添加如图 11-43 所示的图钉。在添加图钉时，最好在各们部位的转折点添加，以利于图像扭曲变换。

STEP 4 将光标移动到左上方的图钉上按下并向左拖动，调整该图钉的位置，同时扭曲图像，状态如图 11-44 所示。

图 11-43 添加的图钉位置

图 11-44 调整图钉位置时的状态

STEP 5 将光标移动到右上角的图钉上单击，将该图钉选择，然后按住 Alt 键，在该图钉周围将显示旋转圆圈，且光标显示为旋转图标，如图 11-45 所示。

STEP 6 按下鼠标并拖动，可旋转指定区域，状态如图 11-46 所示。

图 11-45 显示的旋转圆圈和旋转图标

图 11-46 旋转时的状态

STEP 7 旋转至合适的角度后，将光标移动到左上方的花枝上单击，再次添加图钉，然后将其向下调整至如图 11-47 所示的位置。

STEP 8 单击属性栏中的 ✓ 按钮，即可完成花图形的扭曲变形，最终效果如图 11-48 所示。

STEP 9 按 Shift + Ctrl + S 组合键，将此文件另命名为"操控变形练习 .psd"保存。

图 11-47 添加的图钉及移动后的位置

图 11-48 扭曲变形后的效果

4. 自动对齐图层

自动对齐图层命令，可以根据不同图层中的相似内容（如角和边）自动对齐图层。可以指定一个图层作为参考图层，也可以让 Photoshop CS6 自动选择参考图层。其他图层将与参考图层对齐，以便匹配的内容能够自行叠加。

选择两个或两个以上的相似图层后，执行【编辑】/【自动对齐图层】命令，将弹出如图 11-49 所示的【自动对齐图层】对话框，在此对话框中可以选择自动对齐图层的各种选项。

自动对齐图层和自
动混合图层命令

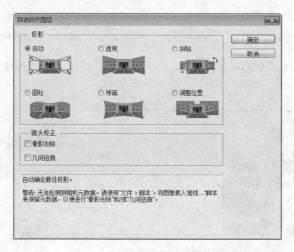

图 11-49 【自动对齐图层】对话框

（1）【自动】：单击该选项 Photoshop CS6 可以自动分析图像并且选择最适合的图层对齐方式。

（2）【透视】：单击该选项可以将源图像中的一个图像指定为参考图像来创建一致的复合图像，然后把其他图像进行位置调整、伸展或斜切，来匹配图层的重叠内容。

（3）【拼贴】：该项可以对齐图层并匹配重叠内容，但不更改图像中对象的形状。

（4）【圆柱】：该项可以通过在展开的圆柱上显示出各个图像，它将参考的图像居中放置，适于创建全景图。

（5）【球面】：该项可以指定某个源图像作为参考图像，并对其他图像执行球面变换。

（6）【调整位置】：该项可以对齐图层并匹配重叠内容，但不会变换任何源图层。

（7）【晕影去除】：该项可以对导致图像边缘尤其是角落比图像中心暗的镜头缺陷进行补偿。

（8）【几何扭曲】：补偿几何扭曲，如桶形、枕形或鱼眼失真等。

5. 自动混合图层

通过【自动对齐图层】命令组合的图像，由于源图像之间的曝光度差异，可能导致组合图像中出现接缝或不一致。执行【编辑】/【自动混合图层】命令可在最终图像中生成平滑的过渡效果。

Photoshop CS6 根据需要对每个图层应用图层蒙版，以遮盖曝光过度或曝光不足的区域，从而创建出无缝组合的效果。

11.2.4 定义命令

使用"定义命令"中的各项命令可以进行自定义设置画笔、图案和形状，进行自定义后的画笔、图案和形状可以在相应的设置选项中进行应用。

1. 定义画笔预设

该命令可以将创建的图案定义为预设的画笔。在画面中创建图形后，执行【编辑】/【定义画笔预设】命令即可在打开的对话框中将图案定义为画笔预设。

2. 定义图案

该命令可以将创建的图案或者打开的图片定义为预设图案。在画面中创建选区后，执行【编辑】/【定义图案】命令可在打开的对话框中将选区中的图案定义为预设图案。

3. 定义自定形状

利用钢笔或画笔工具创建形状后，执行【编辑】/【定义自定形状】命令可将创建的路径定义为自定形状。

11.3 图像颜色调整命令

【图像】菜单主要用来对图像进行颜色的调整和大小的改变以及进行裁切图像等命令，在【图像】菜单中还可以对图像进行模式的转变。【图像】菜单经常被用来对图像进行整体色调的调整，在调整照片时该项也经常被用到。【图像】菜单如图 11-50 所示。

下面我们来简单介绍【图像】菜单命令。

图 11-50 【图像】菜单

- 【模式】：用于改变图像的色彩模式，它反映了图像文件不同的色彩范围，各图像模式之间可以进行互相转换操作。
- 【调整】：对图像进行色调和颜色基调的调整，主要用于调整图像层次、颜色、对比度、纯度、色相等色彩变化。
- 【自动色调】：可以自动调整图像中的黑白场，并将每个颜色通道中最亮和最暗的像素映射到纯白和纯黑，以增强图像的对比度。
- 【自动对比度】：可以将图像的对比度进行自动调整，使高光看上去更亮，阴影看上去更暗。
- 【自动颜色】：可以通过搜索图像来标识阴影、中间调和高光，从而调整图像的对比度和颜色，该命令可以进行校正偏色的图像。
- 【图像大小】：重新设定图像文件的尺寸和分辨率。
- 【画布大小】：用于重新设定图像版面的尺寸大小，并可调整图像在版面上的放置位置。
- 【图像旋转】：调整图像版面的角度，所有图层、通道、路径都会一起旋转。
- 【裁剪】：将当前选定的区域留下，其余的部分删除掉，剪下的区域并不存入剪贴板上。

- 【裁切】：自动裁剪图像四周多余的背景或透明部分。
- 【显示全部】：当图像大于画布时，执行此命令可以扩展画布，以显示全部的图像。
- 【复制】：用来制作当前图像文件的副本。
- 【应用图像】：将一幅图像中的一个和多个通道复制到另一个通道上，经混合后，产生一种特殊的效果。混合图像的操作只能在打开的相同大小的图像文件间进行。
- 【计算】：与混合图像相似，计算图像为混合两个图像中的相同或不相同的两个源通道，将它们合成为一个结果，放置在目标通道中。计算图像的操作只能在打开的相同大小的图像文件间进行。
- 【变量】：用来定义模板中的哪些元素将发生变化。可以定义三种类型的变量。【可见性】变量，显示或隐藏图层的内容。【像素替换】变量，用其他图像文件中的像素来替换图层中的像素。【文本替换】变量替换文字图层中的文本字符串。
- 【应用数据组】：此命令可以将数据组的内容应用于基本图像，同时所有变量和数据组保持不变。注意，应用数据组将覆盖原始文档。
- 【陷印】：用于 CMYK 模式的图像文件。在打印时，可尽量减少打印失真度。执行该命令，将弹出【陷印】对话框，其中【宽度】选项用来调整印刷时颜色向外扩张的距离；【陷印单位】选项用于选择陷印时的单位。
- 【分析】：利用分析菜单中的子命令可以测量用标尺工具或选择工具定义的任何区域，包括套索工具、快速选择工具和魔棒工具选择的不规则区域。也可以计算高度、宽度、面积和周长，或者跟踪一个或多个图像的测量。

11.3.1 【调整】命令

【调整】命令主要用来对打开的图片进行色彩调整与曝光度的调整，也可以将不满意的图像或照片的颜色调整到满意的效果。

执行【图像】/【调整】命令，将弹出如图 11-51 所示的子菜单。下面来简要介绍一下这些命令。

1. 【亮度 / 对比度】命令

【亮度 / 对比度】命令通过设置不同的参数值或调整滑块的位置来改变图像的亮度及对比度。执行【图像】/【调整】/【亮度 / 对比度】命令，将弹出如图 11-52 所示的【亮度 / 对比度】对话框。

亮度对比度、色阶、
曲线、曝光度命令

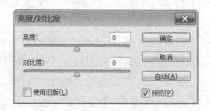

图 11-51 【图像】/【调整】子菜单　　　　　图 11-52 【亮度 / 对比度】对话框

- 【亮度】选项：用来调整图像的亮度，向左拖曳滑块可以使图像变暗；向右拖曳滑块可以使图像
  变亮。
- 【对比度】选项：用来调整图像的对比度，向左拖曳滑块可以减小图像的对比度；向右拖曳滑块
  可以增大图像的对比度。

照片原图与调整亮度 / 对比度后的效果如图 11-53 所示。

图 11-53　增加图像亮度和对比度前后的对比效果

2.【色阶】命令

【色阶】命令是图像处理时常用的调整色阶对比的命令，它通过调整图像中暗调、中间调和高光区
域的色阶分布情况来增强图像的色阶对比。

对于光线较暗的图像，可在【色阶】对话框中用鼠标将右侧的白色滑块向左拖曳，从而增大图像中
高光区域的范围，使图像变亮，如图 11-54 所示。

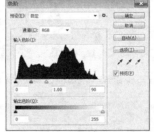

图 11-54　图像调亮前后的对比效果

对于高亮度的图像，用鼠标将左侧的黑色滑块向右拖曳，可以增大图像中暗调的范围，使图像变
暗。用鼠标将中间的灰色滑块向右拖曳，可以减少图像中的中间色
调的范围，从而增大图像的对比度；同理，若将此滑块向左拖曳，
可以增加中间色调的范围，从而减小图像的对比度。

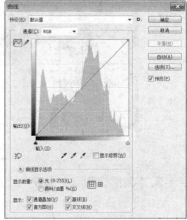

3.【曲线】命令

【曲线】命令与【色阶】命令相似，只是【曲线】命令是利用
调整曲线的形态来改变图像各个通道的明暗数量。执行【图像】【调
整】/【曲线】命令，将弹出如图 11-55 所示的【曲线】对话框。

利用【曲线】命令可以调整图像各个通道的明暗程度，从而更
加精确地改变图像的颜色。【曲线】对话框中的水平轴（即输入色阶）
代表图像色彩原来的亮度值，垂直轴（即输出色阶）代表图像调整
后的颜色值。对于【RGB 颜色】模式的图像，曲线显示"0 ~ 255"
的强度值，暗调（0）位于左边。对于【CMYK 颜色】模式的图像，

图 11-55　【曲线】对话框

曲线显示"0 ~ 100"的百分数，高光（0）位于左边。

对于因曝光不足而色调偏暗的"RGB 颜色"图像，可以将曲线调整至上凸的形态，使图像变亮，如图 11-56 所示。

图 11-56　原图与调整曲线图像变亮后的效果

对于因曝光过度而色调高亮的"RGB 颜色"图像，可以将曲线调整至向下凹的形态，使图像的各色调区按比例变暗，从而使图像的明度变得更加理想，如图 11-57 所示。

图 11-57　原图与调整曲线图像变暗后的效果

4.【曝光度】命令

【曝光度】命令可以在线性空间中调整图像的曝光数量、位移和灰度系数，进而改变当前颜色空间中图像的亮度和明度。效果如图 11-58 所示。

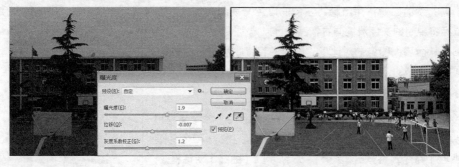

图 11-58　图像调整亮度和明度前后的对比效果

5.【自然饱和度】命令

利用【自然饱和度】命令可以在颜色接近最大饱和度时最大限度地减少修剪，如图 11-59 所示。

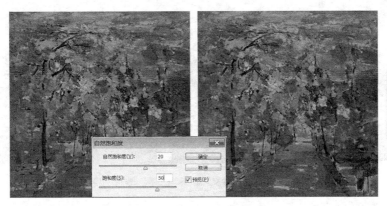

自然饱和度、
色相饱和度、
色彩平衡命令

图 11-59　图像调整饱和度前后的对比效果

6.【色相 / 饱和度】命令

利用【色相 / 饱和度】命令可以调整图像的色相、饱和度和亮度，它既可以作用于整个图像，又可以对指定的颜色单独调整。当勾选【色相 / 饱和度】对话框中的【着色】复选框时，可以为图像重新上色，从而使图像产生单色调效果，如图 11-60 所示。

图 11-60　图像原图及调整的单色调效果

7.【色彩平衡】命令

【色彩平衡】命令是通过调整各种颜色的混合量来调整图像的整体色彩。在【色彩平衡】对话框中调整相应滑块的位置，可以控制图像中互补颜色的混合量。【色调平衡】栏用于选择需要调整的色调范围。勾选【保持明度】复选框，在调整图像色彩时可以保持画面亮度不变，如图 11-61 所示。

图 11-61　图像调整色调后的效果

8.【黑白】命令

利用【黑白】命令可以快速将彩色图像转换为黑白或单色效果，同时保持对各颜色的控制，如图 11-62 所示。

黑白、照片滤镜、通道
混合器、颜色查找命令

图 11-62　图像转换为黑白和怀旧单色调时的效果

9.【照片滤镜】命令

　　【照片滤镜】命令类似于摄像机或照相机的滤色镜片，它可以对图像颜色进行过滤，使图像产生不同的滤色效果，如图 11-63 所示。

图 11-63　图像添加冷却滤镜前后的对比效果

10.【通道混合器】命令

　　【通道混合器】命令可以通过混合指定的颜色通道来改变某一通道的颜色。此命令只能调整【RGB颜色】和【CMYK 颜色】模式的图像，并且调整不同颜色模式的图像时，【通道混合器】对话框中的参数也不相同。图 11-64 所示为调整【RGB 颜色】模式的图像原图及调整后的效果。

图 11-64　通道混合器调整前后的对比效果

11.【颜色查找】命令

　　该命令的主要作用是对图像色彩进行校正，实现高级色彩的变化。该命令虽然不是最好的精细色彩调整工具，但它却可以在短短几秒钟内创建多个颜色版本，用来找大体感觉的色彩非常方便，如图 11-65 所示。

图 11-65　颜色查找前后的对比效果

12.【反相】命令

执行【图像】/【调整】/【反相】命令，可以使图像中的颜色和亮度反转，生成一种照片底片效果，如图 11-66 所示。

反相、色调分离、
阈值、渐变映射、
可选颜色命令

图 11-66　图像反相前后的对比效果

13.【色调分离】命令

执行【图像】/【调整】/【色调分离】命令，弹出【色调分离】对话框。在对话框的【色阶】文本框中设置一个适当的数值，可以指定图像中每个颜色通道的色调级或亮度值，并将像素映射为与之最接近的一种色调，从而使图像产生各种特殊的色彩效果。原图像与色调分离后的效果如图 11-67 所示。

图 11-67　图像反相前后的对比效果

14.【阈值】命令

【阈值】命令可以将彩色图像转换为高对比度的黑白图像。执行【图像】/【调整】/【阈值】命令，弹出【阈值】对话框。在其对话框中设置一个适当的【阈值色阶】值，即可把图像中所有比阈值色阶亮的像素转换为白色，比阈值色阶暗的像素转换为黑色，效果如图 11-68 所示。

图 11-68　调整阈值前后的对比效果

15.【渐变映射】命令

【渐变映射】命令可以将选定的渐变色映射到图像中以取代原来的颜色。在渐变映射时，渐变色最左侧的颜色映射为阴影色，右侧的颜色映射为高光色，中间的过渡色则根据图像的灰度级映射到图像的中间调区域，效果如图 11-69 所示。

图 11-69　图像映射颜色前后的对比效果

16.【可选颜色】命令

利用【可选颜色】命令可以调整图像中的某一种颜色，从而影响图像的整体色彩，效果如图 11-70所示。

图 11-70　图像调整颜色前后的对比效果

17.【阴影 / 高光】命令

【阴影 / 高光】命令用于校正由于光线不足或强逆光而形成的阴暗照片效果的调整，或校正由于曝光过度而形成的发白照片。执行【图像】/【调整】/【阴影 / 高光】命令，弹出【阴影 / 高光】对话框，在其对话框中阴影和高光都有各自的控制参数，通过调整阴影或高光参数即可使图像变亮或变暗，效果如图 11-71 所示。

阴影高光、HDR
色调、变化命令

图 11-71　图像调整阴影及高光前后的对比效果

18.【HDR 色调】命令

新增的【HDR 色调】命令可用来修补太亮或太暗的图像，制作出高动态范围的图像效果。执行【图像】/【调整】/【HDR 色调】命令，弹出【HDR 色调】对话框，在其对话框的【预设】下拉列表中可以选择一种预设对图像进行调整；也可以通过调整下方选项的参数使图像变亮或变暗，效果如图 11-72 所示。

图 11-72　图像调整 HDR 色调前后的对比效果

19.【变化】命令

利用【变化】命令可以直观地调整图像的色彩、亮度或饱和度。此命令常用于调整一些不需要精确调整的平均色调的图像，与其他色彩调整命令相比，【变化】命令更直观，只是无法调整【索引颜色】模式的图像。执行【图像】/【调整】/【变化】命令，弹出【变化】对话框，在其对话框中通过单击各个缩略图来加深某一种颜色，从而调整图像的整体色彩，原图像与颜色变化后的效果如图 11-73 所示。

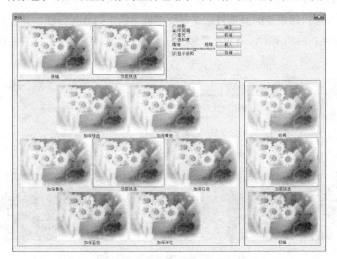

图 11-73　原图像与颜色变化后的效果

20.【去色】命令

执行【图像】/【调整】/【去色】命令，可以去掉图像中的所有颜色，即在不改变色彩模式的前提下将图像变为灰度图像，如图 11-74 所示。

去色、匹配颜色、替换颜色、色调均化命令

图 11-74 图像去色前后的对比效果

21.【匹配颜色】命令

【匹配颜色】命令可以将一个图像的颜色与另一个图像的颜色相互融合，也可以将同一图像不同图层中的颜色相融合，或者按照图像本身的颜色进行自动中和，效果如图 11-75 所示。

图 11-75 图像匹配颜色前后的对比效果

22.【替换颜色】命令

【替换颜色】命令可以用设置的颜色样本来替换图像中指定的颜色范围，其工作原理是先用【色彩范围】命令选择要替换的颜色范围，再用【色相/饱和度】命令调整选择图像的色彩，效果如图 11-76 所示。

图 11-76 颜色替换前后的对比效果

23.【色调均化】命令

执行【图像】/【调整】/【色调均化】命令，系统将会自动查找图像中的最亮像素和最暗像素，并将它们分别映射为白色和黑色，然后将中间的像素按比例重新分配到图像中，从而增加图像的对比度，使图像明暗分布更均匀，效果如图 11-77 所示。

图 11-77　图像色调均化前后的对比效果

11.3.2　图像菜单应用

利用【图像】/【调整】菜单下的命令可以把彩色图像调整成黑白或单色效果，也可以给黑白图像上色使其焕然一新。另外，无论图像曝光过度或曝光不足，都可以利用不同的调整命令来进行弥补，还可以将图像调整为各种样式的个性色调。下面以实例的形式来具体讲解。

1.　调整曝光不足的照片

在阴天下雨或光线不足的情况下，所拍摄出的照片经常会出现曝光不足的问题。而利用【色阶】命令做一下简单的调整，就可以把照片变废为宝。本节来学习调整方法，图片素材及效果如图 11-78 所示。

图 11-78　图片素材及效果

范例操作 —— 调整曝光不足的照片

STEP 1　打开素材"图库\第 11 章"目录下名为"照片 .jpg"的文件。

STEP 2　执行【图像】/【调整】/【色阶】命令，弹出【色阶】对话框，单击对话框中的【在图像中取样以设置白场】按钮，然后将光标移到照片中找一个最亮的位置作为参考色，如图 11-79 所示。

STEP 3　单击拾取参考色后的显示效果如图 11-80 所示。

图 11-79　选择参考色

图 11-80　拾取参考色后的效果

STEP 在【色阶】对话框中分别设置参数如图 11-81 所示，单击 确定 按钮，效果如图 11-82 所示。

图 11-81　【色阶】对话框

图 11-82　最终效果

STEP 按 Shift + Ctrl + S 组合键，将调整后的照片命名为"曝光不足调整 .jpg"存储。

2. 使春天的景象变成金黄色的秋天

下面灵活运用【色相 / 饱和度】命令将春天的图像调整为金秋效果，调整前后的图像效果对比如图 11-83 所示。

图 11-83　调整前后的图像效果对比

范例操作 —— 调整图像色调

STEP 打开素材"图库 \ 第 11 章"目录下名为"绿色风景 .jpg"的图片文件。

STEP 单击【图层】面板下方的 按钮，在弹出的菜单命令中选择【色相 / 饱和度】命令，在弹出的【属性】面板中单击 按钮，然后在弹出的列表中选择【绿色】。

STEP 13 设置选项参数如图 11-84 所示,画面调整后的效果如图 11-85 所示。

提示

由于图像的整体色调为绿色,因此首先要对绿色进行调整,将其调整为秋色的色调。

图 11-84 设置的【绿色】选项参数   图 11-85 调整颜色后的效果

此时,图像已基本调整为秋天的色调了,但通过图示我们发现了两个问题,一是黄色有些太艳;另一个是右上角还有一部分颜色与整体色调不太协调。接下来我们继续调整。

STEP 14 在【属性】面板中单击 绿色 按钮,在弹出的列表中选择【黄色】,然后设置选项参数如图 11-86 所示。

STEP 15 再单击 黄色 按钮,在弹出的列表中选择【青色】,然后设置选项参数如图 11-87 所示。

图 11-86 设置的【黄色】选项参数   图 11-87 设置的【青色】选项参数

STEP 16 至此,图像颜色调整完成,按 Shift + Ctrl + S 组合键,将文件另命名为"季节变换 .psd"保存。

3. 调整艺术婚纱照颜色效果

灵活运用图层混合模式、图层蒙版及各种调整命令,将婚纱照片调整为如图 11-88 所示的艺术颜色效果。

图 11-88 调整的艺术效果

范例操作 —— 打造艺术婚纱照

STEP 1 打开素材"图库\第 11 章"目录下名为"婚纱照 .jpg"的图片文件，如图 11-89 所示。

STEP 2 打开【通道】面板，按住 Ctrl 键单击如图 11-90 所示的"绿色"通道加载绿色通道的选区，加载的选区如图 11-91 所示。

图 11-89 打开的图片

图 11-90 加载选区状态

图 11-91 加载的选区

STEP 3 单击【图层】面板下方的 按钮，在弹出的菜单中选择【曲线】命令，在弹出的【属性】面板中调整曲线如图 11-92 所示，调整明度后的图像效果如图 11-93 所示。

STEP 4 复制"曲线 1"图层为"曲线 1 副本"图层以此来增加图像的亮度，如图 11-94 所示。

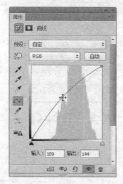

图 11-92 调整曲线

图 11-93 调整明度后的图像效果

图 11-94 复制的图层

STEP 5 双击"曲线 1 副本"图层左边的 ▣ 按钮，在弹出的【属性】面板中调整曲线如图 11-95 所示，调整明度后的图像效果如图 11-96 所示。

STEP 6 在【图层】面板中单击"图层蒙版缩览图"，然后利用 ▨ 工具，在画面中人物面部皮肤以及服装上面喷绘黑色编辑蒙版，使调整后的亮度消失，只保留调整的背景图像的亮度，效果如图 11-97 所示。

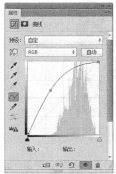

图 11-95 调整曲线　　图 11-96 调整明度后的图像效果

图 11-97 编辑的蒙版及调整的亮度

STEP 7 单击【图层】面板下方的 ▨ 按钮，在弹出的菜单中选择【通道混合器】命令，在弹出的【属性】面板中分别调整【输出通道】颜色选项的参数如图 11-98 所示，调整颜色后的图像效果如图 11-99 所示。

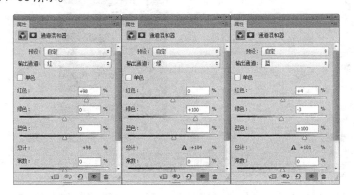

图 11-98 调整【输出通道】颜色选项参数

图 11-99 调整的颜色效果

STEP 8 单击【图层】面板下方的 ▨ 按钮，在弹出的菜单中选择【照片滤镜】命令，在弹出的【属性】面板中设置【滤镜】选项如图 11-100 所示，调整颜色后的图像效果如图 11-101 所示。

图 11-100 设置【滤镜】选项

图 11-101 调整的颜色效果

STEP 09 单击【图层】面板下方的 按钮，在弹出的菜单中选择【色彩平衡】命令，在弹出的【属性】面板中设置选项并调整颜色参数如图 11-102 所示，调整颜色后的图像效果如图 11-103 所示。

图 11-102　调整颜色参数

图 11-103　调整的颜色效果

STEP 10 单击【图层】面板下方的 按钮，在弹出的菜单中选择【亮度/对比度】命令，在弹出的【属性】面板中调整参数如图 11-104 所示，调整亮度对比度后的图像效果如图 11-105 所示。

图 11-104　调整亮度和对比度参数

图 11-105　调整的亮度和对比度后的效果

STEP 11 按 Shift + Ctrl + S 组合键，将文件另命名为"艺术婚纱照 .psd"保存。

11.4 【图层】菜单

图层功能包括图层菜单和【图层】面板两部分内容，【图层】面板在第 5 章中已经讲解，本章将主要讲解【图层】菜单中的命令。【图层】菜单如图 11-106 所示。

读者要深入理解各图层命令的概念，掌握其基本操作方法和使用技巧，做到灵活运用。下面我们来简单介绍图像菜单命令。

图层命令

- 【新建】：用于新建图层或图层组。
- 【复制图层】：可以复制当前选择的图层。
- 【删除】：可以将当前选择的图层删除。
- 【重命名图层】：执行此命令，将弹出【图层属性】对话框，在此对话框中可以为图层重新命名或标记图层颜色，用来与其他图层加以区别。
- 【图层样式】：可以为图层中的图像快速应用各种效果，如阴影、发光、浮雕和描边等。
- 【智能滤镜】：此命令可以让用户对智能滤镜层进行停用、启用或清除等。具体操作详见第 17 章的智能滤镜命令。

- 【新建填充图层】：建立新的填充层，包括纯色、渐变和图案填充层。

- 【新建调整图层】：在图像中建立新的调整层。

- 【图层内容选项】：该命令只有在当前图层为填充层或调整层时才有
  效，用于修改填充层和调整层的选项。

- 【图层蒙版】：此命令可以在当前层中添加图层蒙版。

- 【矢量蒙版】：在当前层中添加矢量蒙版，矢量蒙版是在当前层中将
  路径范围作为图层蒙版使用。

- 【创建剪贴蒙版】/【释放剪贴蒙版】：将当前层与下方图层创建剪贴
  蒙版组，以下方图像的不透明区域显示上方的图像。一个剪贴蒙版
  组可以只有两层，也可以有多层，但剪贴蒙版组中所有图层的堆叠
  必须是相连的。当选择剪贴蒙版图层时，此命令显示为【释放剪贴
  蒙版】，用于取消剪贴蒙版组。

- 【智能对象】：智能对象类似一种具有矢量性质的容器，在其中可以
  嵌入栅格或矢量图像数据。将图像转换为智能对象后，无论进行怎
  样的编辑，其仍然可以保留原图像的所有数据，保护原图像不会受
  到破坏。

- 【视频图层】：该命令可将图像转换为视频图层，转换后可使用画笔
  工具和图章工具在各个帧上进行绘制和仿制，还可以应用滤镜、蒙
  版、变换、图层样式和混合模式以及对视频图层进行编组等操作。
  如打开视频文件，将在【图层】面板中自动创建视频图层。

- 【栅格化】：对于包含矢量数据的图层，如文字图层、形状图层或蒙
  版图层等，不能使用绘画工具或滤镜命令等直接在这种类型的图层
  中进行编辑，只有将其栅格化才能使用。

图 11-106　【图层】菜单

- 【新建基于图层的切片】：可以根据图层创建相应的切片。

- 【图层编组】：将选择的图层添加到组中。

- 【取消图层编组】：当选择图层组时，执行此命令，将取消图层组。

- 【隐藏图层】/【显示图层】：将当前层隐藏；如为隐藏图层，可将其显示出来。相当于单击【图层】
  面板中图层名称前面的 ● 图标。

- 【排列】：用于调整各图层在【图层】面板中的堆叠顺序。

- 【合并形状】：当在图像文件中选择两个或两个以上的形状图形时，利用此命令，可对其进行合
  并、修剪等运算。

- 【将图层与选区对齐】：用于图层的对齐设置。在【图层】面板中选择两个或两个以上的图层才
  可用。

- 【分布】：用于图层的分布设置。在【图层】面板中选择三个或三个以上的图层才可用。

- 【锁定组内的所有图层】：设置图层的锁定选项，包括透明、图像、位置或将其全部锁定。

- 【链接图层】/【取消链接图层】：选择两个或两个以上的图层时，执行"图层/链接图层"命令，
  可将选择的图层链接；如果同时选择链接图层的所有图层，执行"图层/取消链接图层"命令，
  将取消图层的链接设置。

- 【选择链接图层】：如果选择链接图层中的某一图层，执行此命令，可将链接图层中的所有图层
  同时选中。

- 【向下合并】/【合并图层】：可将当前层与其下方的图层合并，或将选择的图层合并为一个图层。
- 【合并可见图层】：将【图层】面板中的可见图层合并为一个图层。
- 【拼合图像】：将当前图像中的所有图层合并，并将其设置为背景层。
- 【修边】：当移动或粘贴选区时，选区边缘的一些像素也会包含在选区内，产生边缘或晕圈，利用此命令可以去除这些多余的像素。

11.5 【选择】菜单

　　【选择】菜单中的各项命令都是用来选取选区或图层的，其中大部分命令用于对选区进行编辑和修改，在实际操作过程中非常有用，希望读者能将其功能及使用方法完全掌握。选择菜单如图 11-107 所示。

　　下面我们来简单介绍【选择】菜单命令。

选择命令

- 【全部】：用于选择整幅图像。
- 【取消选择】：将图像中的选区取消。
- 【重新选择】：恢复图像中上一次被取消的选区。
- 【反向】：将图像中选择的区域和非选择的区域进行互换。
- 【所有图层】：将图像中除背景层外的所有图层同时选中。
- 【取消选择图层】：将当前图层的选择取消。执行此命令后，将没有图层被选择。
- 【查找图层】：将与当前层相似的图层同时选择。如当前层为文字层，执行此命令后，可将所有文字层同时选择。
- 【色彩范围】：用于选择指定颜色的图像区域。
- 【调整边缘】：执行此命令，将弹出【调整边缘】对话框，用于对选区进行平滑或羽化等修改。

图 11-107 【选择】菜单

- 【修改】：用于对选区进行修改，包括平滑、扩展、缩小及羽化等。
- 【扩大选取】：将选区在图像上延伸，将与当前选区内像素相连且颜色相近的像素点一起扩充到选区中。
- 【选取相似】：将图像中所有与选区内像素颜色相近的像素都扩充到选区内。
- 【变换选区】：对选区进行大小缩放、旋转等变形。
- 【在快速蒙版模式下编辑】：可以将图像转换到快速蒙版模式下进行编辑。
- 【载入选区】：调用存放在通道中的选区。
- 【存储选区】：将图像的选区存放到通道中。

色彩范围命令

调整蒙版命令

修改选区命令

选取相似、存储、
载入选区命令

11.6 【滤镜】菜单

　　滤镜分为很多种类，在滤镜库中可以对图像使用多个滤镜，也可以对图像使用单个滤镜。确定应用滤镜效果的图层，然后在【滤镜】的下拉菜单中单击某一个滤镜命令，即可为当前图层应用该滤镜。

在执行过一次滤镜命令后,【滤镜】菜单中的第一个【上次滤镜操作】命令即可使用,执行此命令或按 Ctrl + F 组合键,可以在图像中再次应用最后一次应用的滤镜效果。按 Ctrl + Alt + F 组合键,将弹出上次应用滤镜的对话框,可以重新设置参数并应用到图像中。

11.6.1 转换为智能滤镜

执行【滤镜】/【转换为智能滤镜】命令,可将普通层转换为智能对象层,同时将滤镜转换为智能滤镜。

在普通图层中执行【滤镜】命令后,源图像将遭到破坏,效果直接应用在图像上。 智能滤镜命令而智能滤镜则会保留滤镜的参数设置,这样可以随时编辑修改滤镜参数,且源图像的数据仍然被保留。

- 如果觉得某滤镜不合适,可以暂时关闭,或者退回到应用滤镜前图像的原始状态。单击【图层】面板滤镜左侧的眼睛图标,则可以关闭该滤镜的预览效果。
- 如果想对某滤镜的参数进行修改,可以直接双击【图层】面板中的滤镜名称,即可弹出该滤镜的参数设置对话框。
- 双击滤镜名称右侧的 ═ 按钮,可在弹出的【混合选项】对话框中编辑滤镜的混合模式和不透明度。
- 在滤镜上单击鼠标右键,可在弹出的快捷菜单中更改滤镜的参数设置、关闭滤镜或删除滤镜等。

下面以实例的形式来进行讲解。

范例操作 —— **转换智能滤镜**

STEP 1 打开素材"图库\第 11 章"目录下名为"标贴 .psd"的图片,如图 11-108 所示。

STEP 2 执行【滤镜】/【转换为智能滤镜】命令,在弹出的询问面板中单击 确定 按钮。

STEP 3 执行【滤镜】/【风格化】/【浮雕效果】命令,参数设置如图 11-109 所示。

图 11-108 打开的标贴图片及【图层】面板   图 11-109 【浮雕效果】对话框

STEP 4 单击 确定 按钮,产生的浮雕效果及智能滤镜图层如图 11-110 所示。

图 11-110 浮雕效果及智能滤镜图层

STEP 在【图层】面板中双击 浮雕效果 位置，即可弹出【浮雕效果】对话框，此时可以重新设置浮雕效果的参数，且保留源图形的数据。

STEP 单击智能滤镜前面的 图标，可以把应用的滤镜关闭，显示原图形。

11.6.2 【滤镜库】命令

执行【滤镜】/【滤镜库】命令，打开如图 11-111 所示的【滤镜库】对话框。在此对话框中可以对图像进行多个滤镜的应用，从而丰富图像的效果。

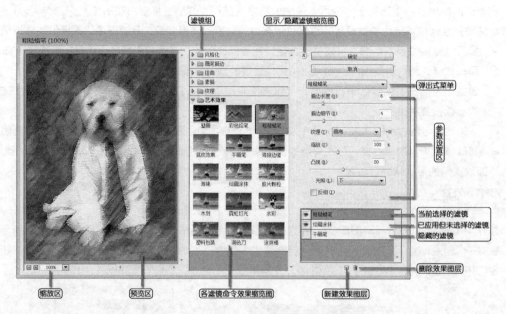

图 11-111 【滤镜库】对话框

（1）预览区：该项用来预览设置的滤镜效果。

（2）缩放区：调整预览区中图像的显示比例。

（3）滤镜组：单击滤镜组前面的 ▷ 按钮可以将滤镜组展开，在展开的滤镜组中可以选择一种滤镜。

（4）各滤镜命令效果缩览图：显示图像应用相应的滤镜命令后出现的效果。

（5） ⊠ ：单击此按钮可显示 / 隐藏滤镜组及各滤镜命令的效果缩览图。

（6）弹出式菜单：单击选项窗口，将弹出滤镜菜单命令列表。

（7）参数设置区：当选择一种滤镜后，在参数设置区将会显示出相应的数值设置。

（8）当前选择的滤镜缩览图：指定当前使用的滤镜。

（9）已应用但未选择的滤镜：当前效果中应用了该滤镜，但是缩览图中未显示出的滤镜。

（10）隐藏的滤镜：指示出当前隐藏的滤镜。

（11） ⊠ ：单击该按钮，可以新建一个滤镜效果图层。

（12） ⊠ ：单击该按钮，可以将选中的效果图层删除，只有新建滤镜效果图层后，此按钮才可用。

11.6.3 【滤镜】命令

【滤镜】菜单如图 11-112 所示。下面来简要介绍一下各滤镜命令的功能。

1.【自适应广角】命令

对于摄影师以及喜欢拍照的摄影爱好者来说，拍摄风景或者建筑物时必然要使用广角镜头。但广角镜头拍摄的照片都会有镜头畸变的情况，让照片边角位置出现弯曲

滤镜命令

变形。而【自适应广角】命令可以对镜头产生的畸变进行处理，得到一张完全没有畸变的照片。

2.【镜头校正】命令

【镜头校正】命令可以修复常见的镜头瑕疵，比如桶形和枕形失真、晕影和色差等。该滤镜命令在【RGB 颜色】模式或【灰度】模式下只能用于"8位/通道"和"16位/通道"的图像。

3.【液化】命令

利用【液化】命令可以通过交互方式对图像进行拼凑、推、拉、旋转、反射、折叠和膨胀等变形。

4.【油画】命令

使用【油画】命令，可以将图像快速处理成油画效果。

5.【消失点】命令

可在包含透视平面的图像中（如建筑物的一侧）进行透视编辑。在编辑时，首先在图像中指定平面，然后应用绘画、仿制、复制、粘贴或变换等编辑操作，这些编辑操作都将根据所绘制的平面网格来给图像添加透视。

图 11-112 【滤镜】菜单

6. 其他滤镜命令

- 【风格化】滤镜组中的命令可以置换图像中的像素和查找并增加对比度，在图像中生成各种绘画或印象派的艺术效果。
- 【模糊】滤镜组中的命令可以对图像进行各种类型的模糊效果处理。它通过平衡图像中的线条和遮蔽区域清晰的边缘像素，使其显得虚化柔和。

提示

如果要在图层中应用【模糊】滤镜命令，必须取消【图层】面板左上角⊠（锁定透明像素）选项的锁定状态。

- 【扭曲】滤镜组中的命令可以使图像产生多种样式的扭曲变形效果。
- 【锐化】滤镜组中的命令可以通过增加图像中色彩相邻像素的对比度来聚焦模糊的图像，从而使图像变得清晰。
- 【视频】滤镜组中的命令是 Photoshop CS6 的外部接口命令，用于从摄像机输入图像或将图像输出到录像带上。
- 【像素化】滤镜组中的命令可以将图像通过使用颜色值相近的像素结成块来清晰地表现图像。
- 【渲染】滤镜组中的命令可以在图像中创建云彩图案、纤维和光照等特殊效果。
- 【杂色】滤镜组中的命令可以添加或移去杂色或带有随机分布色阶的像素，以创建各种不同的纹理效果。
- 【其他】滤镜组中的命令可以创建自己的滤镜、使用滤镜修改蒙版、在图像中使选区发生位移和快速调整颜色。
- 【Digimarc（作品保护）】滤镜组中的命令可以将数字水印嵌入到图像中以储存版权信息，它包括【嵌入水印】和【读取水印】两个滤镜命令。
- 使用【浏览联机滤镜】命令可以到网上浏览外挂滤镜。

11.6.4 制作非主流涂鸦板

综合运用几种滤镜命令，制作出如图 11-113 所示的非主流涂鸦板效果。

图 11-113 制作出的涂鸦板效果

范例操作 —— **制作非主流涂鸦板**

STEP 1 新建一个【宽度】为"20 厘米"，【高度】为"15 厘米"，【分辨率】为"120 像素 / 英寸"，【颜色模式】为"RGB 颜色"，【背景内容】为白色的文件。

STEP 2 按 D 键将前景色和背景色设置为默认的黑色和白色，然后执行【滤镜】/【渲染】/【云彩】命令，为"背景"层添加由前景色与背景色混合而成的云彩效果，如图 11-114 所示。

STEP 3 执行【滤镜】/【素描】/【绘图笔】命令，在弹出的【绘图笔】对话框中设置参数如图 11-115 所示。

图 11-114 添加的云彩效果

图 11-115 【绘图笔】对话框参数设置

STEP 4 单击 确定 按钮，执行【绘图笔】命令后的图像效果如图 11-116 所示。

STEP 5 执行【滤镜】/【模糊】/【高斯模糊】命令，在弹出的【高斯模糊】对话框中将【半径】选项的参数设置为"5"像素。

STEP 6 单击 确定 按钮，执行【高斯模糊】命令后的图像效果如图 11-117 所示。

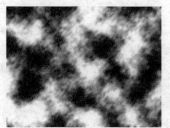

图 11-116 执行【绘图笔】命令后的效果

图 11-117 【高斯模糊】命令后的效果

STEP 7 执行【滤镜】/【扭曲】/【置换】命令，弹出【置换】对话框，设置选项及参数如图 11-118 所示。

STEP 8 单击 确定 按钮，然后在弹出的【选择一个置换图】对话框中选择素材文件中名为"图案.psd"的图像文件。

STEP 9 单击 打开(O) 按钮，置换图像后的画面效果如图 11-119 所示。

图 11-118　【置换】对话框

图 11-119　置换图像后的效果

STEP 10 执行【图像】/【图像旋转】/【90 度（顺时针）】命令，将图像窗口顺时针旋转，效果如图 11-120 所示。

STEP 11 按Ctrl + F组合键重复执行【置换】命令，生成的画面效果如图 11-121 所示。

图 11-120　旋转图像后的效果

图 11-121　重复执行【置换】命令后的效果

STEP 12 执行【图像】/【旋转画布】/【90 度（逆时针）】命令，将画布逆时针旋转。

STEP 13 新建"图层 1"，并为其填充上白色，然后执行【滤镜】/【渲染】/【纤维】命令，在弹出的【纤维】对话框中设置参数如图 11-122 所示。

STEP 14 单击 确定 按钮，执行【纤维】命令后的画面效果如图 11-123 所示。

图 11-122　【纤维】对话框参数设置

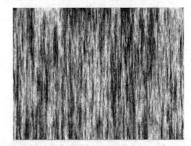

图 11-123　执行【纤维】命令后的效果

STEP 15 执行【滤镜】/【模糊】/【高斯模糊】命令，在弹出的【高斯模糊】对话框中将【半径】选项的参数设置为"5"像素。

STEP 16 单击 确定 按钮，执行【高斯模糊】命令后的画面效果如图 11-124 所示。

STEP **17** 执行【滤镜】/【艺术效果】/【干画笔】命令，在弹出的【干画笔】对话框中设置参数如图 11-125 所示。

图 11-124 执行【高斯模糊】命令后的效果

图 11-125 【干画笔】对话框

STEP **18** 单击 确定 按钮，执行【干画笔】命令后的效果如图 11-126 所示。

STEP **19** 将"图层 1"的图层混合模式设置为【颜色加深】，更改混合模式后的画面效果如图 11-127 示。

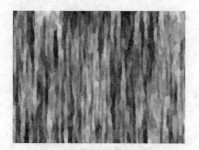

图 11-126 执行【干画笔】命令后的效果

图 11-127 更改混合模式后的效果

STEP **20** 新建"图层 2"，并为其填充上白色，然后执行【滤镜】/【杂色】/【添加杂色】命令，在弹出的【添加杂色】对话框中设置参数如图 11-128 所示。

STEP **21** 单击 确定 按钮，执行【添加杂色】命令后的画面效果如图 11-129 所示。

图 11-128 【添加杂色】对话框

图 11-129 【添加杂色】后的效果

STEP **22** 执行【滤镜】/【像素化】/【晶格化】命令，在弹出的【晶格化】对话框中将【单元格大小】选项的参数设置为"80"。

STEP **23** 单击 确定 按钮，生成的晶格化效果如图 11-130 所示。

STEP **24** 执行【图像】/【调整】/【照片滤镜】命令，在弹出的【照片滤镜】对话框中将【滤镜】设置为"红"颜色，【浓度】设置为"100%"，单击 确定 按钮，调整后的图像颜色如图 11-131 所示。

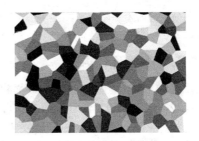

图 11-130　执行【晶格化】命令后的效果　　　　　　　　　图 11-131　调整后的图像颜色

STEP 25 执行【滤镜】/【模糊】/【动感模糊】命令，在弹出的【动感模糊】对话框中设置参数如图 11-132 所示。

STEP 26 单击 确定 按钮，执行【动感模糊】命令后的画面效果如图 11-133 所示。

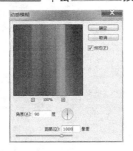

图 11-132　【动感模糊】对话框　　　　　　　　　　图 11-133　执行【动感模糊】命令后的效果

STEP 27 执行【滤镜】/【模糊】/【高斯模糊】命令，在弹出的【高斯模糊】对话框中将【半径】选项的参数设置为 "20" 像素。

STEP 28 单击 确定 按钮，执行【高斯模糊】命令后的画面效果如图 11-134 所示。

STEP 29 将 "图层 2" 的图层混合模式设置为【颜色】，更改混合模式后的画面效果如图 11-135 所示。

图 11-134　执行【高斯模糊】命令后的画面效果　　　　　图 11-135　更改混合模式后的画面效果

STEP 30 利用 T 工具依次输入白色文字，并利用【图层】/【图层样式】/【投影】命令分别为其添加黑色的投影效果，即可完成涂鸦板的制作。

STEP 31 按 Ctrl + S 组合键，将文件命名为 "非主流涂鸦板 .psd" 保存。

11.7 【视图】、【窗口】和【帮助】菜单

本节来讲解剩余的三个菜单——【视图】、【窗口】和【帮助】菜单。【视图】菜单主要用于进行颜色设置、窗口显示大小设置及标尺、网格和参考线的设置等。【窗口】菜单主要用于设置工作区的布局

及各控制面板的显示和隐藏等。【帮助】菜单下的各命令是 Photoshop CS6 提供的在线服务，可以通过
网络获得 Adobe 公司提供的各种服务，包括操作帮助及产品信息等。

11.7.1 【视图】菜单

【视图】菜单如图 11-136 所示。下面我们来简单介绍【视图】菜单命令。

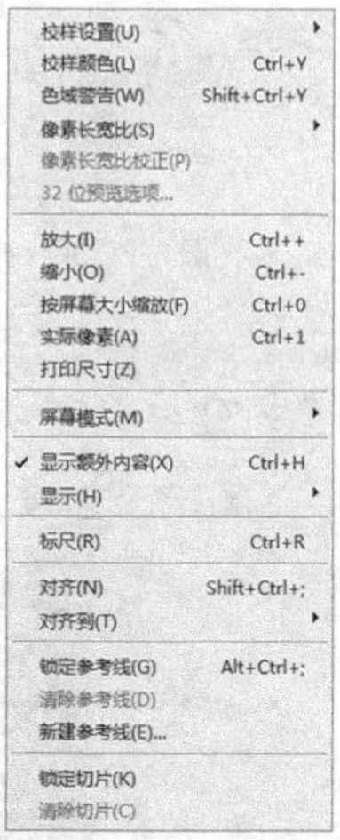

- 【校样设置】：设置使用什么样的印刷模式。
- 【校样颜色】：预览图像的印刷效果。
- 【色域警告】：查看当前图像文件是否有色彩超过印刷模式所能表示的范围。
- 【像素长宽比】：可以修改图像像素的长宽比。
- 【像素长宽比校正】：只有当前图像的像素不是正方形时，该命令才可用。该命令使用图像本身的像素长宽比显示图像；将该命令前面的选择取消，可使图像显示像素转换为正方形。
- 【32 位预览选项】：当图像模式为 32 位通道时，此命令才可用。用于调整图像的预览效果。
- 【放大】：将当前图像的显示比例放大。
- 【缩小】：将当前图像的显示比例缩小。
- 【按屏幕大小缩放】：将当前图像的显示依照屏幕空间的大小，调整图像文件显示比例以显示全部图像。

图 11-136 【视图】菜单

- 【实际像素】：将当前图像的显示比例以真实像素点尺寸显示。
- 【打印尺寸】：将当前图像打印时的尺寸大小显示出来。
- 【屏幕模式】：可以选择 Photoshop CS6 的显示模式。此命令与标题栏中█▾按钮的功能相同。
- 【显示额外内容】：决定在图像窗口中显示或隐藏所有已启用的额外内容，包括选区、路径、网格、参考线、切片和注释等。
- 【显示】：用于设置是否在图像中显示选区、路径、网格、参考线、切片和注释等。
- 【标尺】：在图像窗口中显示 / 隐藏标尺。如在显示标尺的情况下再次执行此命令，可以隐藏标尺。
- 【对齐】：同时设置鼠标是否沿参考线、网格、切片、文档边界进行移动。
- 【对齐到】：分别设置鼠标是否沿参考线、网格、切片、文档边界进行移动。
- 【锁定参考线】：将当前图像中的参考线锁定，使其无法移动。
- 【清除参考线】：将当前图像中设定的参考线清除。
- 【新建参考线】：在当前图像中创建新参考线。
- 【锁定切片】：锁定图像中的切片。以防止不小心调整切片大小、移动切片或对切片进行其他更改。
- 【清除切片】：清除当前图像中的切片。

11.7.2 【窗口】菜单

【窗口】菜单如图 11-137 所示。下面我们来简单介绍【窗口】菜单命令。

- 【排列】：可以在弹出的子菜单中选择打开图像在工作区内以何种方式进行排列。
- 【工作区】：设置 Photoshop CS6 当前的工作区布局。

窗口和帮助菜单

图 11-137 【窗口】菜单

- 【扩展功能】：提供 CS News and Resources、CS Review、Kuler、Mini Bridge 和访问 CS Live 等扩展面板，帮助用户了解更多的 Photoshop CS6 信息。
- 其他命令：单击窗口菜单中的其他命令，可以显示或隐藏相应的控制面板。
- 窗口菜单最下面显示工作区中打开的图像文件名称，单击相应的文件名，可将该文件设置为当前工作状态。

11.7.3 【帮助】菜单

【帮助】菜单如图 11-138 所示。下面我们来简单介绍【帮助】菜单命令。

- 【Photoshop 联机帮助】：可以为用户提供 Photoshop 中所有的帮助内容。
- 【Photoshop 支持中心】：可弹出 Photoshop 帮助与支持窗口，该命令与 Photoshop 帮助命令的功能相同，但可以选择不同的语种进行浏览。
- 【关于 Photoshop】：弹出 Photoshop 的启动界面，同时滚动显示关于 Photoshop 的一些信息。
- 【关于增效工具】：可以为用户提供关于 Photoshop 外挂模块的帮助信息。

Photoshop 联机帮助(H)...	F1
Photoshop 支持中心(S)...	
关于 Photoshop(A)...	
关于增效工具(B)	▶
法律声明...	
系统信息(I)...	
产品注册...	
取消激活...	
更新...	
Photoshop 联机(O)...	
Photoshop 联机资源(R)...	
Adobe 产品改进计划...	

图 11-138 【帮助】菜单

- 【法律声明】：弹出【法律声明】窗口，显示该软件的相关声明内容。
- 【系统信息】：显示计算机和 Photoshop 的部分重要信息。
- 【产品注册】：弹出产品注册窗口，用于对该产品进行注册。
- 【取消激活】：执行此命令，可以取消该产品的激活，并可以在另一台计算机上激活 Adobe 产品。在取消激活操作之前，请确保当前计算机连接到 Internet。
- 【更新】：用于对 Photoshop 产品进行更新，此命令也需要连接到 Internet。
- 【Photoshop 联机】和【Photoshop 联机资源】：弹出 Photoshop 的有关帮助，注意计算机要连接到 Internet。
- 【Adobe 产品改进计划】：弹出 Adobe 产品改进计划窗口，用户可参与该产品的改进，提出各种有利的建议。

11.8 课后习题

1. 灵活运用滤镜命令及图层蒙版来制作如图 11-139 所示的火焰字效果。选用的素材图片为素材 "图库\第 11 章"目录下名为 "烟雾 .jpg" 的文件。

图 11-139 制作的火焰字

2. 综合利用选区工具、变换操作、画笔设置、图层样式、路径操作、图层混合模式、调整层以及滤镜命令等，来制作出如图 11-140 所示的绚丽彩色星球效果。

图 11-140　制作出的绚丽彩色星球

Photoshop Cs6

Chapter

12

第12章
综合案例

本章主要综合运用本书所学的工具及菜单命令，来制作几个读者日常生活中比较常见的作品。包括图像的个性色调调整、图像的创意合成、书籍装帧设计、店面门头设计、地产广告设计、包装设计和网页设计等。在学习过程中，读者要注意掌握工具和命令的搭配运用，以及绘制产品制作立体效果的方法。

学习目标

- 掌握书籍装帧设计。
- 掌握店面门头设计。
- 掌握地产广告设计。
- 掌握包装设计。
- 掌握网站主页设计。

12.1 非主流效果调整

下面灵活运用各种【调整】命令结合部分【滤镜】命令对人物照片进行处理，制作出如图 12-1 所示的非主流效果。

非主流

图 12-1 制作的非主流效果

范例操作 —— 调整非主流效果

STEP 1 将素材"图库\第 12 章"目录下名为"人物 .jpg"的图片打开，如图 12-2 所示。

STEP 2 按 Ctrl + J 组合键，将"背景"层通过复制生成"图层 1"，然后执行【滤镜】/【模糊】/【高斯模糊】命令，在弹出的【高斯模糊】对话框中设置参数，如图 12-3 所示。

图 12-2 打开的图片

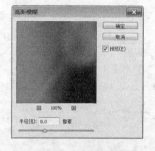

图 12-3 设置【高斯模糊】参数

STEP 3 单击 确定 按钮，执行【高斯模糊】命令后的效果如图 12-4 所示。

STEP 4 单击【图层】面板下方的【添加图层蒙版】按钮 ，为"图层 1"添加图层蒙版，并为其填充黑色。

STEP 5 选取【画笔】工具 ，设置属性栏中【不透明度】选项的参数为"30%"，然后将前景色设置为白色，并在人物鼻子右侧及嘴角位置拖曳鼠标，即只对拖曳的区域应用模糊处理，效果如图 12-5 所示。

图 12-4 执行【高斯模糊】命令后的效果

图 12-5 编辑蒙版后的效果

STEP 6 按Shift+Ctrl+Alt+E组合键盖印图层，生成"图层 2"，然后再次执行【滤镜】/【模糊】/【高斯模糊】命令，在弹出的【高斯模糊】对话框中将【半径】选项的参数设置为 8 像素，单击 确定 按钮。

STEP 7 将"图层 2"的图层混合模式选项设置为【强光】模式，更改混合模式后的效果如图 12-6 所示。

STEP 8 单击【图层】面板下方的【创建新的填充或调整图层】按钮 ，在弹出的菜单中选择【曲线】命令，然后在弹出的面板中调整曲线形态，如图 12-7 所示，调整后的画面效果如图 12-8 所示。

STEP 9 单击【图层】面板下方的【创建新的填充或调整图层】按钮 ，在弹出的菜单中选择【色彩平衡】命令，然后在弹出的【色彩平衡】面板中设置参数如图 12-9 所示，调整后的画面效果如图 12-10 所示。

STEP 10 按Shift+Ctrl+Alt+E组合键盖印图层，生成"图层 3"，然后将其【不透明度】选项的参数设置为"50%"，图层混合模式选项设置为【滤色】模式，更改混合模式后的效果如图 12-11 所示。

图 12-6 更改混合模式后的效果

图 12-7 调整的曲线形态（1）

图 12-8 调整曲线后的效果

图 12-9 【色彩平衡】面板

图 12-10 调整色彩平衡后的效果

图 12-11 更改混合模式后的效果（1）

STEP 11 新建"图层 4"，然后利用【画笔】工具，在人物的面部位置绘制出如图 12-12 所示的洋红色（R:218,G:5,B:150）色块。

STEP 12 将"图层 4"的【不透明度】选项的参数设置为"30%"，图层混合模式选项设置为【柔光】模式，更改混合模式后的效果如图 12-13 所示。

图 12-12 绘制的颜色（1）   图 12-13 更改混合模式后的效果（2）

STEP 13 新建"图层 5"，继续利用【画笔】工具，在人物的头发位置依次绘制出如图 12-14 所示的色块。

STEP 14 将"图层 5"的【不透明度】选项的参数设置为"90%"，图层混合模式选项设置为【色相】模式，更改混合模式后的效果如图 12-15 所示。

图 12-14 绘制的颜色（2）   图 12-15 更改混合模式后的效果（3）

STEP 15 单击【图层】面板下方的【创建新的填充或调整图层】按钮，在弹出的菜单中选择【曲线】命令，然后在弹出的【曲线】面板中调整曲线形态，如图 12-16 所示。

调整后的画面效果如图 12-17 所示。

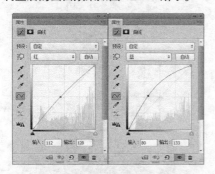

图 12-16 调整的曲线形态（2）   图 12-17 调整后的效果

STEP 16 按 Shift + Ctrl + Alt + E 组合键盖印图层，生成"图层 6"，然后执行【滤镜】/【锐化】/【USM 锐化】命令，在弹出的【USM 锐化】对话框中设置参数如图 12-18 所示。

STEP 🔽**17** 单击 ⬚确定⬚ 按钮，即可完成非主流效果的制作，按 Shift + Ctrl + S 组合键，将文件另命名为"非主流 .psd"保存。

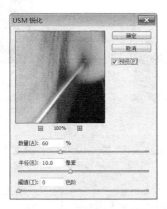

图 12-18 【USM 锐化】对话框

12.2 图像创意合成

灵活运用图层、复制图层操作、图层混合模式及图层蒙版来进行图像合成，制作出如图 12-19 所示的图像效果。

图 12-19 合成后的图像效果

范例操作 —— **图像合成**

STEP 🔽**1** 新建一个【宽度】为"18 厘米"、【高度】为"13 厘米"、【分辨率】为"200 像素 / 英寸"、【颜色模式】为"RGB 颜色"、【背景内容】为"白色"的文件。

STEP 🔽**2** 将素材"图库\第 12 章"目录下名为"麦子地 .jpg"的图片文件打开，并将其移动复制到新建文件中生成"图层 1"，然后将其调整大小后放置到如图 12-20 所示的位置。

STEP 🔽**3** 将素材"图库\第 12 章"目录下名为"天空 .jpg"的图片文件打开，并将其移动复制到新建文件中生成"图层 2"。

STEP 🔽**4** 按 Ctrl + T 组合键，为复制入的图片添加自由变换框，并将其调整至如图 12-21 所示的形态，然后按 Enter 键，确认图像的变换操作。

图 12-20 图片放置的位置

图 12-21 调整后的图像形态

STEP ⟨5⟩ 将"图层 2"的图层混合模式设置为【明度】，更改混合模式后的图像效果如图 12-22 所示。

STEP ⟨6⟩ 利用【矩形选框】工具，在画面的下方位置绘制一矩形选区，将麦田图片选择，然后单击【图层】面板下方的【创建新的填充或调整图层】按钮 ，在弹出的菜单中选择【曲线】命令，在弹出的【调整】面板中调整曲线形态如图 12-23 所示，调整后的图像效果如图 12-24 所示。

图 12-22 更改混合模式后的图像效果

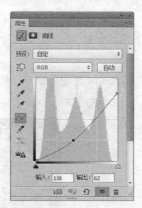

图 12-23 【调整】面板

STEP ⟨7⟩ 确认调整层的蒙版缩览图处于工作状态，然后利用【画笔】工具，在画面中喷绘黑色编辑蒙版，编辑蒙版后的画面效果如图 12-25 所示。

图 12-24 调整后的效果

图 12-25 编辑蒙版后的效果

STEP ⟨8⟩ 按 Shift + Ctrl + I 键，将选区反选，再选择【渐变】工具，单击属性栏中 的颜色条部分，在弹出【渐变编辑器】对话框中设置颜色参数如图 12-26 所示，然后单击 确定 按钮。

STEP ⟨9⟩ 新建"图层 3"，为选区由上至下填充设置的线性渐变色，效果如图 12-27 所示。

图 12-26 【渐变编辑器】对话框

图 12-27 填充渐变色后的效果

STEP 10 将 "图层 3" 的图层混合模式设置为【颜色】,【不透明度】的参数设置为 "40%",更改混合模式及不透明度参数后的画面效果如图 12-28 所示,然后按 Ctrl + D 组合键,将选区去除。

STEP 11 将素材 "图库\第 12 章" 目录下名为 "裤子 .psd" 的图片文件打开,然后将其移动复制到新建文件中生成 "图层 4",并将其调整至 "曲线" 调整层的下方位置。

STEP 12 按 Ctrl + T 组合键,为复制入的图片添加自由变换框,并将其调整至如图 12-29 所示的形态,然后按 Enter 键,确认图像的变换操作。

图 12-28 更改混合模式及不透明度后的效果

图 12-29 调整后的图片形态

STEP 13 执行【编辑】/【变换】/【水平翻转】命令,将裤子图片水平翻转,然后按 Ctrl + M 组合键,在弹出的【曲线】对话框中调整曲线形态如图 12-30 所示。

STEP 14 单击 确定 按钮,调整后的效果如图 12-31 所示。

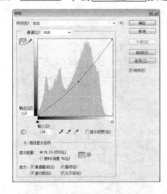

图 12-30 【曲线】对话框

图 12-31 调整后的图像效果

STEP 15 利用【多边形套索】工具 ,绘制出如图 12-32 所示的选区,然后按 Delete 键,将选择的内容删除。

STEP **16** 用与步骤 15 相同的方法，绘制选区后删除所选内容，制作出如图 12-33 所示的图像效果。

图 12-32　绘制的选区

图 12-33　删除后的图像效果

STEP **17** 继续利用【多边形套索】工具，绘制出如图 12-34 所示的选区，然后利用【移动】工具将选择的内容移动至如图 12-35 所示的位置。

图 12-34　绘制的选区

图 12-35　移动后的图像位置

STEP **18** 用与步骤 17 相同的方法，绘制选区后移动所选内容，制作出如图 12-36 所示的裤子碎片效果。

STEP **19** 单击【图层】面板下方的【添加图层蒙版】按钮，为"图层 4"添加图层蒙版，然后利用【画笔】工具，在画面中喷绘黑色编辑蒙版，编辑蒙版后的画面效果如图 12-37 所示。

图 12-36　制作出的裤子碎片

图 12-37　编辑蒙版后的效果

STEP **20** 将素材"图库 \ 第 12 章"目录下名为"飞鸟 .psd"的图片文件打开，并将"图层 1"

中的飞鸟移动复制到新建文件中生成"图层 5"。

STEP **21** 将"图层 5"调整至所有图层的上方,然后将调整图像的大小,并移动到如图 12-38 所示的位置。

STEP **22** 将"飞鸟 .psd"文件中其他层中的飞鸟图片依次移动复制到新建文件中,并分别调整大小后放置到如图 12-39 所示的位置。

图 12-38 图像放置的位置

图 12-39 图像放置的位置

STEP **23** 按 Ctrl + S 组合键,将文件命名为"图像合成 .psd"保存。

12.3 书籍装帧设计

灵活运用图像的变形操作进行书籍装帧设计,效果如图 12-40 所示。

图 12-40 书籍装帧效果

范例操作 —— 书籍装帧

STEP **1** 新建一个【宽度】为"22 厘米"、【高度】为"18 厘米"、【分辨率】为"150 像素 / 英寸"、【颜色模式】为"RGB 颜色"的文件。

STEP **2** 将前景色设置为灰色(R:228,G:230,B:233),然后将其填充至"背景"图层中。

STEP **3** 将素材"图库 \ 第 12 章"目录下名为"书本封面 .jpg"的文件打开,然后利用【矩形选框】工具将书本封皮选择,如图 12-41 所示。

STEP **4** 利用【移动】工具将选择的图像移动复制到新建的文件中,生成"图层 1",在属性栏中勾选 □显示变换控件 复选框,给图像添加变形框,效果如图 12-42 所示。

图 12-41　选择的图像

图 12-42　显示的变换框

STEP 5 按住 Ctrl 键，将鼠标指针放置在变换框左上角的控制点上向上移动此控制点，然后向上移动右上角的控制点，调整出透视效果，如图 12-43 所示。在调整透视关系时，一般遵循近大远小的透视规律。

STEP 6 调整完成后按 Enter 键，确认图片的透视变形调整。

STEP 7 单击"书本封面.jpg"文件的选项卡，将其设置为工作状态，然后利用【矩形选框】工具，将侧面选取，并移动复制到新建文件中，生成"图层 2"，如图 12-44 所示。

图 12-43　调整后的形态

图 12-44　移动复制的图像

STEP 8 用与调整正面相同的透视变形方法，将侧面图形进行透视变形调整，状态如图 12-45 所示，然后按 Enter 键确认。

STEP 9 利用【多边形套索】工具在画面中根据书本的结构绘制出如图 12-46 所示的选区。

图 12-45　图像调整后的形态

图 12-46　绘制的选区

STEP 10 新建"图层 3"，将前景色设置为淡灰色（R:232,G:232,B:231），然后按 Alt + Delete 组合键，给选区填充上颜色，效果如图 12-47 所示。

STEP 11 按 Ctrl + D 组合键，去除选区，然后新建"图层 4"。

STEP 12 选取【直线】工具，确认属性栏中选择的像素绘图模式，设置粗细 2 px 选项的参数为"2px"，然后沿书本侧面和正面结构的转折位置绘制出如图 12-48 所示的直线。

图 12-47 填充的颜色　　　　　　　　　　　　　　图 12-48 绘制的直线

STEP 13 执行【滤镜】/【模糊】/【高斯模糊】命令，弹出【高斯模糊】对话框，设置【半径】选项的参数为 "4" 像素，单击 确定 按钮，将直线进行模糊处理，使其不要太生硬，效果如图 12-49 所示。

STEP 14 新建 "图层 5"，利用【多边形套索】工具 ，在书本上绘制出如图 12-50 所示的选区。

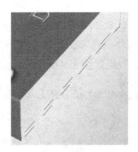

图 12-49 模糊后的效果　　　　　　　　　　　　图 12-50 绘制的选区

STEP 15 将前景色设置为灰色（R:177,G:177,B:177），按住 Alt + Delete 组合键，给选区填充上颜色，效果如图 12-51 所示，然后按 Ctrl + D 组合键，去除选区。

STEP 16 新建 "图层 6"，利用【直线】工具 ，在书本的厚度上依次绘制出若干条直线，表示书本的纸张，效果如图 12-52 所示。

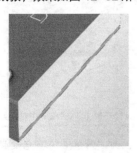

图 12-51 填充的颜色　　　　　　　　　　　　　图 12-52 绘制的直线

STEP 17 选取【多边形套索】工具 ，并设置 羽化 50 px 选项的参数为 "50px"，在画面中根据书本的结构绘制出如图 12-53 所示的投影区域。

STEP 18 新建 "图层 7"，执行【图层】/【排列】/【置为底层】命令，将其调整至 "图层 1" 的下方，然后为其填充灰色（R:57,G:59,B:65），效果如图 12-54 所示。

图 12-53　绘制的选区　　　　　　　　　　　　图 12-54　制作的投影效果

STEP 19 至此，书本的立体效果就制作完成了，按 Ctrl + S 组合键，将此文件命名为 "书本立体效果图 .psd" 保存。

12.4 店面门头设计

店面门头代表了商店的形象，一个漂亮的门面可以吸引更多的顾客者走进商店进行消费，所以众多商店在开业之前都会把门头设计得非常漂亮。本节来学习店面门头的设计方法，效果如图 12-55 所示。

服装店面设计

范例操作 —— **店面门头设计**

STEP 1 新建一个【宽度】为 "20 厘米"，【高度】为 "6 厘米"，【分辨率】为 "150 像素 / 英寸"，【颜色模式】为 "RGB 颜色"，【背景内容】为 "白色" 的文件。

STEP 2 选取【渐变】工具，激活属性栏中的【径向渐变】按钮，再单击属性栏中的颜色条部分，在弹出【渐变编辑器】对话框中设置渐变颜色如图 12-56 所示，然后单击 确定 按钮。

图 12-55　设计的店面效果　　　　　　　　　　图 12-56　【渐变编辑器】对话框

STEP 3 在画面的中间位置，按住左键并向右拖曳鼠标，为 "背景层" 填充设置的径向渐变色，效果如图 12-57 所示。

图 12-57　填充渐变色后的效果

STEP 4 新建"图层 1"，并将其图层混合模式选项设置为【柔光】模式，然后利用【椭圆选框】工具 ，按住 Shift 键，依次绘制出如图 12-58 所示的浅紫色（R:235,G:125,B:255）圆形图形。

图 12-58 绘制出的圆形图形

STEP 5 将素材"图库\第 12 章"目录下名为"卡通人物 .psd"的文件打开，并将其移动复制到新建文件中生成"图层 2"，然后将其调整大小后放置到如图 12-59 所示的位置。

STEP 6 利用【横排文字】工具 ，输入如图 12-60 所示的白色文字，其字体为【方正粗倩简体】。

图 12-59 图像放置的位置

图 12-60 输入的文字

STEP 7 将光标移动到"心"字的左侧，按住左键并向右拖曳光标将其选择，形态如图 12-61 所示，然后将其字体设置为【方正中倩简体】。

STEP 8 用与步骤 7 相同的方法，将"意"字的字体设置为【方正中倩简体】，效果如图 12-62 所示。

图 12-61 选择后的文字形态

图 12-62 修改字体后的文字效果

STEP 9 执行【图层】/【栅格化】/【文字】命令，将文字层转换为普通层。

STEP 10 利用【矩形选框】工具 ，绘制出如图 12-63 所示的矩形选区，将"衣"字的"点"笔画选择，并按 Delete 键将其删除，然后按 Ctrl + D 组合键，将选区去除。

STEP 11 用与步骤 10 相同的方法，依次将"衣"和"意"字中的"点"笔画删除，效果如图 12-64 所示。

图 12-63 绘制的矩形

图 12-64 删除后的效果

STEP 12 选取【椭圆选框】工具 ，按住 Shift 键，绘制出如图 12-65 所示的圆形选区，并为其填充上白色。

STEP 13 按住 Ctrl + Alt 组合键，将光标移动至选区内，按住左键并向右拖曳鼠标，依次复制圆形图形，并将复制出的图形分别放置到如图 12-66 所示的位置，然后按 Ctrl + D 组合键，将选区去除。

图 12-65　绘制的选区

图 12-66　图形放置的位置

STEP 14 利用【矩形选框】工具 绘制矩形选区，将"心"字选择，然后按 Ctrl + T 组合键，为选择的文字添加自由变形框，并将其调整至如图 12-67 所示的形态，再按 Enter 键，确认文字的变换操作。

STEP 15 利用【矩形选框】工具 依次将"衣"和"意"字选择并向左调整至如图 12-68 所示的位置，然后按 Ctrl + D 组合键，将选区去除。

图 12-67　调整后的文字形态

图 12-68　调整后的文字位置

STEP 16 利用【多边形套索】工具 ，绘制出如图 12-69 所示的选区，将"心"字的"撇"笔画选择，并按 Delete 键将其删除，然后按 Ctrl + D 组合键，将选区去除。

STEP 17 利用【钢笔】工具 和【转换点】工具 ，绘制并调整出如图 12-70 所示的钢笔路径，然后按 Ctrl + Enter 组合键，将路径转换为选区。

图 12-69　绘制的选区

图 12-70　绘制的路径

STEP 18 新建"图层 3"，并为选区填充上白色，效果如图 12-71 所示，然后按 Ctrl + D 组合键，将选区去除。

STEP 19 利用【钢笔】工具 和【转换点】工具 依次绘制路径，转换为选区后填充白色，然后按 Ctrl + D 组合键，将选区去除，制作出如图 12-72 所示的艺术线条。

图 12-71　填充颜色后的效果

图 12-72　绘制出的艺术线条

STEP 20 选取【自定形状】工具，确认属性栏中选择的 [形状 ⌄] 选项，单击【形状】选项右侧的 ⌄ 按钮，在弹出的【自定形状】面板中单击右上角的【选项】按钮 ✿。

STEP 21 在弹出的下拉菜单中选择【全部】命令，然后在弹出【Adobe Photoshop】询问面板中单击 [确定] 按钮，用"全部"的形状图形替换【自定形状】面板中的形状图形。

STEP 22 拖动【自定形状】面板右侧的滑块，选取如图 12-73 所示的"花形装饰 3"形状图形，然后按住 Shift 键，在画面中绘制出如图 12-74 所示的白色花形图形。

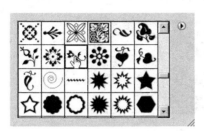

图 12-73 【自定形状】面板

图 12-74 绘制的图形

STEP 23 将"图层 3"和"衣心衣意"文字层同时选择，然后按 Ctrl + E 组合键，将选择的图层合并为"图层 3"。

STEP 24 执行【图层】/【图层样式】/【混合选项】命令，在弹出的【图层样式】对话框中设置参数如图 12-75 所示。

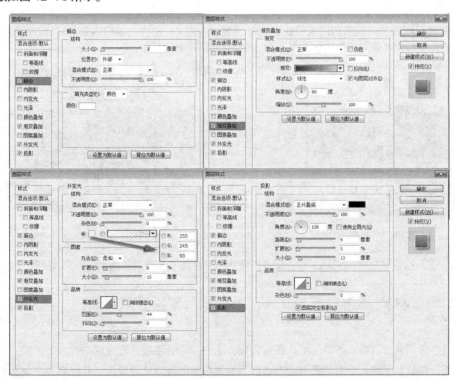

图 12-75 【图层样式】对话框

STEP 25 单击 [确定] 按钮，添加图层样式后的文字效果如图 12-76 所示。

STEP 26 利用【横排文字】工具，输入如图 12-77 所示的白色文字。

图 12-76 添加图层样式后的文字效果

图 12-77 输入的文字

至此，服装店门面已设计完成，整体效果如图 12-78 所示。

图 12-78 设计完成的服装门头

STEP ↗27 按 Ctrl + S 组合键，将此文件命名为"服装店门头设计 .psd"保存。

接下来，将设计的服装店门头与实景组合。

STEP ↗28 按 Shift + Ctrl + Alt + E 组合键，盖印图层得到"图层 4"。

STEP ↗29 将素材"图库＼第 12 章"目录下名为"服装店面 .jpg"的文件打开，如图 12-79 所示。

STEP ↗30 将"服装店门头设计 .psd"文件"图层 4"中的内容移动复制到打开的图片中，调整至合适的大小与位置后完成门头的实景组合，如图 12-80 所示。

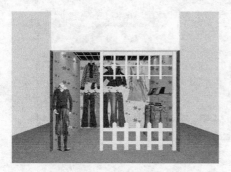

图 12-79 打开的图片

图 12-80 门头实景组合后的效果

STEP ↗31 按 Shift + Ctrl + S 组合键，将文件另存为"合成服装店面 .psd"保存。

12.5 地产广告设计

报纸是广大消费者及商家所熟知的广告宣传媒介之一，而且用报纸宣传的广告内容十分广泛，题材几乎深入到生活的各个方面。因阅读报纸的群体较为庞大，且报纸宣传的传播速度快、效果显著，所以不少企业都愿意在报纸上刊登各种类型的广告。

下面来设计房地产报纸广告。在设计过程中，将主要利用图层蒙版对图像进行合成。通过本例的学习，希望读者能将图层蒙版的使用方法熟练掌握。设计的广告效果如图 12-81 所示。

房地产广告设计

图 12-81　设计的房地产报纸广告

范例操作 —— 地产广告设计

STEP 1 新建【宽度】为 "20 厘米"，【高度】为 "15 厘米"，【分辨率】为 "150 像素 / 英寸" 的文件，【颜色模式】为 "RGB 颜色"，【背景内容】为 "白色" 的文件。

STEP 2 将素材的 "图库 \ 第 12 章" 目录下名为 "背景 .jpg" 的文件打开，并将其移动复制到新建文件中生成 "图层 1"，然后将其调整大小后放置到如图 12-82 所示的位置。

STEP 3 新建 "图层 2"，利用【矩形选框】工具，绘制出如图 12-83 所示的矩形选区，并为其填充上深紫色 (R:107,G:30,B:55)。

图 12-82　图片放置的位置

图 12-83　绘制的选区

STEP 4 将素材 "图库 \ 第 12 章" 目录下名为 "木桥 .psd" 的文件打开，然后将其移动复制到新建文件中生成 "图层 3"，并将其调整至 "图层 2" 的下方。

STEP 5 将木桥图片调整大小后放置到如图 12-84 所示的位置。

STEP 6 将素材 "图库 \ 第 12 章" 目录下名为 "水纹 .jpg" 的文件打开，再将其移动复制到新建文件中生成 "图层 4"，并将其调整至 "图层 3" 的下方，然后将水纹图片调整大小后放置到如图 12-85 所示的位置。

图 12-84　图片放置的位置

图 12-85　图片放置的位置

STEP 📷7 将"图层 4"的图层混合模式选项设置为【亮光】模式。

STEP 📷8 将素材"图库\第 12 章"目录下名为"树丛 .psd"和"城市 .jpg"的图片打开，并依次移动复制到新建文件中生成"图层 5"和"图层 6"，然后将其分别调整大小后放置到如图 12-86 所示的位置。

STEP 📷9 将"图层 6"调整至"图层 4"的下方，再为"图层 6"添加图层蒙版，然后利用【画笔】工具✏️，在画面中喷绘黑色编辑蒙版，编辑蒙版后的画面效果如图 12-87 所示。

图 12-86 图片放置的位置

图 12-87 编辑蒙版后的效果

STEP 📷10 将"图层 4"设置为当前层，并为其添加图层蒙版，然后利用【画笔】工具✏️，在画面中喷绘黑色编辑蒙版，编辑蒙版后的画面效果如图 12-88 所示。

STEP 📷11 将素材"图库\第 12 章"目录下名为"树枝 .psd"和"酒瓶 .psd"的文件打开，并依次移动复制到新建文件中生成"图层 7"和"图层 8"，然后分别调整其大小，再放置到如图 12-89 所示的位置。

图 12-88 编辑蒙版后的效果

图 12-89 图片放置的位置

STEP 📷12 将素材"图库\第 12 章"目录下名为"别墅 .jpg"的图片打开，然后将其移动复制到新建文件中生成"图层 9"。

STEP 📷13 按 Ctrl + T 组合键，为"别墅"图片添加自由变形框，并将其缩放至如图 12-90 所示的形态，然后按 Enter 键，确认图片的变换操作。

STEP 📷14 将"图层 9"的图层混合模式选项设置为【叠加】模式，然后为其添加图层蒙版，并利用【画笔】工具✏️，在"别墅"图片的四周喷绘黑色编辑蒙版，效果如图 12-91 所示。

图 12-90 调整后的图片形态

图 12-91 编辑蒙版后的效果

STEP 15 将"图层 8"复制生成为"图层 8 副本",然后将其调整至"图层 4"的下方。

STEP 16 按 Ctrl + T 组合键,为"图层 8 副本"中的"酒瓶"图像添加自由变形框,然后将其调整至如图 12-92 所示的形态,再按 Enter 键,确认图像的变换操作。

STEP 17 将素材"图库\第 12 章"目录下名为"标志.psd"的文件打开,并将其移动复制到新建文件中生成"图层 10",然后调整大小后放置到如图 12-93 所示的位置。

图 12-92 调整后的图像形态

图 12-93 标志放置的位置

STEP 18 利用【横排文字】工具 T,依次输入如图 12-94 所示的文字,即可完成房地产广告的设计。

图 12-94 输入的文字

STEP 19 按 Ctrl + S 组合键,将文件命名为"地产广告设计.psd"保存。

12.6 包装设计

　　包装装潢设计是商品及其外包装的艺术设计。在进行包装装潢设计时要根据不同的产品特性和不同的消费群体需求,采取不同的艺术处理和相应的印刷制作技术,其目的是向消费者传递准确的商品信息,树立良好的企业形象,同时对商品起到保护、美化、宣传和提高商品在同类产品中竞争力的作用。优秀的包装设计一般都具有科学性、经济性、艺术性、实用性及民族特色等特点。本节来学习茶叶盒包装的设计方法,最终效果如图 12-95 所示。

图 12-95 茶叶盒效果

12.6.1 设计包装平面图

首先来学习包装平面展开图的设计。

制作茶叶包装

范例操作 —— 设计平面展开图

STEP 1 新建【宽度】为"46 厘米",【高度】为"40 厘米",【分辨率】为"100 像素 / 英寸"的白色文件，然后为"背景"层填充上深绿色（R:16,G:79,B:33）。

STEP 2 按Ctrl + R组合键，将标尺显示在图像窗口中，然后执行【视图】/【新建参考线】命令，依次在图像窗口中添加如图 12-96 所示的参考线。

添加参考线的水平位置分别为 5 厘米和 35 厘米处；垂直位置分别为 5 厘米和 41 厘米处。在画面中添加参考线后，选取【移动】工具，将光标放置在参考线上，当光标显示为双向箭头图标时，按下鼠标左键拖曳，可移动参考线的位置，当将光标拖曳到画面之外时，参考线会被删除。

STEP 3 新建"图层 1"，利用【矩形选框】工具□绘制出如图 12-97 所示的矩形选区，然后将前景色设置为黄绿色（R:196,G:219,B:123），背景色设置为绿色（R:121,G:145,B:45）。

图 12-96 添加的参考线

图 12-97 绘制的选区

STEP 4 选取【渐变】工具□，激活属性栏中的【径向渐变】按钮□，然后按住Shift键，将光标移动至选区的下方中间位置，按住左键并向上拖曳鼠标填充从前景色到背景色的径向渐变色，效果如图 12-98 所示，然后将选区去除。

STEP 5 新建"图层 2"，然后利用【矩形选框】□工具绘制出如图 12-99 所示的选区，并为其填充上黄绿色（R:218,G:228,B:116）。

图 12-98 填充渐变色后的效果

图 12-99 绘制的选区

STEP 6 新建"图层 3"，利用【矩形选框】工具□绘制出如图 12-100 所示的矩形选区，并为其填充上沙黄色（R:249,G:244,B:193），效果如图 12-101 所示，然后将选区去除。

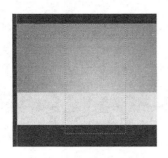

图 12-100　绘制的选区

图 12-101　填充颜色后的效果

STEP 7 执行【图层】/【图层样式】/【斜面和浮雕】命令，在弹出的【图层样式】对话框中设置各项参数如图 12-102 所示。

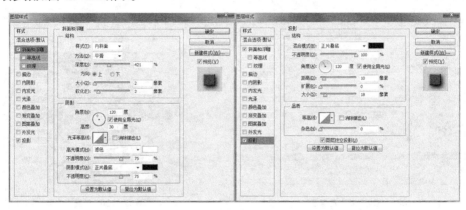

图 12-102　【图层样式】对话框

STEP 8 单击　　确定　　按钮，添加图层样式后的效果如图 12-103 所示。

STEP 9 新建"图层 4"，然后利用【矩形选框】工具绘制出如图 12-104 所示的矩形选区。

STEP 10 选取【渐变】工具，设置渐变颜色如图 12-105 所示。

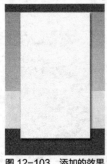

图 12-103　添加的效果

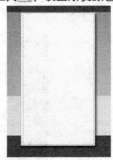

图 12-104　绘制的选区

图 12-105　【渐变编辑器】对话框

STEP 11 按住 Shift 键，在选区内由上至下拖曳鼠标填充渐变色，然后将选区去除，填充渐变色后的效果如图 12-106 所示。

STEP 12 将素材"图库\第 12 章"目录下名为"扇子 .jpg"的图片打开，然后选取【魔棒】工具，并在画面的白色区域处单击添加选区。

STEP 13 按 Shift + Ctrl + I 组合键将选区反选，然后将选择的扇子移动复制到新建文件中生成"图层 5"，再将其调整至合适的大小后放置到如图 12-107 所示的位置。

图 12-106　填充渐变色后的效果

图 12-107　扇子放置的位置

STEP 14 执行【图层】/【图层样式】/【外发光】命令，在弹出的【图层样式】对话框中设置各项参数如图 12-108 所示。

STEP 15 单击 确定 按钮，添加外发光后的扇子效果如图 12-109 所示。

图 12-108　【图层样式】对话框

图 12-109　外发光效果

STEP 16 将素材"图库\第 12 章"目录下名为"古画 .jpg"的图片打开，然后将其移动复制到新建文件中生成"图层 6"，并将其调整至"图层 2"的上方位置，再调整大小后放置到如图 12-110 所示的位置。

STEP 17 执行【图层】/【创建剪贴蒙版】命令，将"图层 6"与其下方的"图层 2"创建剪贴蒙版，效果如图 12-111 所示。

图 12-110　图片放置的位置

图 12-111　创建剪贴蒙版后的效果

将两个或两个以上的图层创建剪贴蒙版后，可用剪贴蒙版中最下方的图层内容来覆盖上面的图层。例如，一个图像的剪贴蒙版中最下方图层为某个形状，中间图层上有纹理，而最上面的图层上有文字，如果将上面的两个图层都定义为剪贴蒙版，则纹理和文本只能通过最下方图层上的形状显示其内容。

STEP **18** 将"图层 6"的图层混合模式选项设置为【明度】模式，然后按Ctrl + M组合键，在弹出的【曲线】对话框中调整曲线形态如图 12-112 所示。

STEP **19** 单击 确定 按钮，调整后的效果如图 12-113 所示。

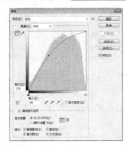

图 12-112 【曲线】对话框

图 12-113 调整后的效果

STEP **20** 将素材"图库\第12章"目录下名为"花纹和龙 .psd"的图片文件打开，将"图层 3"中的图案移动复制到新建文件中生成"图层 7"，调整大小后放置到如图 12-114 所示的位置。

STEP **21** 将"图层 7"复制生成为"图层 7 副本"，再将图层混合模式选项设置为【颜色加深】模式，然后将复制出的图案向上移动到如图 12-115 所示的位置。

图 12-114 图案放置的位置

图 12-115 图案放置的位置

STEP **22** 将前面打开的"花纹和龙 .psd"文件"图层 4"中的图案移动复制到新建文件中生成"图层 8"，并将其调整至"图层 5"的上方位置。

STEP **23** 执行【编辑】/【变换】/【水平翻转】命令，将"图层 8"中的图案翻转，然后调整大小后放置到如图 12-116 所示的位置。

STEP **24** 执行【图层】/【图层样式】/【混合选项】命令，在弹出的【图层样式】对话框中设置各项参数如图 12-117 所示。

图 12-116 图案放置的位置

图 12-117 【图层样式】对话框

STEP **25** 单击 确定 按钮，添加图层样式后的效果如图 12-118 所示。

STEP **26** 将"图层 8"复制生成为"图层 8 副本"，再在执行【编辑】/【变换】/【水平翻转】命令，将图案水平翻转，然后将其移动到如图 12-119 所示的位置。

图 12-118　添加图层样式后的效果　　　　　　　　　图 12-119　图案放置的位置

STEP **27** 利用【直排文字】工具 T 输入如图 12-120 所示的黑色文字，然后将文字层调整至"图层 5"的下方位置。

STEP **28** 单击【图层】面板下方的【添加图层蒙版】按钮，为文字层添加图层蒙版，然后利用【画笔】工具 在文字层中喷绘黑色编辑蒙版，效果如图 12-121 所示。

STEP **29** 将"图层 8 副本"设置为当前层，然后利用【横排文字】工具 T 输入如图 12-122 所示的黑色文字。

图 12-120　输入的文字　　　　　图 12-121　编辑蒙版后的效果　　　　　图 12-122　输入的文字

STEP **30** 执行【图层】/【图层样式】/【混合选项】命令，在弹出的【图层样式】对话框中设置各项参数如图 12-123 所示。

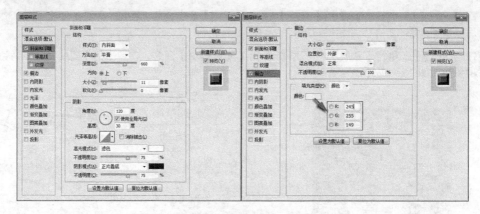

图 12-123　【图层样式】对话框

STEP **31** 单击 确定 按钮，添加图层样式后的文字效果如图 12-124 所示。

STEP **32** 利用【横排文字】工具 T 输入如图 12-125 所示的黄褐色（R:190,G:170）文字。

图 12-124　文字效果

图 12-125　输入的文字

STEP 33 单击属性栏中的【创建文字变形】按钮，在弹出的【变形文字】对话框中设置各项参数如图 12-126 所示，然后单击 确定 按钮，变形后的文字如图 12-127 所示。

图 12-126　【变形文字】对话框

图 12-127　变形后的文字

STEP 34 继续利用【横排文字】工具 T 依次输入文字，然后将前面打开的"花纹和龙 .psd"文件中"图层 1"中的龙图案移动复制到新建文件中生成"图层 9"，调整大小后放置到如图 12-128 所示的位置。

图 12-128　输入的文字及龙图案放置的位置

STEP 35 利用【直排文字】工具 IT 输入如图 12-129 所示的文字。

图 12-129　输入的文字

STEP 36 将白色文字的颜色修改为深绿色（R:65,G:122,B:32），然后将其【不透明度】选项的参数设置为"50%"，再单击【添加图层蒙版】按钮 添加图层蒙版。

STEP 37 利用【画笔】工具 ✎ 在文字层中喷绘黑色编辑蒙版，把参考线外边的文字屏蔽掉，效果如图 12-130 所示。

STEP 38 利用【横排文字】工具 T 输入如图 12-131 所示的深绿色（R:65,G:122,B:32）文字。

图 12-130　编辑蒙版后的效果

图 12-131　输入的文字

STEP 39 将"中国·名茶"文字层复制为"中国·名茶 副本"层，再执行【编辑】/【变换】/【旋转 180 度】命令，将复制出的文字旋转，然后将其移动至如图 12-132 所示的位置。

STEP 40 将前面打开的"花纹和龙 .psd"文件"图层 2"中的图案移动复制到新建文件中生成"图层 10"，然后再复制生成为"图层 10 副本"，把图案分别放置到画面的左右两边，如图 12-133 所示。

图 12-132　文字放置的位置

图 12-133　图案放置的位置

STEP 41 双击"背景"层，在弹出的【新建图层】对话框中单击 确定 按钮，将"背景"层转换为普通层"图层 0"。

STEP 42 利用【矩形选框】工具 ▢ 绘制出如图 12-134 所示的矩形选区，然后按 Delete 键，删除选区中的颜色。

STEP 43 将另外 3 个角的颜色也删除，得到如图 12-135 所示的效果。

图 12-134　绘制的选区

图 12-135　删除后的效果

STEP 44 按 Ctrl + S 组合键，将此文件命名为"茶叶包装 .psd"保存。

12.6.2　制作包装立体效果图

下面来学习将上面制作的包装平面展开图制作成立体效果图。

包装立体效果

范例操作 —— 制作立体效果图

STEP 1 新建【宽度】为"20 厘米",【高度】为"20 厘米",【分辨率】为"150 像素 / 英寸"的白色文件,然后为"背景"层填充上黑色。

STEP 2 将"茶叶包装 .psd"文件设置为工作文件,再执行【图层】/【拼合图像】命令,将所有图层合并为"背景"层,然后利用【矩形选框】工具绘制出如图 12-136 所示的矩形选区,将包装的正面选择。

STEP 3 将选取的正面图形移动复制到新建的文件中生成"图层 1",再按 Ctrl + T 组合键,为其添加自由变形框,然后按住 Ctrl 键,将其调整至如图 12-137 所示的透视效果。

图 12-136 绘制的选区

图 12-137 调整透视形态

STEP 4 按 Enter 键,确认透视调整,然后将"茶叶包装 .psd"文件设置为工作状态。

STEP 5 利用【矩形选框】工具绘制出如图 12-138 所示的矩形选区,选择下面的侧面,然后将其移动复制到新建的文件中生成"图层 2"。

STEP 6 按 Ctrl + T 组合键,为其添加自由变形框,并按住 Ctrl 键,将其调整成如图 12-139 所示的透视效果,然后按 Enter 键,确认变换操作。

图 12-138 绘制的选区

图 12-139 调整透视形态

STEP 7 利用【矩形选框】工具将"茶叶包装 .psd"文件中左侧的侧面选取,然后移动复制到新建的文件中生成"图层 3",并利用【自由变换】命令将其调整至如图 12-140 所示的透视形态,再按 Enter 键,确认透视调整。

包装盒的面和面之间的棱角结构转折位置应该是稍微有点圆滑的,而并不是刀锋般的生硬效果,所以读者要注意物体结构转折的微妙变化规律,只有仔细观察、仔细绘制,才能使表现出的物体更加真实自然。下面讲述如何进行棱角处理。

STEP 8 新建"图层 4",然后将前景色设置为绿色(R:17,G:153,B:80)。

STEP 9 选取【直线】工具,在属性栏中选择 像素 选项,并设置【粗细】选项的参数为"3"像素,然后沿包装盒的面和面的结构转折位置绘制出如图 12-141 所示的直线。

图 12-140　调整后的图像形态

图 12-141　绘制的直线

STEP 10 执行【滤镜】/【模糊】/【高斯模糊】命令，在弹出的【高斯模糊】对话框中将【半径】选项的参数设置为"5"像素，单击 确定 按钮，模糊后的图像效果如图 12-142 所示。

STEP 11 新建"图层 5"，利用【多边形套索】工具 绘制出如图 12-143 所示的选区，然后为其填充上绿色（R:74,G:138,B:89），再按 Ctrl + D 组合键，将选区去除。

图 12-142　模糊后的效果

图 12-143　绘制的选区

STEP 12 新建"图层 6"，选取【直线】工具 ，并设置【粗细】选项的参数为"5px"，然后沿包装盒的面和面的结构转折位置绘制出如图 12-144 所示的黑色直线。

STEP 13 执行【滤镜】/【模糊】/【高斯模糊】命令，在弹出的【高斯模糊】对话框中将【半径】选项的参数设置为"3"像素，单击 确定 按钮，模糊后的效果如图 12-145 所示。

图 12-144　绘制的直线

图 12-145　模糊后的效果

STEP 14 新建"图层 7"，利用【多边形套索】工具 再绘制出如图 12-146 所示的选区，并为其填充上浅绿色（R:94,G:163,B:110），然后按 Ctrl + D 键，将选区去除，填充颜色后的效果如图 12-147 所示。

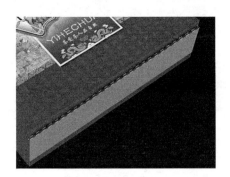

图 12-146 绘制的选区

图 12-147 填充颜色后的效果

STEP 15 新建"图层 8",选取【直线】工具 ，并将属性栏中【粗细】选项的参数为"1 px",然后沿包装盒的面和面的结构转折位置绘制出如图 12-148 所示的深绿色（R:13,G:113,B:58）直线。

STEP 16 新建"图层 9",利用【多边形套索】工具 绘制出如图 12-149 所示的选区,并为其填充上黑色（G:58,B:9）,然后按 Ctrl + D 组合键,将选区去除。

图 12-148 绘制的直线

图 12-149 绘制的选区

STEP 17 新建"图层 10",利用【多边形套索】工具 ,绘制出如图 12-150 所示的选区,并为其填充上深绿色（R:48,G:102,B:59）,效果如图 12-151 所示,然后按 Ctrl + D 组合键,将选区去除。

STEP 18 新建"图层 11",然后利用【多边形套索】工具 绘制选区后填充上绿色（R:64,G:125,B:77）,制作出包装盒的厚度效果,如图 12-152 所示。

图 12-150 绘制的选区

图 12-151 填充颜色后的效果

图 12-152 制作出的厚度效果

STEP 19 将"图层 5"复制为"图层 5 副本",然后按 Ctrl + T 组合键,为复制出的图像添加自由变形框,并将其调整至如图 12-153 所示的形态。

STEP 20 按 Enter 键,确认图像的变换操作,然后将"图层 5 副本"的【不透明度】选项的参数设置为"50%",效果如图 12-154 所示。

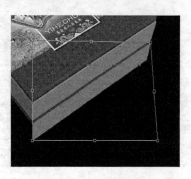

图 12-153　调整后的效果

图 12-154　设置不透明度效果

STEP 21 执行【滤镜】/【模糊】/【高斯模糊】命令，在弹出的【高斯模糊】对话框中将【半径】选项的参数设置为"8"像素，单击 确定 按钮，模糊后的效果如图 12-155 所示。

STEP 22 使用相同的制作方法，制作出左侧面的倒影，效果如图 12-156 所示。

图 12-155　模糊后的效果

图 12-156　制作出的倒影效果

STEP 23 将素材"图库\第 12 章"目录下名为"茶碗 .psd"的图片打开，然后将其移动复制到新建文件中生成"图层 12"，并将其调整至合适的大小后放置到如图 12-157 所示的位置。

图 12-157　茶碗放置的位置

STEP 24 按 Ctrl + S 组合键，将此文件命名为"茶叶立体包装 .psd"保存。

12.7 网页设计

本节以虚拟的"戴娜斯"化妆品网站主页为例来学习网站主页的设计方法，本节案例如图 12-158 所示。

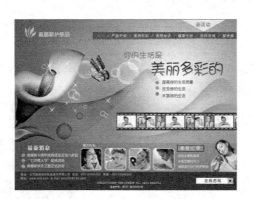

图 12-158　网站主页效果

12.7.1　设计主页画面

首先来设计主页画面。

范例操作 ── **设计主页画面**

STEP 1 按 Ctrl + N 组合键，新建【宽度】为"980 像素"，【高度】为"735 像素"，【分辨率】为"120 像素 / 英寸"，背景为白色的文件。

STEP 2 选取【渐变】工具，单击属性栏中的【径向渐变】按钮，打开【渐变编辑器】对话框，设置渐变颜色参数如图 12-159 所示，单击 确定 按钮。

STEP 3 新建"图层 1"，利用【矩形选框】工具绘制矩形选区，在选区内填充如图 12-160 所示的渐变颜色。

图 12-159　设置渐变参数

图 12-160　填充的渐变色的效果

STEP 4 新建"图层 2"，选取【椭圆选框】工具，在属性栏中设置【羽化】值为 100，绘制选区并填充上灰红色（R:227,G:192,B:160），绘制的光晕效果如图 12-161 所示。

STEP 5 复制"图层 2"为"图层 2 副本"，缩小后放置到如图 12-162 所示的画面位置。

图 12-161　绘制的光晕效果

图 12-162　复制光晕后的效果

STEP 06 新建"图层 3"，在画面中绘制如图 12-163 所示的紫黑色（R:186,G:164,B:188）光晕。

STEP 07 新建"图层 4"，利用【钢笔】工具 和【转换点】工具 ，在画面中绘制如图 12-164 所示的路径。

图 12-163　绘制的光晕效果

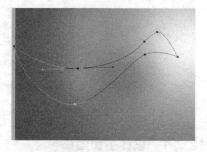

图 12-164　绘制的路径

STEP 08 按 Ctrl + Enter 组合键，将路径转换为选区，效果如图 12-165 所示。

STEP 09 打开【拾色器】对话框，设置前景色为深灰色（R:126,G:74,B:126）。

STEP 10 选取【画笔】工具 ，在属性栏中设置【画笔】值为 200，【不透明度】为 20%，拖动鼠标，在选区内涂抹，绘制如图 12-166 所示的飘带效果。

图 12-165　路径转换为选区

图 12-166　绘制的飘带效果

STEP 11 新建"图层 5"，在画面中绘制如图 12-167 所示的路径，将路径转换为选区后涂抹上浅紫色（R:210,G:180,B:227），效果如图 12-168 所示。

图 12-167　绘制的路径

图 12-168　绘制的浅紫色飘带

STEP 12 新建"图层 6"，继续绘制出如图 12-169 所示的紫黑色飘带。

STEP 13 新建"图层 7"，选取【椭圆选框】工具 ，在画面中绘制如图 12-170 所示的选区。

图 12-169 绘制紫黑色飘带

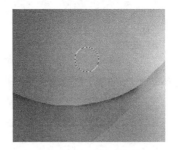

图 12-170 绘制的选区

STEP 14 选取【画笔】工具☑，在属性栏中设置【不透明度】为 50%，拖动鼠标，在选区的边缘位置绘制白色，得到如图 12-171 所示的气泡效果。

STEP 15 选取【移动】工具➤，按住Alt键的同时，移动复制绘制的气泡，利用自由变换框将复制出的气泡分别调整成不同的大小，效果如图 12-172 所示。

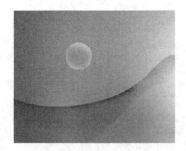

图 12-171 绘制的气泡效果

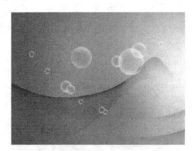

图 12-172 复制气泡后的效果

STEP 16 在【图层】面板中，按Ctrl+E组合键将"图层 7"的所有副本层合并到"图层 7"中。

STEP 17 新建"图层 8"，选取【画笔】工具☑，单击属性栏中的【切换画笔面板】按钮☑，在弹出的【画笔】面板中设置参数如图 12-173 所示。在画面中绘制出如图 12-174 所示，倾斜白色图形。

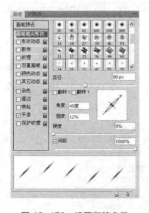

图 12-173 设置画笔参数

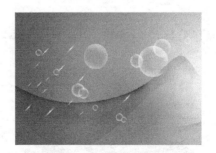

图 12-174 绘制的白色图形

STEP 18 在【画笔】面板中重新设置参数，如图 12-175 所示。继续绘制得到如图 12-176 所示的星光效果。

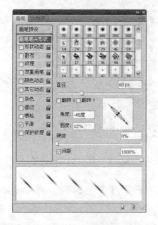

图 12-175　设置画笔参数

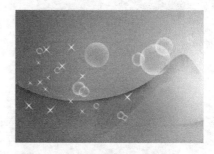

图 12-176　绘制的星光效果

STEP 19 新建"图层 9"，再绘制两个紫黑色的气泡图形，如图 12-177 所示。

STEP 20 新建"图层 10"，选取【矩形选框】工具，在画面中绘制如图 12-178 所示的选区。

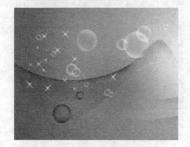

图 12-177　绘制的紫黑色气泡

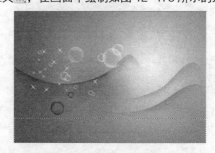

图 12-178　绘制的选区

STEP 21 选取【渐变】工具，打开【渐变编辑器】对话框，设置由深紫色（R:141,G:82, B:117）到紫色（R:163,G:108,B:174）的渐变色，然后单击 确定 按钮。

STEP 22 为选区填充设定的渐变色，在【图层】面板中将"图层 10"的【不透明度】设置为 30%，画面效果如图 12-179 所示。

STEP 23 按住 Ctrl 键的同时单击"图层 1"的图层缩略图载入选区，按 Ctrl + Shift + I 键将选区反选。

STEP 24 新建"图层 11"，在选区内填充上深紫色（R:97,G:50,B:122），效果如图 12-180 所示。

图 12-179　填充渐变色的效果

图 12-180　选区填充颜色的效果

STEP 25 按 Ctrl + S 键，将文件命名为"网页设计 .psd"保存。

12.7.2　合成画面图像

接下来我们来合成素材图片。

范例操作 —— **图像合成**

STEP 1 接上例。打开素材"图库\第 12 章"目录下名为"花朵 .psd"的文件，将花朵图片移动复制到"网页设计 .psd"中生成"图层 12"，效果如图 12-181 所示。

STEP 2 在【图层】面板中设置"图层 12"的图层混合模式为【强光】，画面效果如图 12-182 所示。

STEP 3 将蝴蝶图片移动复制到"网页设计 .psd"中，生成"图层 13"并在【图层】面板中设置其图层混合模式为【明度】，画面效果如图 12-183 所示。

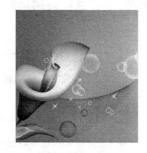

图 12-181　花朵图像放置的位置

STEP 4 新建"图层 14"，在画面中绘制出如图 12-184 所示的图形。

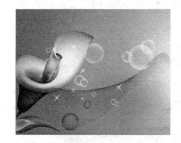

图 12-182　设置图层混合模式后的效果　　　图 12-183　应用图层混合模式的效果　　　图 12-184　绘制的图形

STEP 5 新建【宽度】为"5 像素"，【高度】为"2 像素"，【分辨率】为"96 像素 / 英寸"，背景内容为透明的文件，然后给"背景"层填充上黑色。

STEP 6 执行【编辑】/【定义画笔预设】命令，在弹出的对话框中单击 确定 按钮，将黑色色块定义为画笔笔头。

STEP 7 关闭当前文件，选取【橡皮擦】工具，单击属性栏中的【切换画笔面板】按钮，在弹出的【画笔】面板中设置参数如图 12-185 所示。

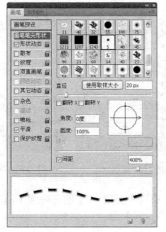

图 12-185　设置画笑笔参数

STEP 🖱️**8** 利用【橡皮擦】工具 🖌️，按住 Shift 键的同时在图形的左右两边分别单击鼠标，得到如图 12-186 所示描绘的虚线效果。

STEP 🖱️**9** 打开素材"图库\第 12 章"目录下名为"人物 01.jpg"～"人物 09.jpg"的文件。

STEP 🖱️**10** 将各文件中的人物图片依次移动复制到"网页设计 .psd"中。通过复制、调整大小等操作，把人物图片排列到绘制的胶片图形上面，效果如图 12-187 所示。

图 12-186　描绘的虚线效果

图 12-187　复制到胶片图形上面的图像

STEP 🖱️**11** 按 Ctrl + E 组合键将生成的包含人物图像的图层都合并到"图层 15"中。

STEP 🖱️**12** 选取【圆角矩形】工具 🔲，在属性栏中选择 像素 🔽 选项，并设置【半径】值为"12"，新建"图层 16"，在画面中绘制出如图 12-188 所示的白色圆角正方形图形。

STEP 🖱️**13** 利用【矩形选框】工具 🔲 将图形选区，然后按住 Ctrl + Alt 组合键的同时向右移动复制出 3 个白色图形，如图 12-189 所示。

图 12-188　绘制的图形

图 12-189　移动复制出的图形

STEP 🖱️**14** 将"人物 05.jpg"文件中的图片再次移动复制到"网页设计 .psd"文件中，执行【图层】/【创建剪贴蒙版】命令，画面效果如图 12-190 所示。

STEP 🖱️**15** 按 Ctrl + T 组合键，将图片调整到如图 12-191 所示的大小。

STEP 🖱️**16** 同理分别将"人物 06.jpg"～"人物 08.jpg"文件中的人物图片合成到如图 12-192 所示的位置中。

图 12-190　创建剪贴蒙版效果

图 12-191　缩小后的图片效果

图 12-192　合成到画面的中图片

STEP 🖱️**17** 将"图层 16"设置为工作层，执行【图层】/【图层样式】/【描边】命令，给图形描绘【大小】为"2"像素的白色边缘，效果如图 12-193 所示。

STEP 18 利用【魔棒】工具 将 "人物 09.jpg" 文件中的人物图片选取后复制到网页画面中，调整大小后放置到如图 12-194 所示的位置。

STEP 19 新建 "图层 22"，选取【矩形】工具，确认属性栏中选择的 像素 选项，在画面中绘制白色条，然后再在白色条右侧绘制一个小的灰色图形，如图 12-195 所示。

图 12-193　描边的效果　　　　　　图 12-194　人物图像放置的位置　　　　　　图 12-195　绘制的图形

STEP 20 新建 "图层 23"，选取【多边形套索】工具 绘制如图 12-196 所示的黑色三角形。

STEP 21 新建 "图层 24"，选取【矩形选框】工具 绘制矩形选区，执行【编辑】/【描边】命令，在弹出的【描边】对话框中设置【宽度】值为 "3"，【颜色】为紫色（R:97,G:50,B:122），单击 确定 按钮，描边效果如图 12-197 所示。

图 12-196　绘制的黑色三角形　　　　　　　　　　图 12-197　描边效果

STEP 22 按 Ctrl + S 组合键，保存文件。

12.7.3　输入文字内容

网页中的图像及图形基本绘制完成，下面再来编排上文字内容。

范例操作 —— 输入文字

STEP 1 接上例。新建 "图层 25"，设置前景色为浅紫色（R:226,G:187,B:218）。

STEP 2 选取【自定形状】工具，在形状样式面板中选取如图 12-198 所示的图形，然后在画面的左上角绘制如图 12-199 所示的图形并输入文字内容。

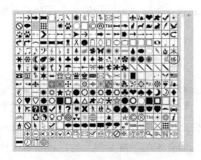

图 12-198　选择的形状图形　　　　　　　　　　图 12-199　绘制图形并输入文字

STEP 3 选取【横排文字】工具 T，在画面右侧输入如图 12-200 所示的文字。其颜色可以参考画面来设置。

STEP 4 在【图层】面板中，将"美丽多彩的"文字层设置为工作层，单击鼠标右键，在弹出的快捷菜单中选择【栅格化文字】命令，将"美丽多彩的"文字层栅格化，然后单击左上角的【锁定透明像素】按钮 图。

STEP 5 选取【渐变】工具 ■，打开【渐变编辑器】对话框，设置由深紫色（R:97,G:50,B:122）到桃红色（R:254,G:0,B:138）的渐变色，然后单击 确定 按钮。

STEP 6 给文字添加选区，然后为其填充设置的渐变颜色，去除选区后的效果如图 12-201 所示。

图 12-200　输入的文字

图 12-201　填充渐变后的文字效果

STEP 7 新建"图层 26"，利用【自定形状】工具 ，在文字的左侧绘制上如图 12-202 所示的图形。

STEP 8 选取【横排文字】工具 T，在画面的下边输入如图 12-203 所示的文字。

图 12-202　绘制的图形

图 12-203　设计完成的网站主页

STEP 9 至此，网站主页设计完成，按 Ctrl + S 组合键，保存文件。

12.7.4　输出网页图片

网站主页设计完成后，需要把设计的页面存储为适合网页的专用图片进行预览。下面以设计完成的"戴娜斯"化妆品网站主页为例，来学习网页图片的优化和存储方法。

范例操作 —— **输出网页图片**

STEP 1 执行【文件】/【存储为 Web 所用格式】命令，弹出如图 12-204 所示的对话框。

对话框左上角为查看优化图片的 4 个标签。单击【原稿】标签，选项卡中显示的是图片未进行优化的原始效果；单击【优化】标签，选项卡中显示的是图片优化后的效果；单击【双联】标签，选项卡中同时显示图片的原稿和优化后的效果；单击【四联】标签，选项卡中同时显示图片的原稿和 3 个版本的优化效果。

在对话框左侧有 6 个工具按钮，分别用于查看图像的不同部分、选择切片、放大或缩小视图、设置颜色、隐藏和显示切片标记。

对话框的右侧为进行优化设置的区域。在【预设】下拉列表框中可以根据对图片质量的要求设置不同的优化格式。优化的格式不同，其下的优化设置选项也会不同，图 12-205 所示为设置 GIF 格式时的优化设置选项。

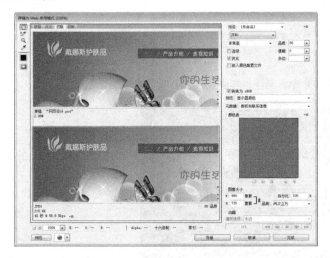

图 12-204 【存储为 Web 所用格式】对话框 　　　　　图 12-205 GIF 格式设置选项

 提示

对于 GIF 格式的图片来说，可以适当设置【损耗】值和减小【颜色】数量来得到较小的文件，一般设置不超过 10 的损耗值即可；对于 JPEG 格式的图片来说，可以适当降低图像的【品质】来得到较小的文件，一般设置为 40 左右即可。

在【图像大小】选项中，可以根据需要自定义输出图像的大小。在对话框的左下角显示了当前优化状态下图像文件的大小及下载该图片时所需要的下载时间。

STEP 02 所有选项如果设置完成，可以通过浏览器查看效果。在【存储为 Web 所用格式】对话框左下角设置好【缩放级别】选项后，单击右边的 按钮即可在浏览器中浏览该图像效果，如图 12-206 所示。

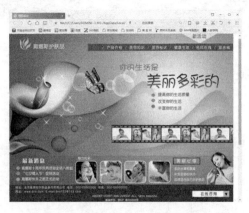

图 12-206 在浏览器中浏览图像效果

关闭该浏览器，单击 存储 按钮，弹出【将优化结果存储为】对话框。如果在【保存类型】下拉列表中选择【HTML 和图像（*.html）】选项，文件存储后会把所有的切片图像文件保存并同时生成一个 *.html 网页文件；如果选择【仅限图像（*.jpy）】选项，则只会把所有的切片图像文件保存，而不生成 *.html 网页文件；如果选择【仅限 HTML（*.html）】选项，则保存为一个 *.html 网页文件，而不保存切片图像。

12.8 课后习题

1. 灵活运用学过的工具按钮及菜单命令，制作出如图 12-207 所示的手提袋效果。

图 12-207　制作的手提袋效果

2. 灵活运用学过的工具按钮及菜单命令，制作出如图 12-208 所示的手机灯箱广告。选用的素材图片为素材"图库\第 12 章"目录下名为"卡通动态 .jpg"、"发射光线 .psd"和"灯箱场景 .jpg"文件。

图 12-208　设计完成的手机灯箱广告画面及效果